今すぐ使えるかんたんmini

Imasugu Tsukaeru Kantan mini Series

Access
基本&便利技

2019/2016/2013/Office 365 対応版

技術評論社

本書の使い方

How to use

● 画面の手順解説だけを読めば、操作できるようになる！
● もっと詳しく知りたい人は、補足説明を読んで納得！
● これだけは覚えておきたい機能を厳選して紹介！

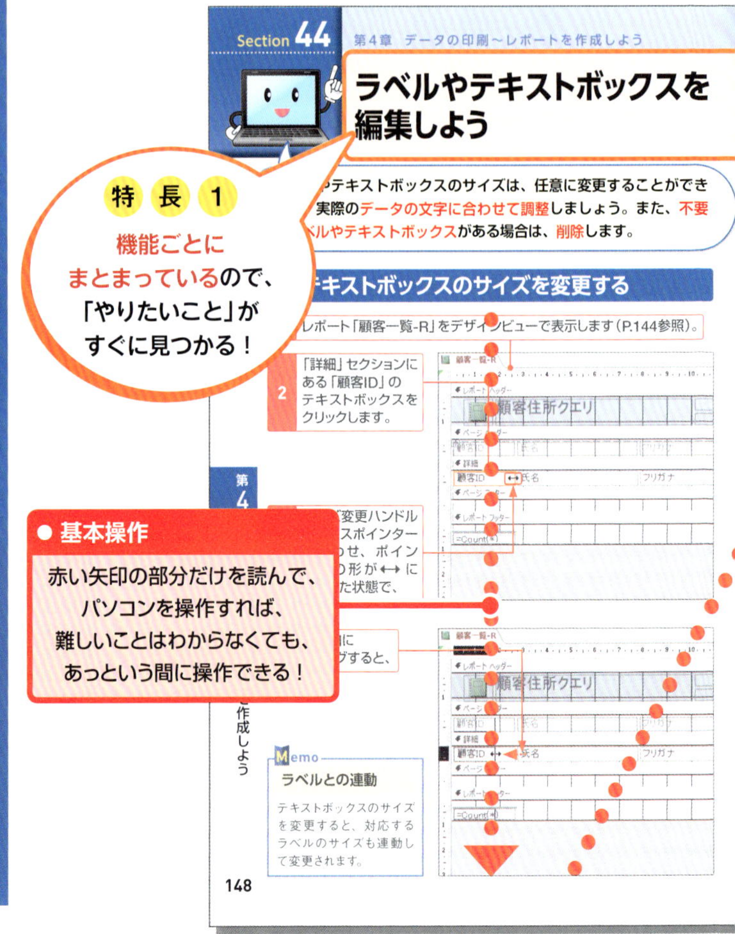

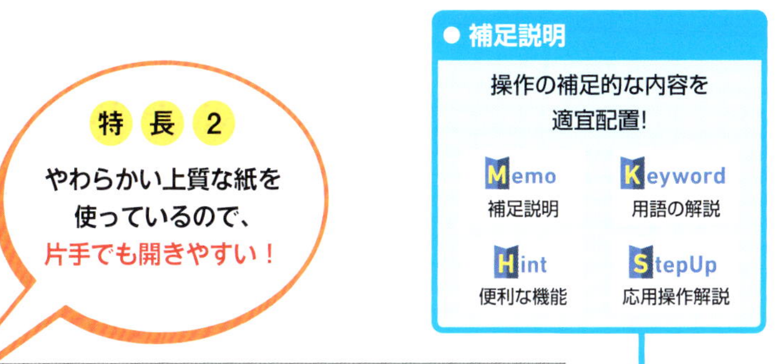
特長2
やわらかい上質な紙を
使っているので、
片手でも開きやすい！
補足説明
操作の補足的な内容を
適宜配置!
Memo
補足説明
Keyword
用語の解説
Hint
便利な機能
StepUp
応用操作解説

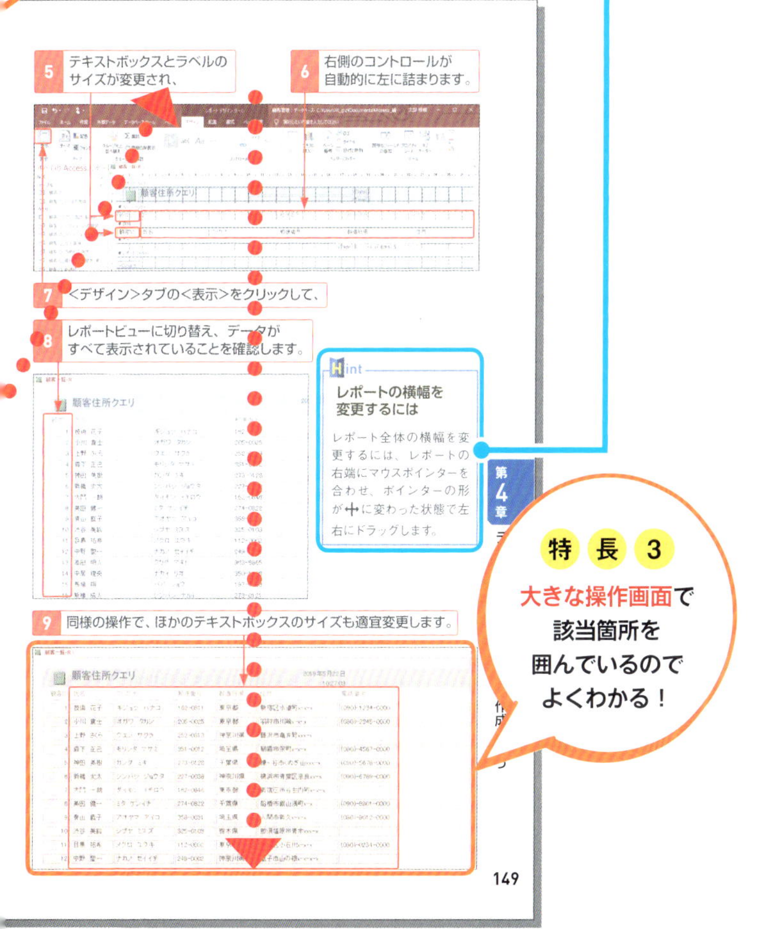
5 テキストボックスとラベルの
サイズが変更され、
6 右側のコントロールが
自動的に左に詰まります。
顧客住所クエリ
7 <デザイン>タブの<表示>をクリックして、
8 レポートビューに切り替え、データが
すべて表示されていることを確認します。
Hint
レポートの横幅を
変更するには
レポート全体の横幅を変更するには、レポートの右端にマウスポインターを合わせ、ポインターの形が┿に変わった状態で左右にドラッグします。
第4章
9 同様の操作で、ほかのテキストボックスのサイズも適宜変更します。
149
特長3
大きな操作画面で
該当箇所を
囲んでいるので
よくわかる！

Basic operation

パソコンの基本操作

- 本書の解説は、基本的にマウスを使って操作することを前提としています。
- お使いのパソコンのタッチパッド、タッチ対応モニターを使って操作する場合は、各操作を次のように読み替えてください。

1 マウス操作

▼クリック（左クリック）

クリック（左クリック）の操作は、画面上にある要素やメニューの項目を選択したり、ボタンを押したりする際に使います。

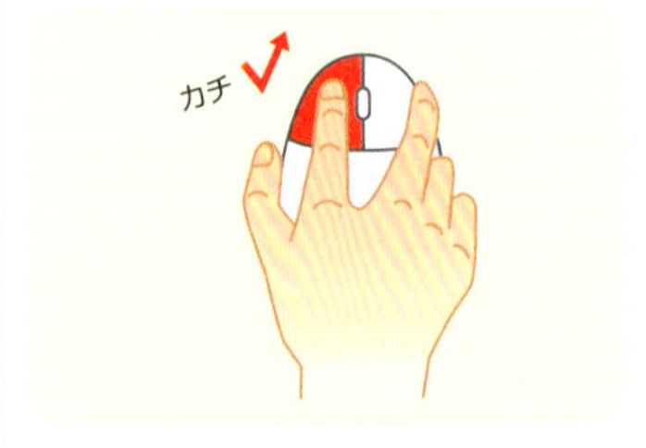

マウスの左ボタンを1回押します。

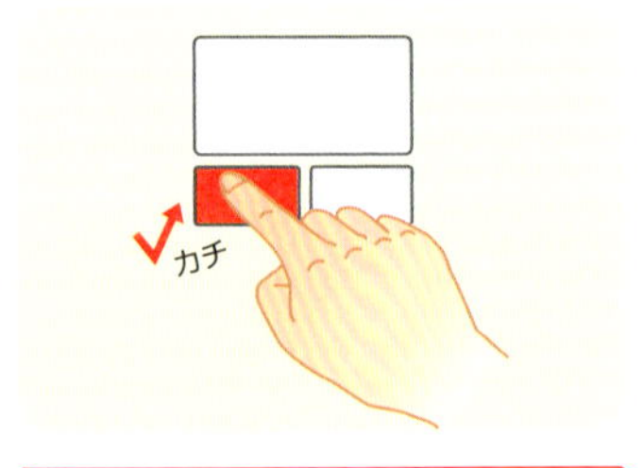

タッチパッドの左ボタン（機種によっては左下の領域）を1回押します。

▼右クリック

右クリックの操作は、操作対象に関する特別なメニューを表示する場合などに使います。

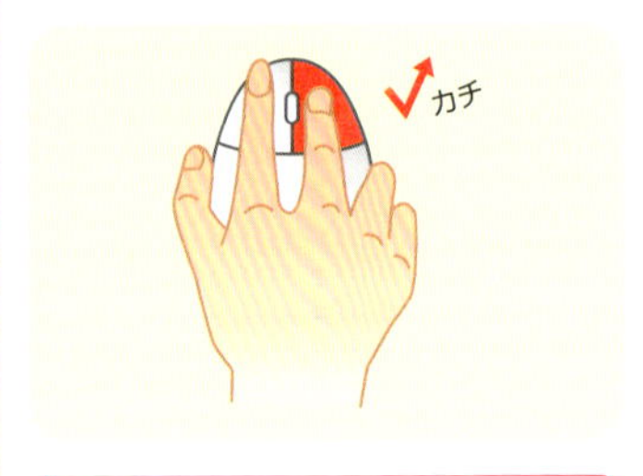

マウスの右ボタンを1回押します。

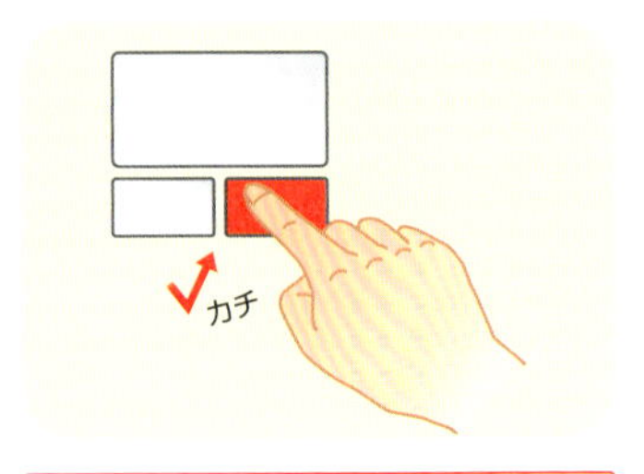

タッチパッドの右ボタン（機種によっては右下の領域）を1回押します。

▼ ダブルクリック

ダブルクリックの操作は、各種アプリを起動したり、ファイルやフォルダーなどを開く際に使います。

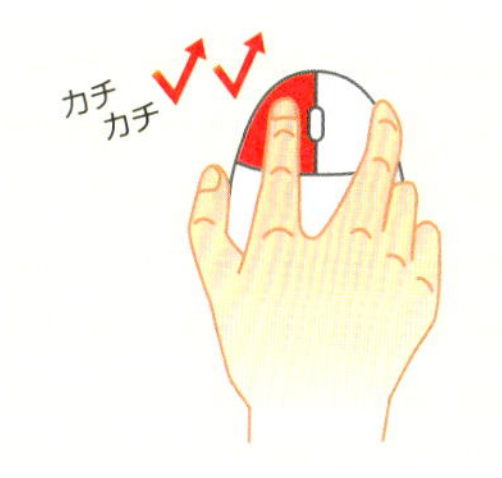

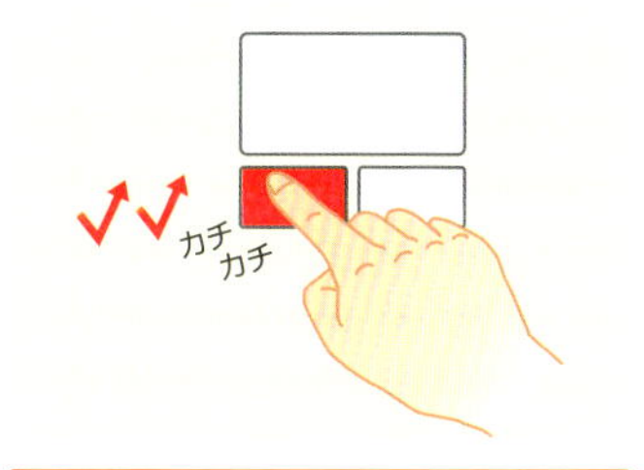

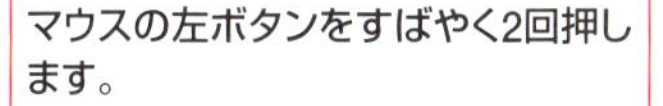
マウスの左ボタンをすばやく2回押します。

タッチパッドの左ボタン（機種によっては左下の領域）をすばやく2回押します。

▼ ドラッグ

ドラッグの操作は、画面上の操作対象を別の場所に移動したり、操作対象のサイズを変更する際などに使います。

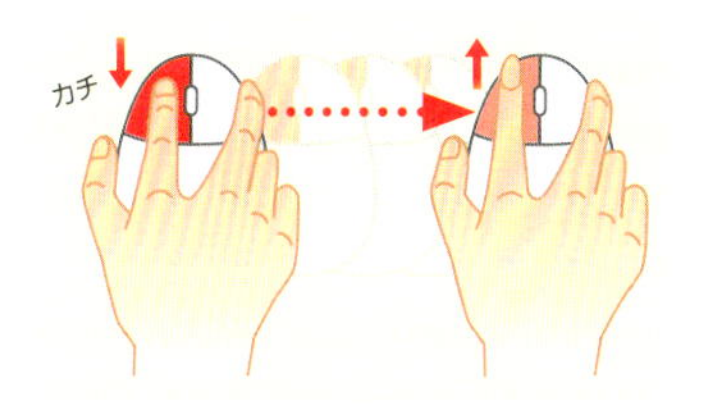

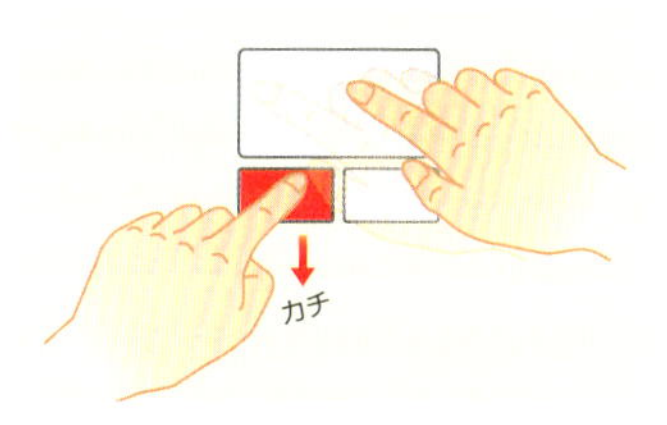

マウスの左ボタンを押したまま、マウスを動かします。目的の操作が完了したら、左ボタンから指を離します。

タッチパッドの左ボタン（機種によっては左下の領域）を押したまま、タッチパッドを指でなぞります。目的の操作が完了したら、左ボタンから指を離します。

Memo

ホイールの使い方

ほとんどのマウスには、左ボタンと右ボタンの間にホイールが付いています。ホイールを上下に回転させると、Webページなどの画面を上下にスクロールすることができます。そのほかにも、Ctrlを押しながらホイールを回転させると、画面を拡大／縮小したり、フォルダーのアイコンの大きさを変えたりできます。

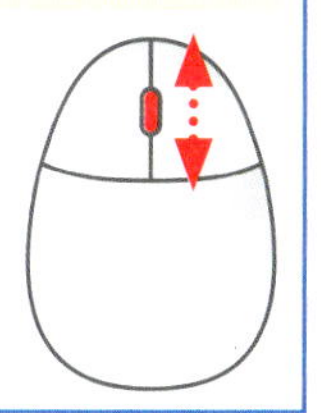

2 利用する主なキー

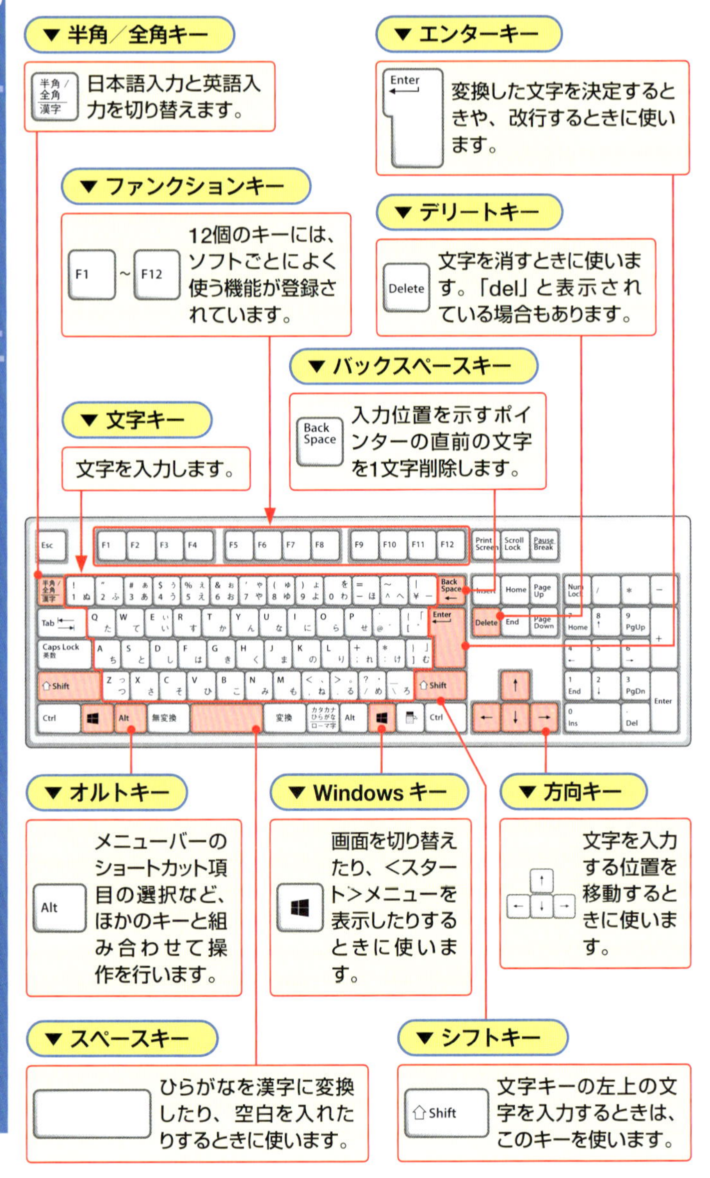
▼ 半角／全角キー
半角／全角 漢字
日本語入力と英語入力を切り替えます。
▼ エンターキー
Enter
変換した文字を決定するときや、改行するときに使います。
▼ ファンクションキー
F1 ～ F12
12個のキーには、ソフトごとによく使う機能が登録されています。
▼ デリートキー
Delete
文字を消すときに使います。「del」と表示されている場合もあります。
▼ バックスペースキー
Back Space
入力位置を示すポインターの直前の文字を1文字削除します。
▼ 文字キー
文字を入力します。
▼ オルトキー
Alt
メニューバーのショートカット項目の選択など、ほかのキーと組み合わせて操作を行います。
▼ Windows キー
画面を切り替えたり、<スタート>メニューを表示したりするときに使います。
▼ 方向キー
文字を入力する位置を移動するときに使います。
▼ スペースキー
ひらがなを漢字に変換したり、空白を入れたりするときに使います。
▼ シフトキー
Shift
文字キーの左上の文字を入力するときは、このキーを使います。

3 タッチ操作

▼ タップ

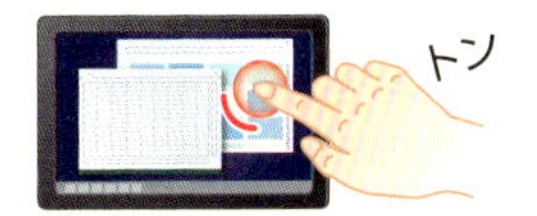

画面に触れてすぐ離す操作です。ファイルなど何かを選択するときや、決定を行う場合に使用します。マウスでのクリックに当たります。

▼ ダブルタップ

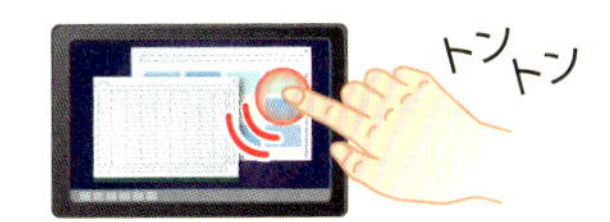

タップを2回繰り返す操作です。各種アプリを起動したり、ファイルやフォルダーなどを開く際に使用します。マウスでのダブルクリックに当たります。

▼ ホールド

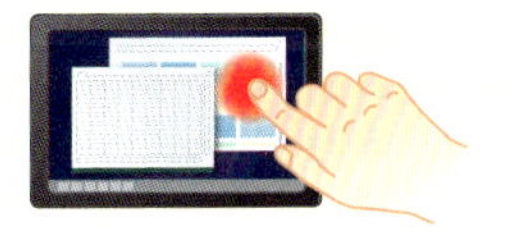

画面に触れたまま長押しする操作です。詳細情報を表示するほか、状況に応じたメニューが開きます。マウスでの右クリックに当たります。

▼ ドラッグ

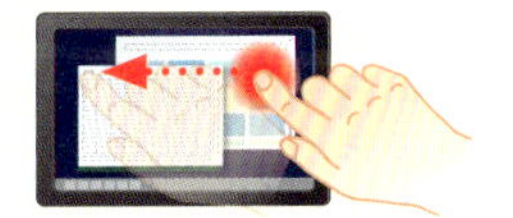

操作対象をホールドしたまま、画面の上を指でなぞり上下左右に移動します。目的の操作が完了したら、画面から指を離します。

▼ スワイプ／スライド

画面の上を指でなぞる操作です。ページのスクロールなどで使用します。

▼ フリック

画面を指で軽く払う操作です。スワイプと混同しやすいので注意しましょう。

▼ ピンチ／ストレッチ

2本の指で対象に触れたまま指を広げたり狭めたりする操作です。拡大（ストレッチ）／縮小（ピンチ）が行えます。

▼ 回転

2本の指先を対象の上に置き、そのまま両方の指で同時に右または左方向に回転させる操作です。

サンプルファイルのダウンロード

●本書で使用しているサンプルファイルは、以下のURLのサポートページからダウンロードすることができます。ダウンロードしたときは圧縮ファイルの状態なので、展開してから使用してください。

https://gihyo.jp/book/2019/978-4-297-10776-5/support

▼サンプルファイルをダウンロードする

1 ブラウザー（ここではMicrosoft Edge）を起動します。

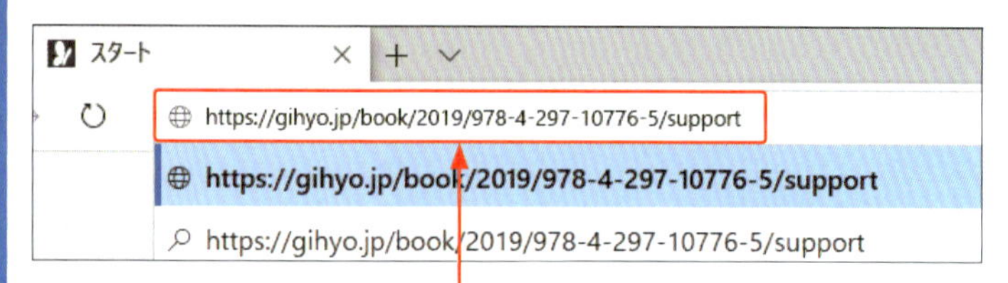

2 ここをクリックしてURLを入力し、Enter を押します。

3 表示された画面をスクロールし、<ダウンロード>にある<miniAccess2019sample.zip>をクリックします。

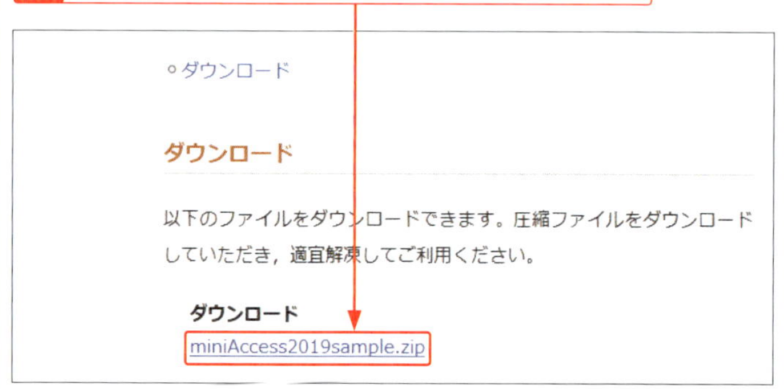

4 <開く>をクリックすると、ファイルがダウンロードされます。

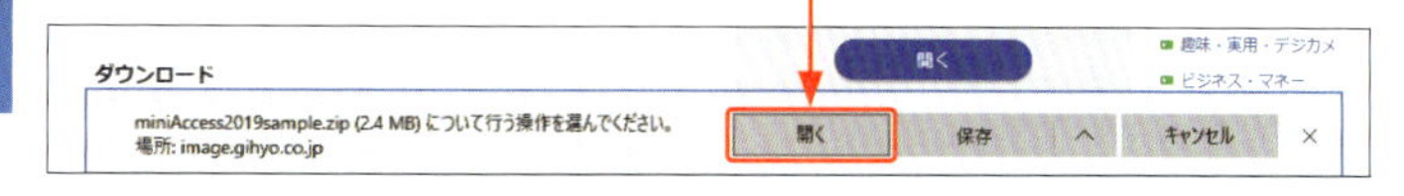

▼ ダウンロードした圧縮ファイルを展開する

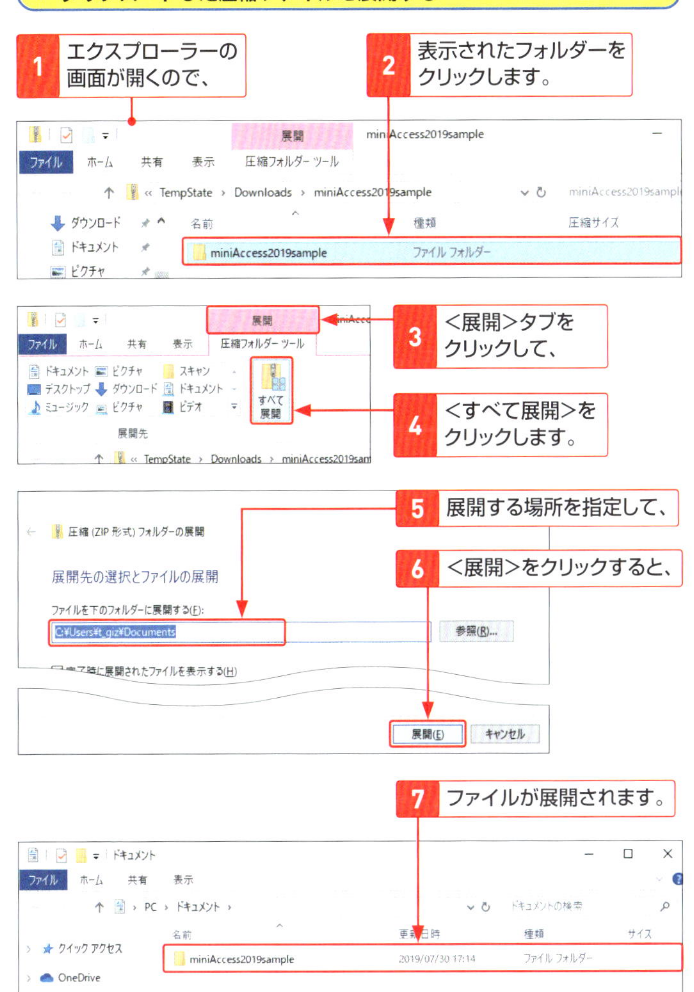

Memo

Accessでは、オブジェクトにデータを入力すると自動的に保存されます。サンプルを操作する場合は、サンプルファイルとは別の場所に作業用のフォルダーを作成してファイルをコピーし、そのファイルで操作してください。

CONTENTS 目次

CONTENTS 目次

第4章 データの印刷～レポートを作成しよう

第5章 オリジナルの入力画面～フォームを作成しよう

CONTENTS 目次

ご注意：ご購入・ご利用の前に必ずお読みください

- 本書に記載された内容は、情報の提供のみを目的としています。したがって、本書を用いた運用は、必ずお客様自身の責任と判断によって行ってください。これらの情報の運用の結果について、技術評論社および著者はいかなる責任も負いません。

- ソフトウェアに関する記述は、特に断りのないかぎり、2019年8月末日現在での最新バージョンをもとにしています。ソフトウェアはバージョンアップされる場合があり、本書での説明とは機能内容や画面図などが異なってしまうこともあり得ます。あらかじめご了承ください。

以上の注意事項をご承諾いただいた上で、本書をご利用願います。これらの注意事項をお読みいただかずに、お問い合わせいただいても、技術評論社は対処しかねます。あらかじめ、ご承知おきください。

第1章

Accessデータベースについて知ろう

データベースのしくみを知ろう

データベースとは、さまざまな情報を一定のルールに沿って集めたデータのことをいいます。このデータベースをパソコンで扱うためのソフトウェアがデータベースソフトです。

1 データベースとは

データベースとは、さまざまな情報を一定のルールで蓄積したデータの集まりのことです。住所録や家計簿、蔵書管理、売上台帳など、私たちの身近にもデータベースは数多く存在しています。
データをデータベースに蓄積することによって、検索したり抽出したりといった再利用が可能になり、データを効率的に利用できます。

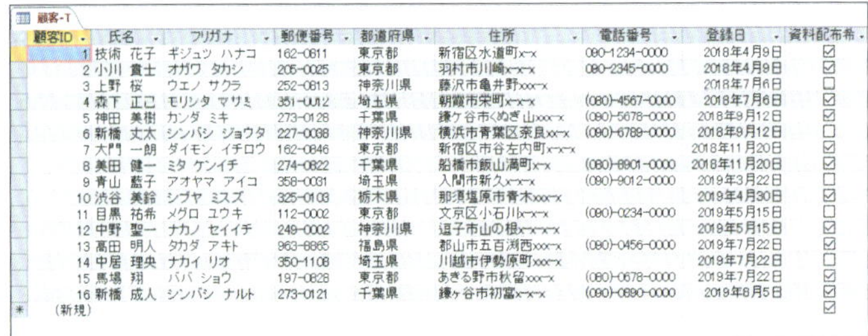

顧客-T

顧客ID	氏名	フリガナ	郵便番号	都道府県	住所	電話番号	登録日	資料配布希
1	技術 花子	ギジュツ ハナコ	162-0811	東京都	新宿区水道町x-x	090-1234-0000	2018年4月9日	☑
2	小川 貴士	オガワ タカシ	205-0025	東京都	羽村市川崎x-x-x	080-2345-0000	2018年4月9日	☑
3	上野 桜	ウエノ サクラ	252-0813	神奈川県	藤沢市亀井野xxx-x		2018年7月6日	☐
4	森下 正己	モリシタ マサミ	351-0012	埼玉県	朝霞市栄町x-x-x	(080)-4567-0000	2018年7月6日	☑
5	神田 美樹	カンダ ミキ	273-0128	千葉県	鎌ケ谷市くぬぎ山xxx-x	(090)-5678-0000	2018年9月12日	☑
6	新橋 丈太	シンバシ ジョウタ	227-0038	神奈川県	横浜市青葉区奈良xx-x	(090)-6789-0000	2018年9月12日	☐
7	大門 一朗	ダイモン イチロウ	162-0846	東京都	新宿区市谷左内町x-x-x		2018年11月20日	☑
8	美田 健一	ミタ ケンイチ	274-0822	千葉県	船橋市飯山満町x-x	(080)-8901-0000	2018年11月20日	☑
9	青山 藍子	アオヤマ アイコ	358-0031	埼玉県	入間市新久x-x-x	(090)-9012-0000	2019年3月22日	☐
10	渋谷 美鈴	シブヤ ミスズ	325-0103	栃木県	那須塩原市青木xxx-x		2019年4月30日	☑
11	目黒 祐希	メグロ ユウキ	112-0002	東京都	文京区小石川x-x-x	(090)-0234-0000	2019年5月15日	☐
12	中野 聖一	ナカノ セイイチ	249-0002	神奈川県	逗子市山の根x-x-x-x		2019年5月15日	☑
13	高田 明人	タカダ アキト	963-8865	福島県	郡山市五百渕西xxx-x	(090)-0456-0000	2019年7月22日	☑
14	中居 理央	ナカイ リオ	350-1108	埼玉県	川越市伊勢原町xxx-x		2019年7月22日	☐
15	馬場 翔	ババ ショウ	197-0828	東京都	あきる野市秋留xxx-x	(080)-0678-0000	2019年7月22日	☑
16	新橋 成人	シンバシ ナルト	273-0121	千葉県	鎌ヶ谷市初富x-x-x	(090)-0890-0000	2019年8月5日	☑
(新規)								☑

データベースは、一定のルールに沿って集められたデータの集まりのことです。

2 データベースソフトとは

データベースソフトとは、パソコンでデータベースを作成、管理するためのソフトウェアのことです。データベースソフトを利用すると、大量のデータを整理して蓄積し、必要なデータだけを取り出したり、蓄積したデータをさまざまな形式で印刷したりできます。

Accessはどんなソフトウェアなのかを知ろう

Accessは、データの蓄積、抽出、出力までを一貫して行うデータベースソフトです。蓄積したデータから必要なデータを取り出したり、組み合わせたりしてさまざまな形式で活用できます。

1 Accessではこんなことができる

データの蓄積と組み合わせ

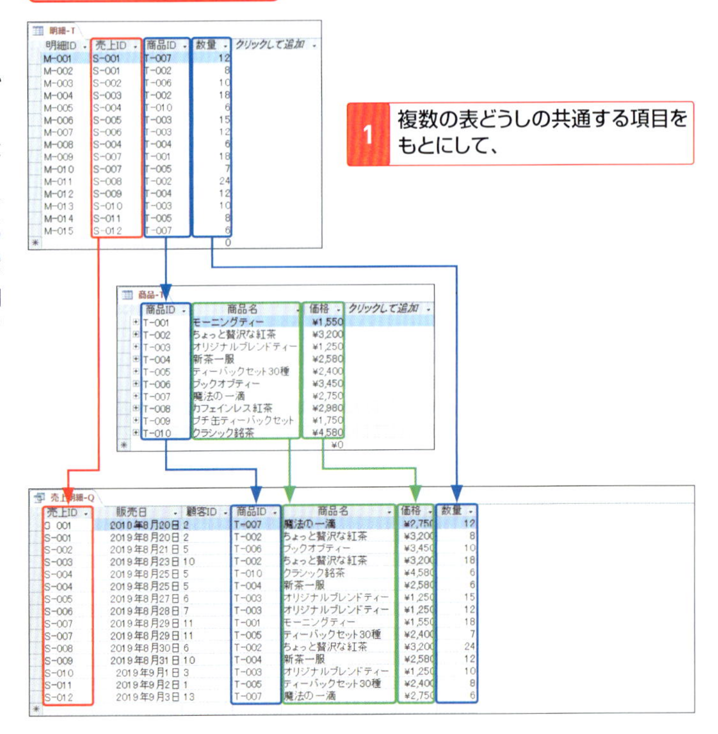

明細-T

明細ID	売上ID	商品ID	数量	クリックして追加
M-001	S-001	T-007	12	
M-002	S-001	T-002	8	
M-003	S-002	T-006	10	
M-004	S-003	T-002	18	
M-005	S-004	T-010	6	
M-006	S-005	T-003	15	
M-007	S-006	T-003	12	
M-008	S-004	T-004	6	
M-009	S-007	T-001	18	
M-010	S-007	T-005	7	
M-011	S-008	T-002	24	
M-012	S-009	T-004	12	
M-013	S-010	T-003	10	
M-014	S-011	T-005	8	
M-015	S-012	T-007	6	
*			0	

1 複数の表どうしの共通する項目をもとにして、

商品-T

商品ID	商品名	価格	クリックして追加
T-001	モーニングティー	¥1,550	
T-002	ちょっと贅沢な紅茶	¥3,200	
T-003	オリジナルブレンドティー	¥1,250	
T-004	新茶一服	¥2,580	
T-005	ティーバックセット30種	¥2,400	
T-006	ブックオブティー	¥3,450	
T-007	魔法の一滴	¥2,750	
T-008	カフェインレス紅茶	¥2,980	
T-009	プチ缶ティーバックセット	¥1,750	
T-010	クラシック銘茶	¥4,580	
*		¥0	

売上明細-Q

売上ID	販売日	顧客ID	商品ID	商品名	価格	数量
S-001	2019年8月20日	2	T-007	魔法の一滴	¥2,750	12
S-001	2019年8月20日	2	T-002	ちょっと贅沢な紅茶	¥3,200	8
S-002	2019年8月21日	5	T-006	ブックオブティー	¥3,450	10
S-003	2019年8月23日	10	T-002	ちょっと贅沢な紅茶	¥3,200	18
S-004	2019年8月25日	5	T-010	クラシック銘茶	¥4,580	6
S-004	2019年8月25日	5	T-004	新茶一服	¥2,580	6
S-005	2019年8月27日	6	T-003	オリジナルブレンドティー	¥1,250	15
S-006	2019年8月28日	7	T-003	オリジナルブレンドティー	¥1,250	12
S-007	2019年8月29日	11	T-001	モーニングティー	¥1,550	18
S-007	2019年8月29日	11	T-005	ティーバックセット30種	¥2,400	7
S-008	2019年8月30日	6	T-002	ちょっと贅沢な紅茶	¥3,200	24
S-009	2019年8月31日	10	T-004	新茶一服	¥2,580	12
S-010	2019年9月1日	3	T-003	オリジナルブレンドティー	¥1,250	10
S-011	2019年9月2日	1	T-005	ティーバックセット30種	¥2,400	8
S-012	2019年9月3日	13	T-007	魔法の一滴	¥2,750	6

2 必要な項目だけを組み合わせて、データを取り出すことができます。

データの抽出

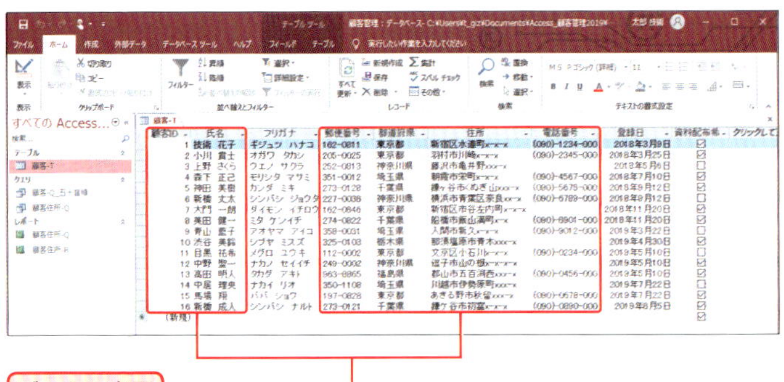

データの表示

データベースの中から、特定の条件に合った
データだけを抽出できます。

データの出力

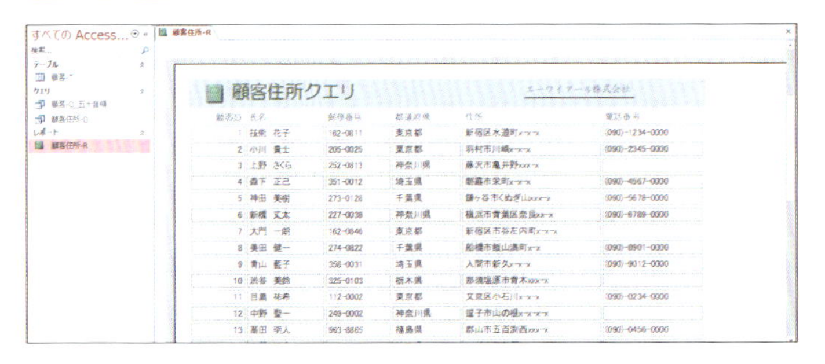

抽出したデータのレイアウトを整えて、データを印刷できます。

2 Accessデータベースのオブジェクトと役割

Access データベースは、データを蓄積するための「テーブル」、データを抽出するための「クエリ」、データを印刷するための「レポート」、データを出力・入力するための「フォーム」の 4 つの基本的なオブジェクトのほかに、データベースを自動化する「マクロ」と高度な処理が行える「モジュール」などのオブジェクトから構成されています。

Accessのオブジェクト

オブジェクト	役　割
テーブル	入力したデータを蓄積するための、表のようなオブジェクトです。すべてのデータはテーブルに保存されており、ほかのオブジェクトからそのデータを参照されます。このため、テーブルはデータベースの基本といえます。
クエリ	1 つまたは複数のテーブルから必要なデータを取り出して表示したり、特定の条件でデータを並べ替えて表示したりするオブジェクトです。データを計算したり、集計したりするときにも利用します。
レポート	テーブルやクエリのデータをレイアウトして、印刷するためのオブジェクトです。フィールドを自由にレイアウトできるので、業務用の定型用紙や宛名ラベルなどを作成することができます。
フォーム	テーブルやクエリのデータを見やすく出力したり、テーブルにデータを入力したりするための画面を作成するオブジェクトです。
マクロ	「フォームを開く」「レポートを印刷する」といったユーザーが行う作業をあらかじめ登録しておき、自動的に実行するためのオブジェクトです（本書では扱っていません）。
モジュール	VBA（Visual Basic for Applications）というプログラミング言語を使用して、マクロで登録できないような複雑な処理を実行するためのオブジェクトです（本書では扱っていません）。

Memo

AccessとExcelとの違い

Accessは、データの蓄積に表（テーブル）を利用する点で表計算ソフトのExcelと似ていますが、次の点が異なります。
Excel：複数の表を組み合わせて使うのは手間がかかるので、大量のデータを扱うのには適していません。
Access：複数のテーブルを関連付けて、必要に応じて組み合わせることで目的の表を作成できるので、大量のデータを扱うのに適しています。また、表を組み合わせることで、1つのデータをさまざまな用途に流用できます。

3 オブジェクトは相互に関連している

テーブル、クエリ、レポート、フォームなどのオブジェクトは、「データベースファイル」という1つのファイルの中に保存され、相互に関連しあいながら作業を行います。
Access でデータを管理するには、まず、データを蓄積するための入れ物となる「テーブル」を作成する必要があります。クエリやレポート、フォームといったオブジェクトは、このテーブルをもとに作成します。テーブルに保存したり編集したりしたデータは、すべてのオブジェクトに反映されます。

データベースオブジェクトの関係

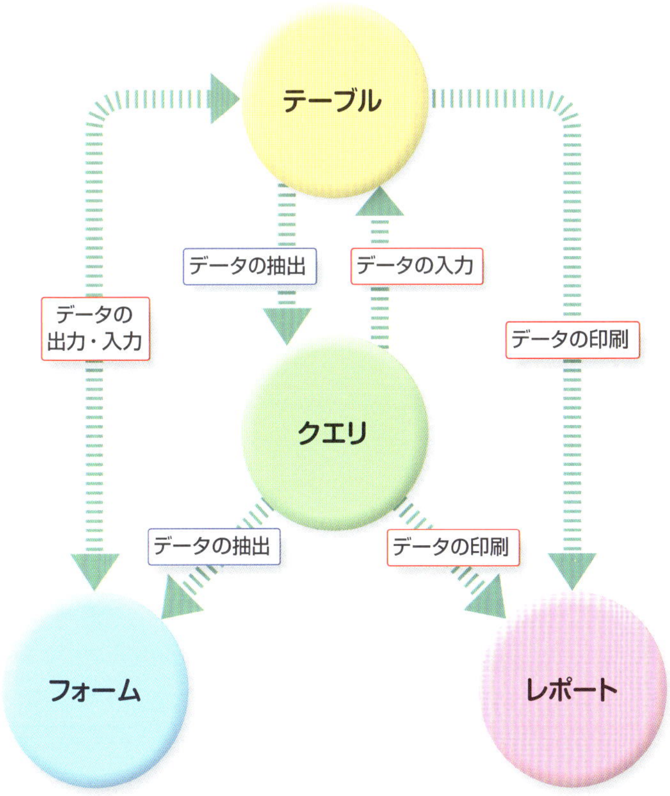

テーブル
データの抽出
データの入力
データの出力・入力
データの印刷
クエリ
データの抽出
データの印刷
フォーム
レポート

データベースを作成する手順を確認しよう

Accessでデータベースを作成するには、さまざまな役割を持つオブジェクトを必要に応じて作成します。本書では、以下のような順序でオブジェクトを作成して、データベースを完成させます。

① データベースファイルを作成する　Sec.05

データベースオブジェクトの入れ物となる、空のデータベースファイルを作成します。

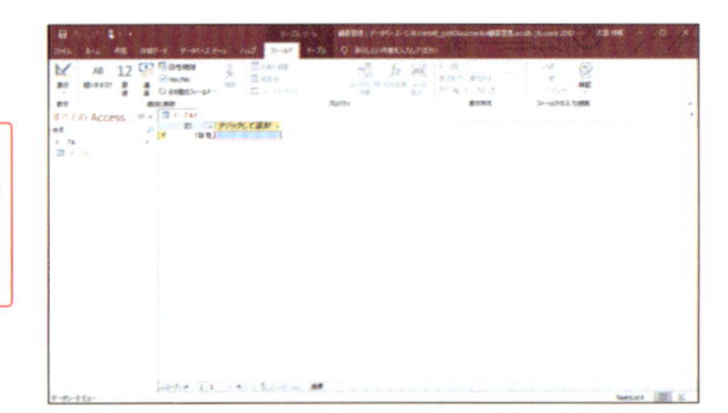

② テーブルを作成する　第2章、第6章

データベースでもっとも基本となる、データを蓄積するためのテーブルを作成します。データベースの目的や使用方法を考えて、必要なフィールド（項目）を決めます。

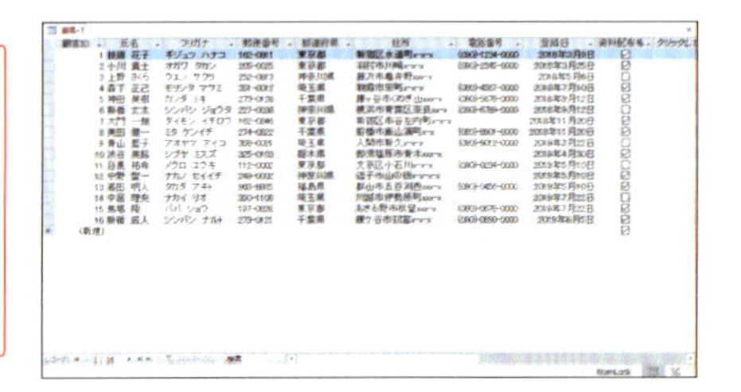

場合によって、テーマごとにテーブルを複数に分け、関連付けを設定してリレーショナルデータベースを作成します。本書では第6章で解説します。

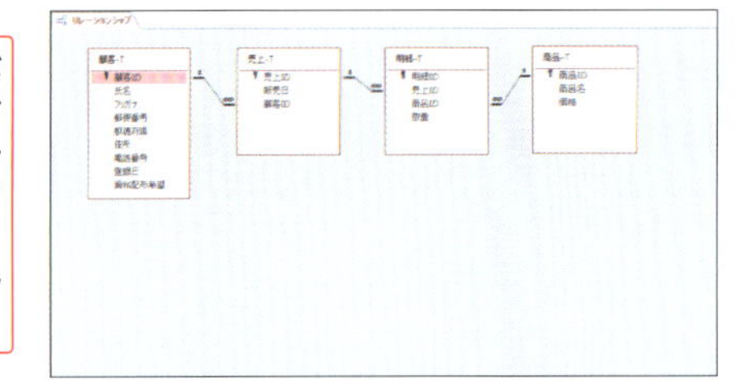

③ クエリを作成する　第3章

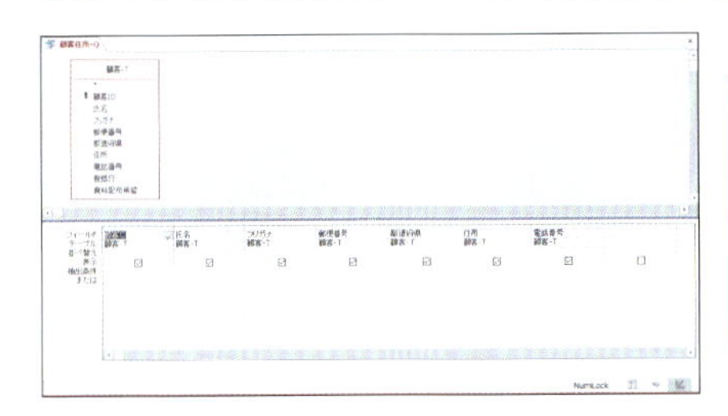

テーブルから特定の条件に合致するデータを抽出したり、レコードを並べ替えたり、データを集計したりするクエリを作成します。

④ レポートを作成する　第4章

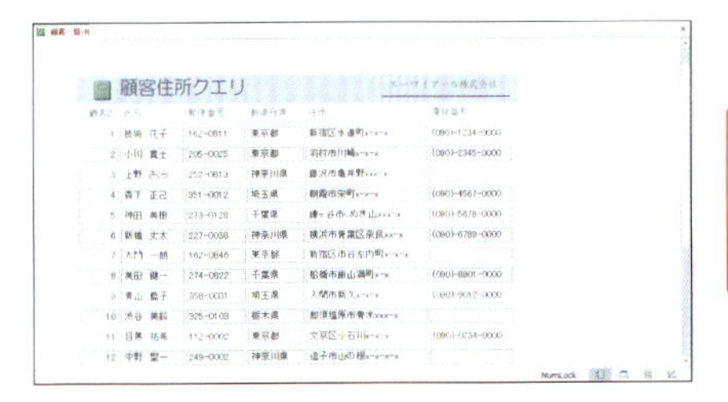

テーブルやクエリのフィールドを整え、見やすくレイアウトしたレポートを作成して印刷します。

⑤ フォームを作成する　第5章

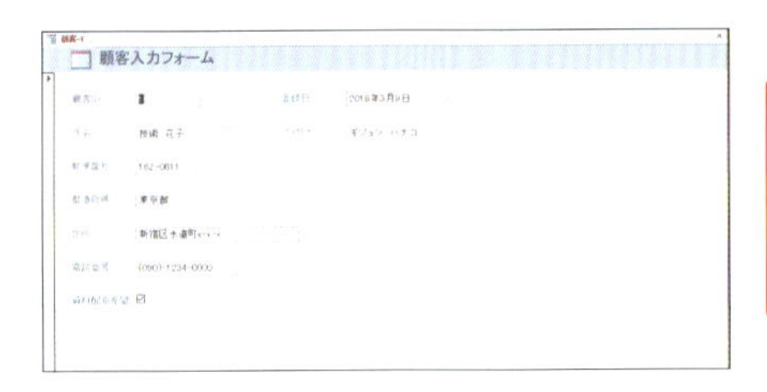

データ入出力用の画面や、テーブル、クエリのデータを見やすく表示するためのフォームを作成します。

Memo

フォームとレポートについて

テーブルとクエリを作成した段階で、データベースの運用を開始できます。蓄積したデータをより有効に活用するためには、データを印刷するためのレポートや、データを入出力するためのフォームを作成します。これらが不要な場合は省略してもかまいません。

Accessを起動・終了しよう

Accessを起動するには、Windows 10の<スタート>をクリックして、<Access>をクリックします。Accessを終了するには、<閉じる>をクリックします。

1 Accessを起動する

Windows 10を起動しておきます。

1 <スタート>をクリックして、

2 <Access>をクリックすると、

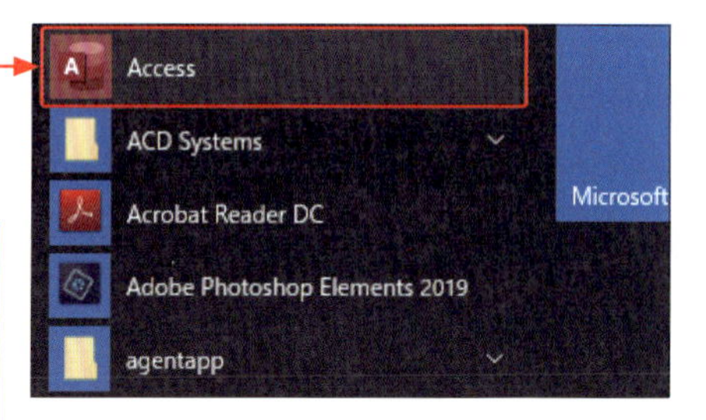

Memo

Access 2019の動作環境

Access 2019は、Windows 10のみに対応しています。Windows 8.1/7ではサポートされていません。

3 Accessが起動し、スタート画面が表示されます。

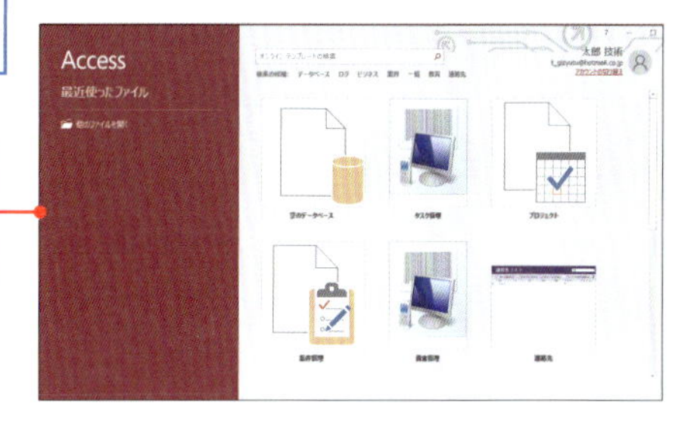

2 Accessを終了する

1 <閉じる>をクリックすると、

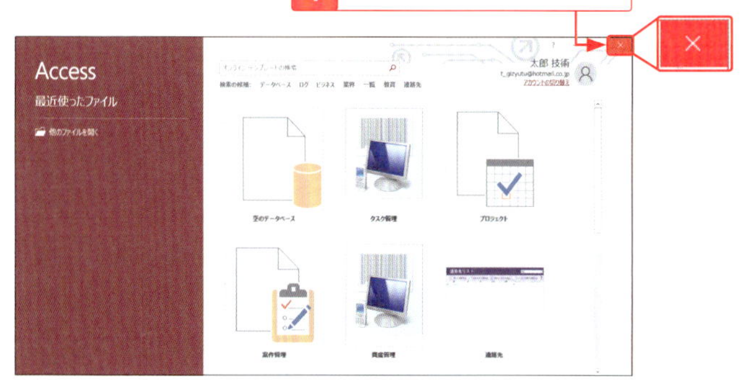

2 Accessが終了します。

Memo

Windows 8.1でAccessを起動する

Windows 8.1でAccess 2016/2013を起動するには、スタート画面に表示されている<Access 2016>／<Access 2013>をクリックします。スタート画面にAccessのタイルがない場合は、スタート画面の左下に表示される⬇をクリックして、アプリの一覧から<Access 2016>／<Access 2013>をクリックします。

データベースを作成しよう

Accessでデータベースを作成する場合は、はじめに空のデータベースファイルを作成します。テーブルやクエリ、レポートなどのオブジェクトは、すべて1つのデータベースファイルに保存されます。

1 空のデータベースを作成する

1 Accessを起動して、

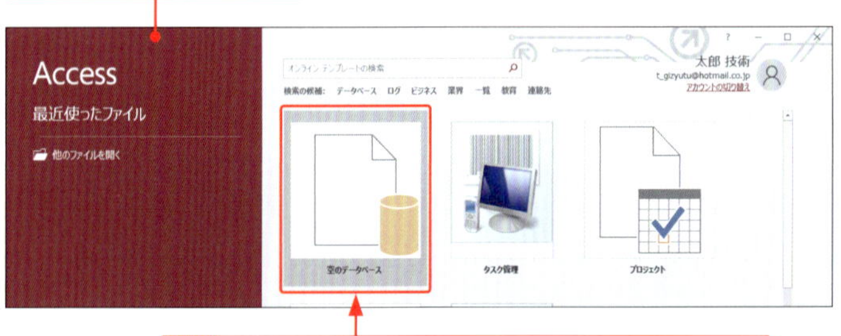

2 <空のデータベース>(Access 2013では<空のデスクトップデータベース>)をクリックします。

3 データベースの名前(ここでは「顧客管理」)を入力して、

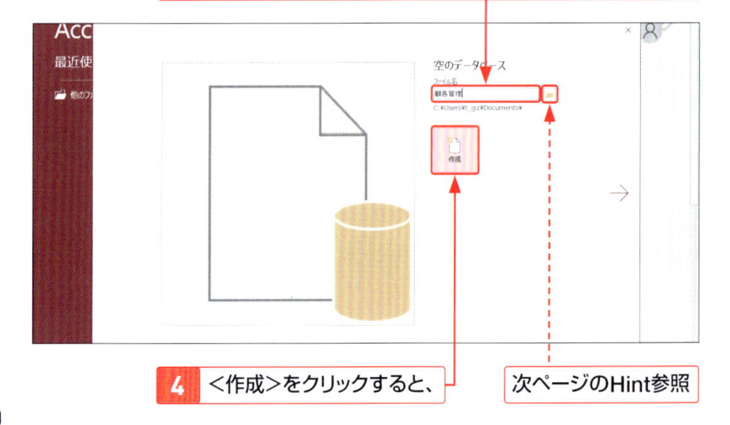

4 <作成>をクリックすると、

次ページのHint参照

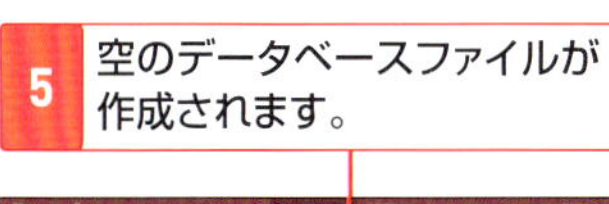

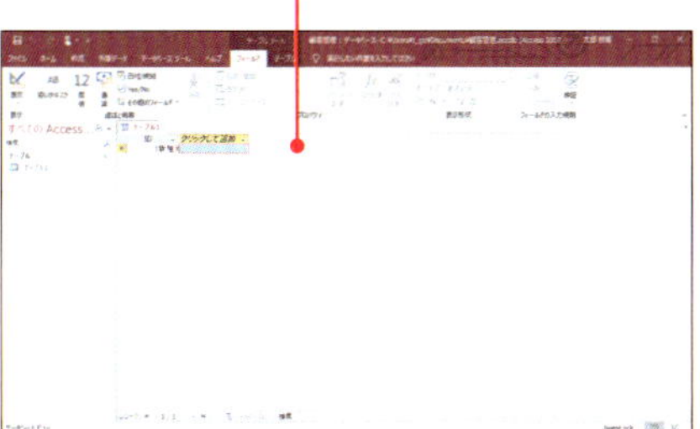

Keyword

データベースファイル

データベースファイルとは、データベースの情報をまとめたファイルのことです。Access 2019/2016/2013で作成するデータベースファイルの拡張子は、「.accdb」です。

データベースファイルの保存場所を変える

データベースファイルは、初期設定では「ドキュメント」フォルダーに保存されますが、以下の手順で変更することができます。

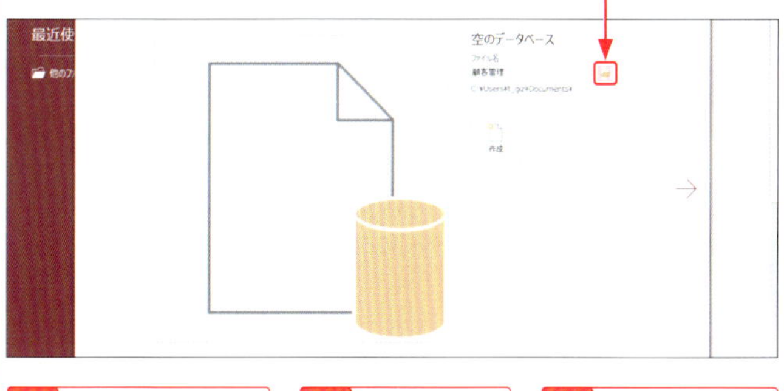

Accessの画面構成を確認しよう

Accessの画面は、機能を実行するための**タブ**と、各タブにある**コマンド**、データベースオブジェクトの一覧が表示される**ナビゲーションウィンドウ**などから構成されています。

1 基本的な画面構成

クイックアクセスツールバー
よく利用するコマンドが表示されています。

タブ
機能を実行するためのコマンドが分類されています。名前の部分をクリックして切り替えます。

リボン
コマンドを一連のタブに整理して分類します。

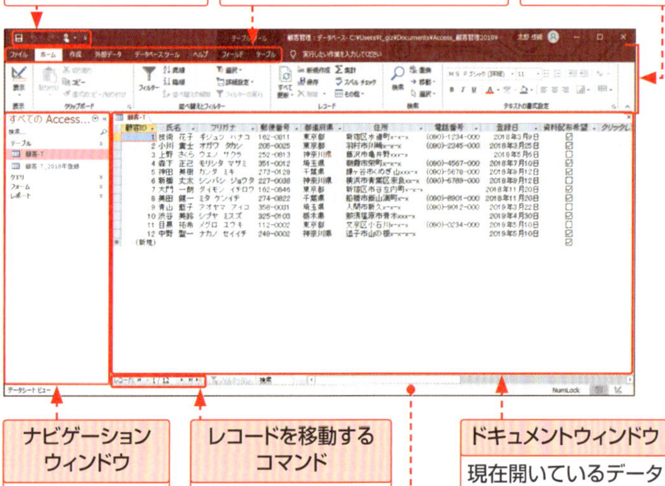

ナビゲーションウィンドウ
データベースに含まれるオブジェクトの一覧が表示されます。

レコードを移動するコマンド
左右のコマンドをクリックして、目的のレコードに移動します。

ドキュメントウィンドウ
現在開いているデータベースオブジェクトが表示されます。

ステータスバー
操作中の内容に応じた情報などが表示されます。

2 ナビゲーションウィンドウの表示を切り替える

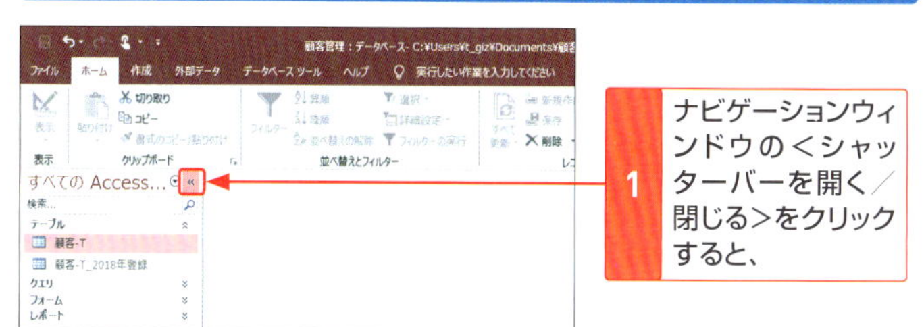

1 ナビゲーションウィンドウの＜シャッターバーを開く／閉じる＞をクリックすると、

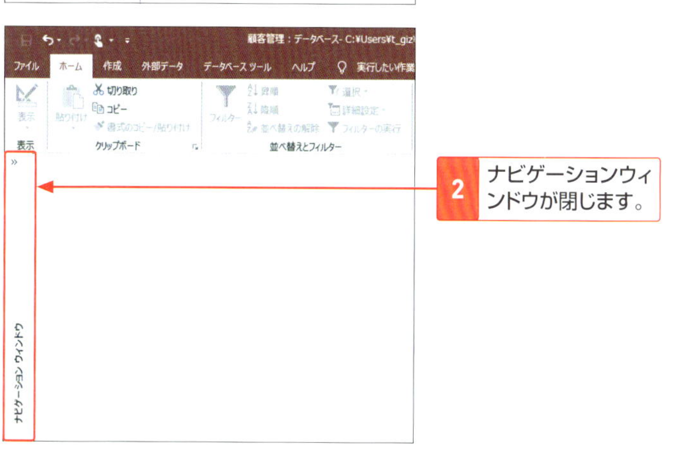

2 ナビゲーションウィンドウが閉じます。

3 ＜シャッターバーを開く／閉じる＞を再度クリックすると、ナビゲーションウィンドウが表示されます。

StepUp

オブジェクトの表示／非表示

ナビゲーションウィンドウでオブジェクトの表示／非表示を切り替えることもできます。︽をクリックすると、オブジェクトが非表示になります。︾をクリックすると、再び表示されます。

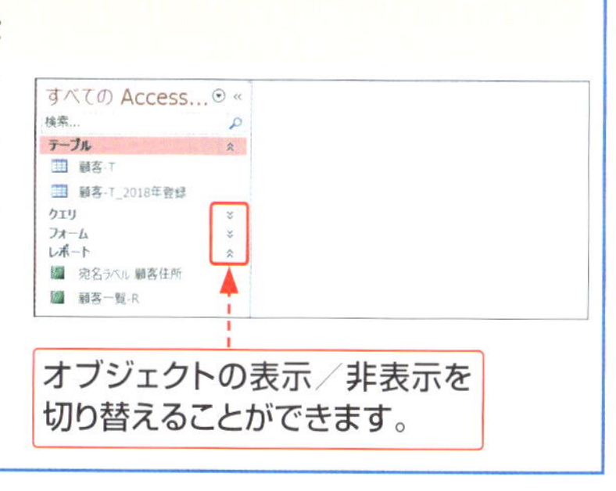

オブジェクトの表示／非表示を切り替えることができます。

データベースの閉じ方・開き方を確認しよう

データベースファイルでの作業が完了したら、開いているファイルを閉じます。ここでは、作成したデータベースファイルを閉じる方法と、データベースファイルを開く方法を紹介します。

1 データベースファイルを閉じる

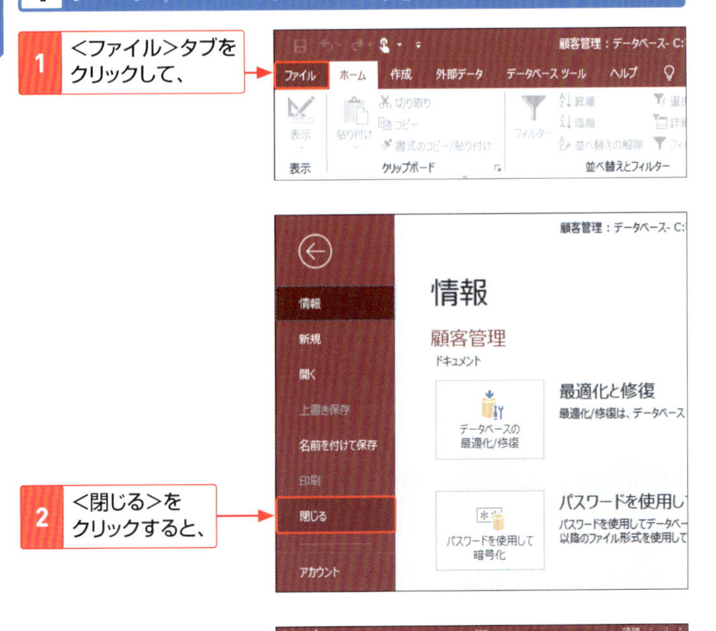

2 データベースファイルを開く

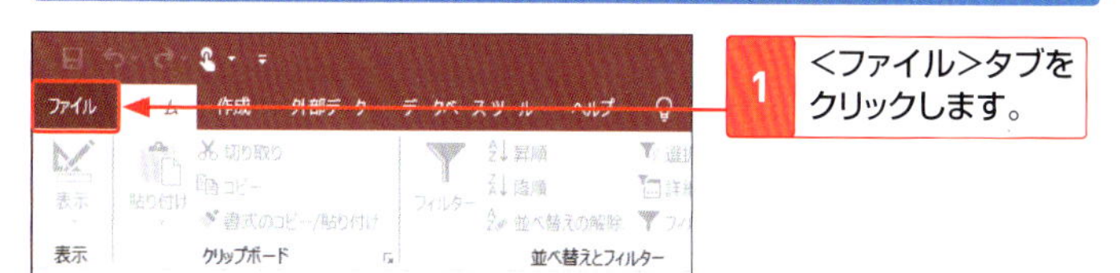

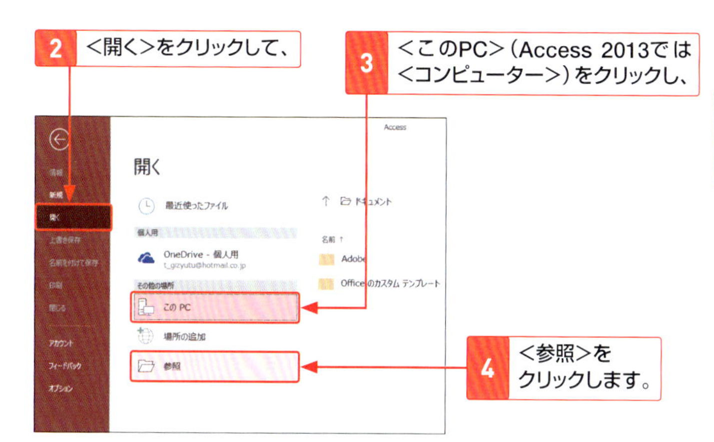

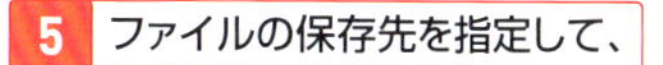

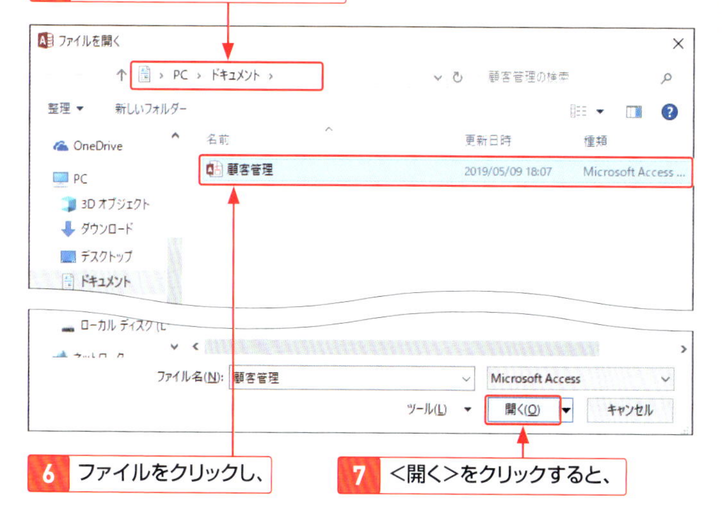

8 データベースファイルが開きます。

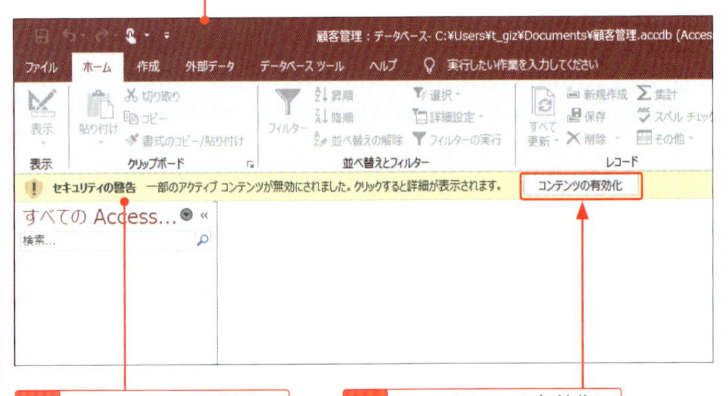

9 ＜セキュリティの警告＞メッセージバーが表示された場合は、

10 ＜コンテンツの有効化＞をクリックすると（下のHint参照）、

11 ＜セキュリティの警告＞メッセージバーが消えます。

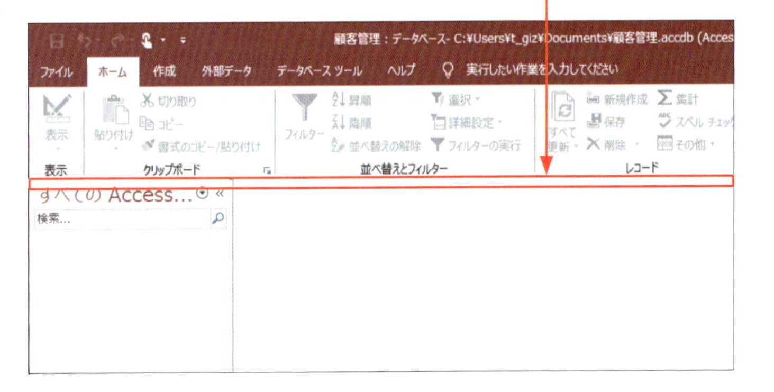

Hint

コンテンツの有効化

データベースファイルを開くと、初期設定では＜セキュリティの警告＞メッセージバーが表示されます。ファイルに問題がなければ、＜コンテンツの有効化＞をクリックして、ファイルを有効にします。

第2章

データの管理～テーブルを作成しよう

テーブルのしくみを知ろう

テーブルは、データベースでもっとも基本となる、データを蓄積するためのオブジェクトです。クエリ、フォーム、レポートのいずれもがテーブル上のデータを参照しています。

1 テーブルの役割

テーブルは、Access データベースでもっとも基本となるオブジェクトです。すべてのデータはテーブルに蓄積され、このテーブルをもとにして、クエリやフォーム、レポートを作成します。テーブルで編集したデータは、すべてのオブジェクトに反映されます。

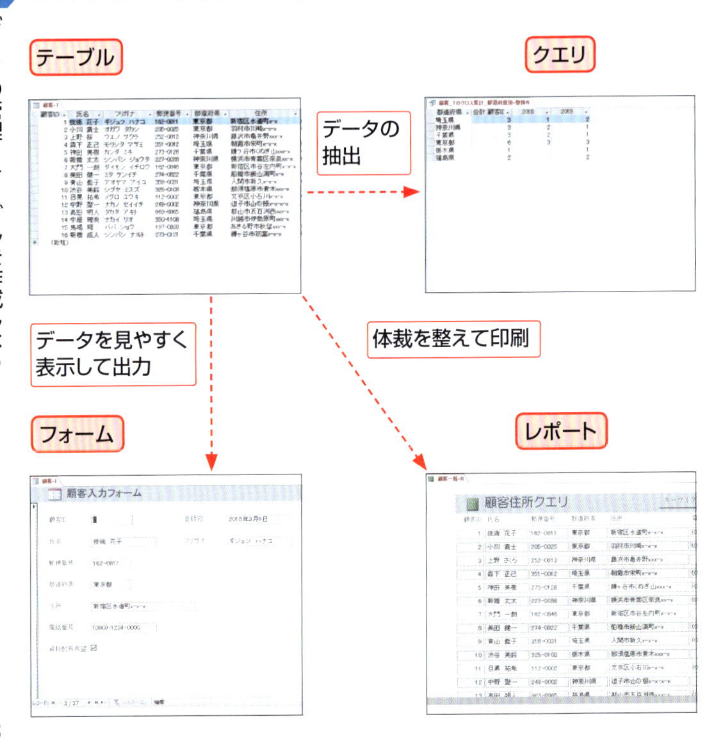

2 テーブルの構成

テーブルは、データの種類ごとに分けた「表形式」のオブジェクトです。データを区分するための「項目（フィールド）」と、フィールドに登録された情報がまとまって 1 件のデータとなる「レコード」から構成されます。

テーブルには、「データシートビュー」と「デザインビュー」の 2 つの表示方法（ビュー）があります。データシートビューは、データを入力したり、データを表示したりするためのビューです。デザインビューは、テーブルを設計するためのビューで、フィールド名とデータ型で定義されます。説明やフィールドプロパティは必要に応じて設定します。

データシートビュー

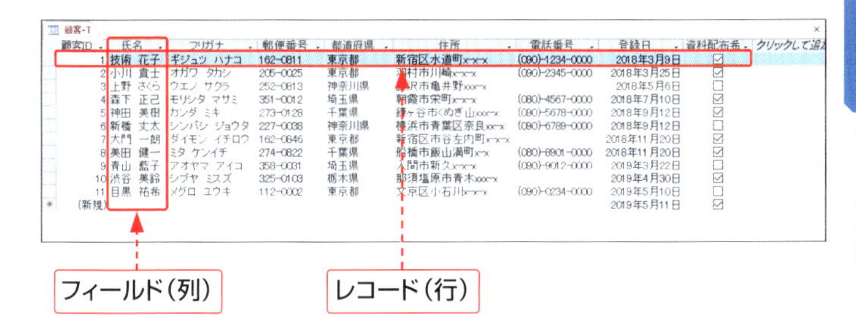

デザインビュー

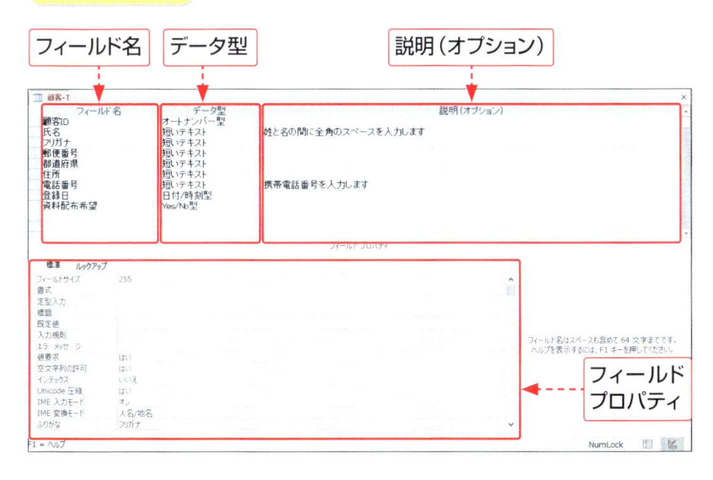

3 テーブルの設定項目

テーブルは、基本的には「フィールド名」と「データ型」で定義されます。必要に応じて「フィールドプロパティ」を設定します。

フィールド名

フィールドは、テーブルに蓄積するデータを区分するための項目です。フィールド名は自由に付けられますが、同じテーブルで同じフィールド名を付けることはできません。

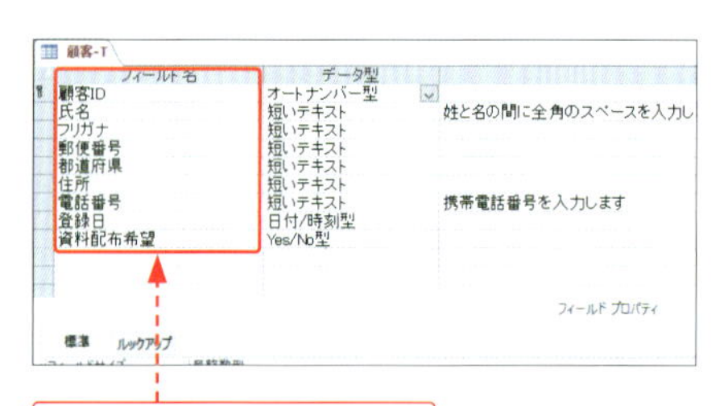

フィールド名を指定します。

データ型

フィールドに保存するデータの種類（データ型）を指定します。適切なデータ型を設定することにより、効率的にテーブルへのデータの入力や検索ができます。

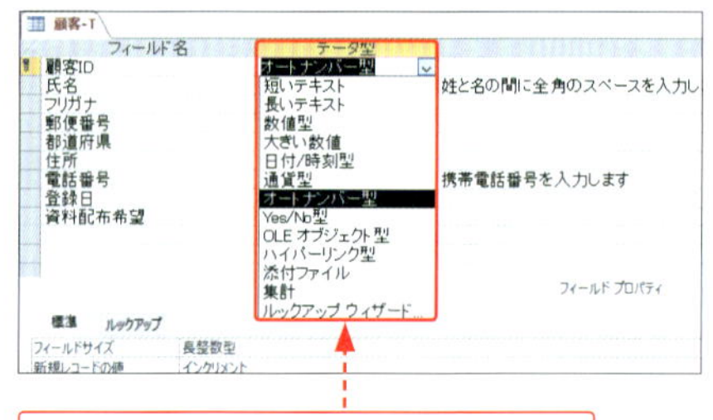

各フィールドにデータ型を設定します。

フィールドプロパティ

入力するデータの書式やサイズなど、細かい設定を追加します。データ型によって表示される項目が異なります。

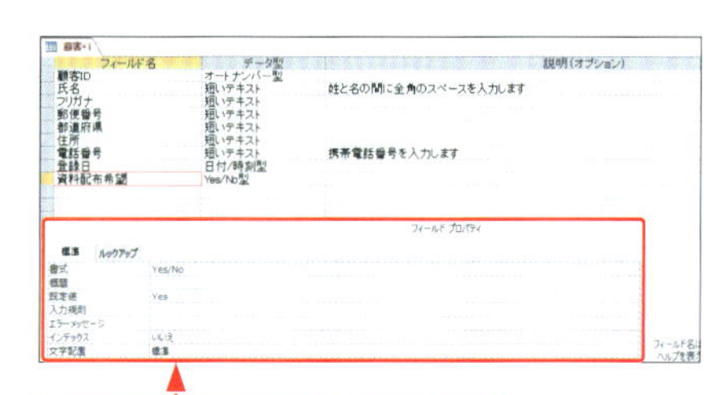

フィールドの詳細を設定します。

4 テーブルの作成方法

テーブルは、「データシートビュー」、「デザインビュー」のどちらかを利用して作成します。データシートビューでは、必要なフィールドを追加しながらデータ型を設定します。実際のデータを入力しながらフィールドを追加できます。デザインビューでは、最初にフィールド名とデータ型、説明などを設定し、あとからまとめてデータを入力します。

データシートビューを利用する

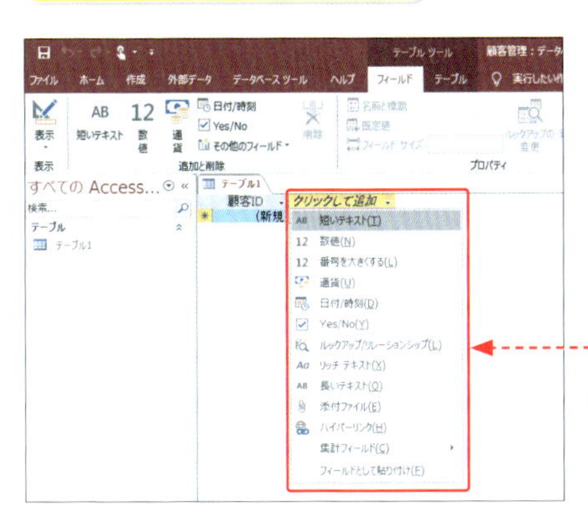

必要なフィールドを追加しながらデータ型を設定します。本書では、この方法でテーブルを作成します。

デザインビューを利用する

最初にフィールド名とデータ型、説明を設定し、あとからまとめてデータを入力します。

必要に応じてフィールドの詳細を設定します。

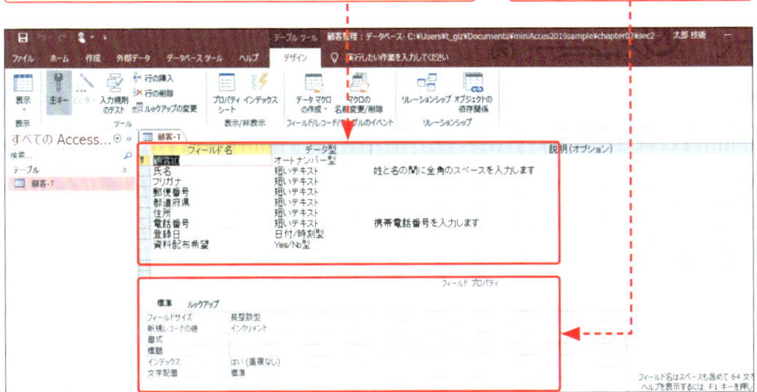

テーブルを作成しよう

データベースファイルを作成したら、データベースの基本となるテーブルを作成します。どのフィールドに何のデータを入力するかをあらかじめ決めてから作成しましょう。

1 テーブルを作成する

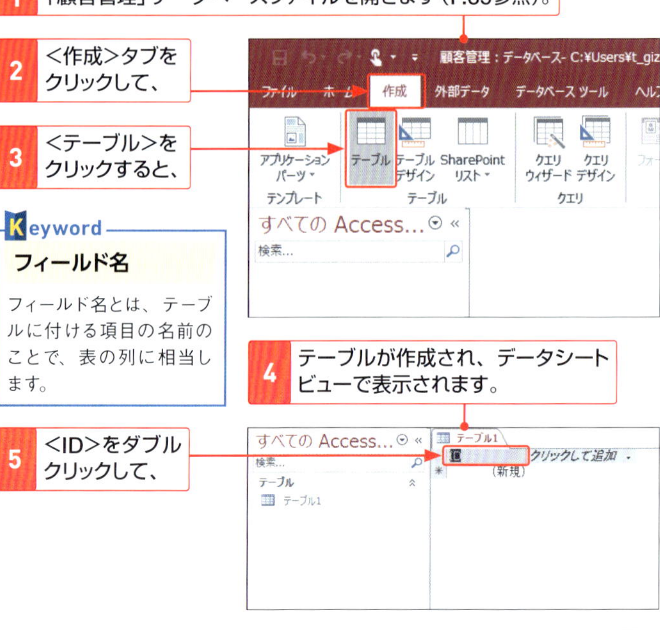

1 「顧客管理」データベースファイルを開きます（P.35参照）。

2 <作成>タブをクリックして、

3 <テーブル>をクリックすると、

4 テーブルが作成され、データシートビューで表示されます。

Keyword

フィールド名

フィールド名とは、テーブルに付ける項目の名前のことで、表の列に相当します。

5 <ID>をダブルクリックして、

6 フィールド名（ここでは「顧客ID」）を入力します。

すべての Access... 検索... テーブル テーブル1 | 顧客ID クリックして追加 (新規)

2 フィールドを追加する

1 <クリックして追加>をクリックして、

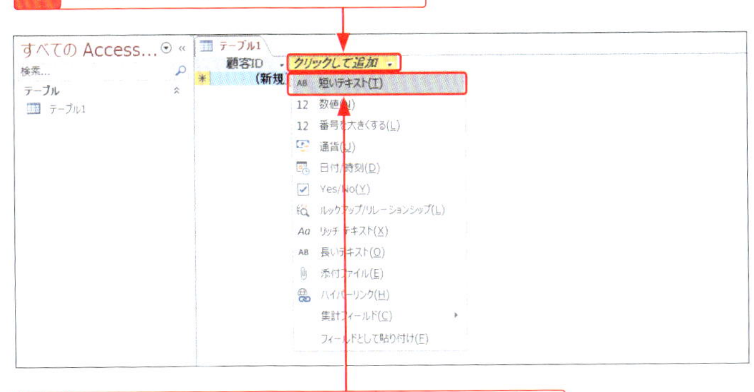

2 データ型(ここでは<短いテキスト>)をクリックし、

3 フィールド名(ここでは「氏名」)を入力します。

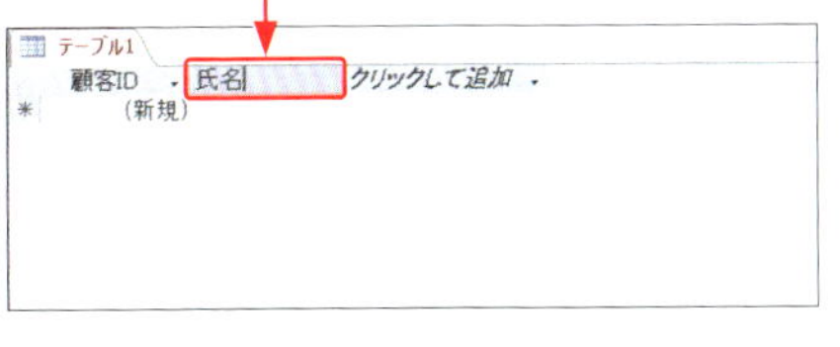

Keyword データ型

データ型とは、フィールドにどのような種類のデータを入力するのかを決めるためのものです(P.55のMemo参照)。

4 手順**1**～**3**を繰り返して、「フリガナ」「郵便番号」「都道府県」「住所」「電話番号」(ともにデータ型<短いテキスト>)を追加します。

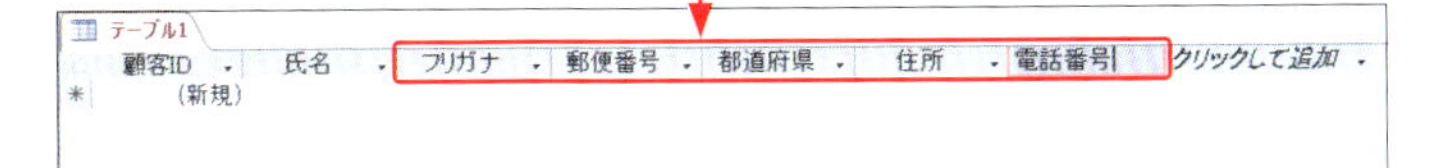

Hint 短いテキスト

ここで設定しているデータ型の<短いテキスト>は、文字データや、文字と数字を組み合わせたデータ、計算をする必要がない数値データを格納するフィールドに使用します。

3 テーブルに名前を付けて保存する

1 必要なフィールドを追加したら、<上書き保存>をクリックします。

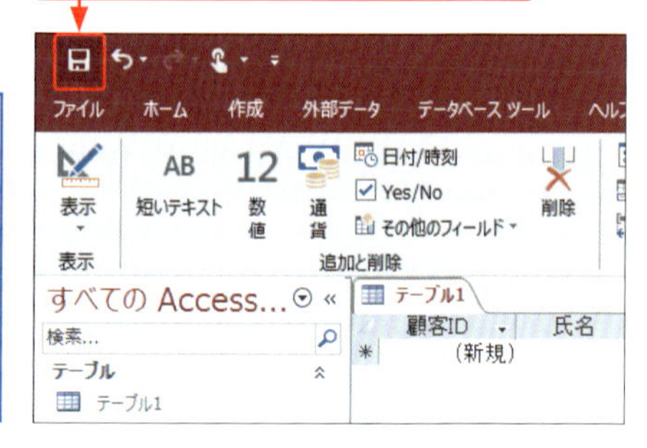

Hint

テーブルの保存とは

ここで保存したのは、テーブルのデザインです。データを入力した場合は、入力を確定した時点で自動的に保存されます(Sec.10参照)。

2 テーブル名(ここでは「顧客-T」)を入力して、

3 <OK>をクリックします。

4 テーブルが保存され、ナビゲーションウィンドウにテーブル名が表示されます。

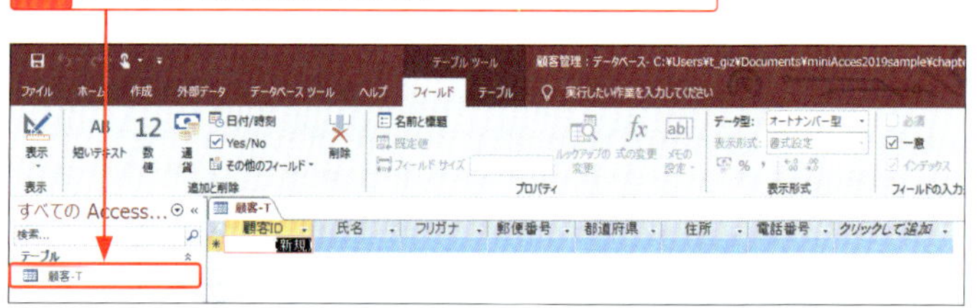

Memo

名前を付けて保存

テーブルを一度保存すると、2回目以降に<上書き保存>をクリックしても、<名前を付けて保存>ダイアログボックスは表示されず、変更部分のみ上書き保存されます。テーブルのデザインやレイアウトを変更したときは、そのつど上書き保存しておくとよいでしょう。

4 テーブルを閉じる

1 ここをクリックすると、

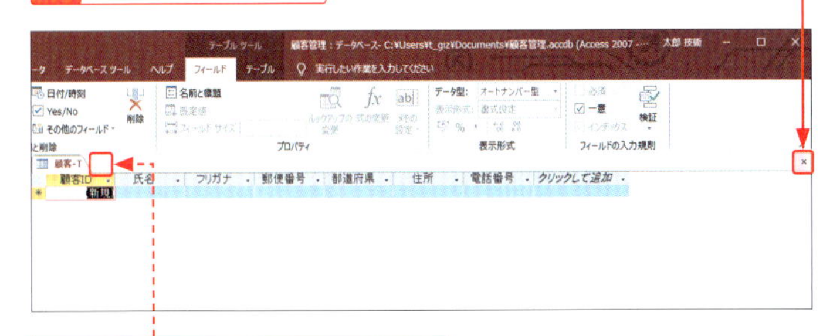

Office 365の場合は、手順**1**でタブの右にある×をクリックします。

2 テーブルが閉じます。

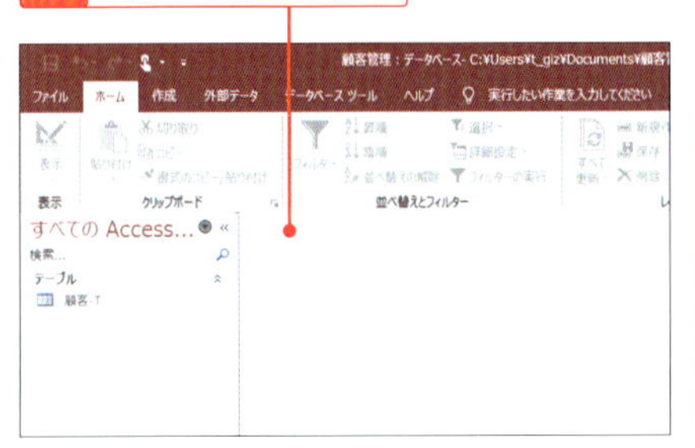

Memo

テーブルの保存場所

作成したテーブルは、ここで開いている「顧客管理」データベースファイルにオブジェクトの1つとして追加されます。

Hint

テーブル名をあとから変更するには

テーブル名をあとから変更するには、ナビゲーションウィンドウでテーブルを右クリックして、表示されたメニューの<名前の変更>をクリックし、新しい名前を入力します。ただし、テーブルを開いている状態では変更できません。

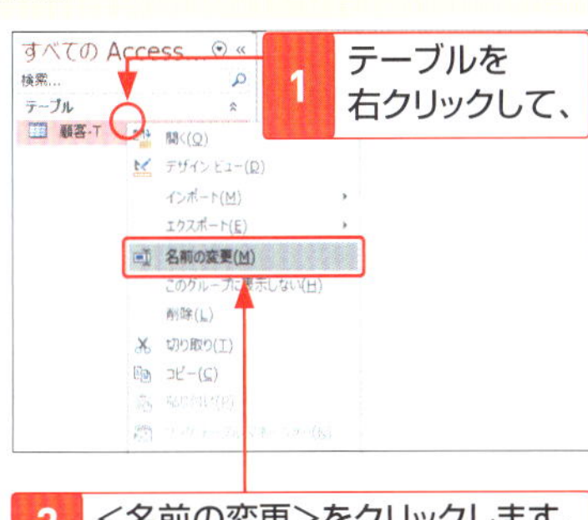

1 テーブルを右クリックして、

2 <名前の変更>をクリックします。

テーブルにデータを入力しよう

テーブルを作成したら、データを入力しましょう。テーブルにデータを入力するときは、**データシートビューで入力**します。入力したデータは**自動的に保存**されます。

1 テーブルをデータシートビューで表示する

1 「顧客管理」データベースファイルを開きます(P.35参照)。

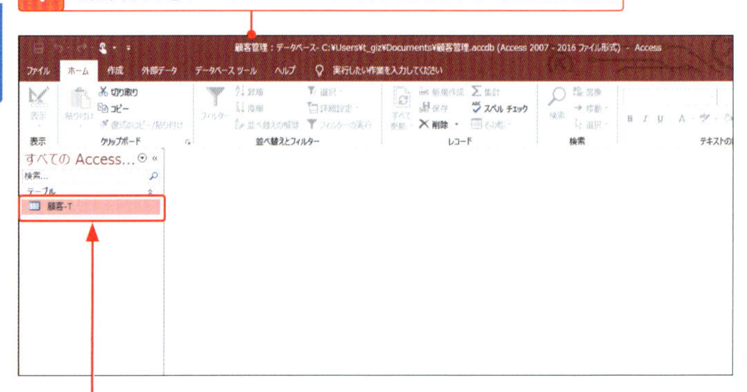

2 テーブル「顧客-T」をダブルクリックすると、

3 テーブルがデータシートビューで表示されます。

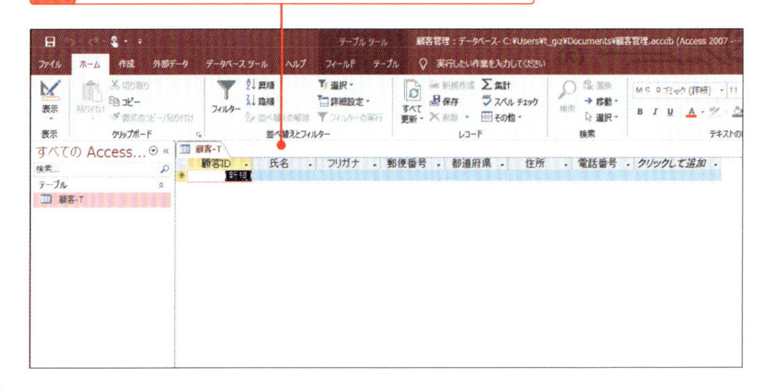

2 データを入力する

1 「顧客ID」はオートナンバー型のフィールド(下のHint参照)なので、何も入力せずに Tab を押して、

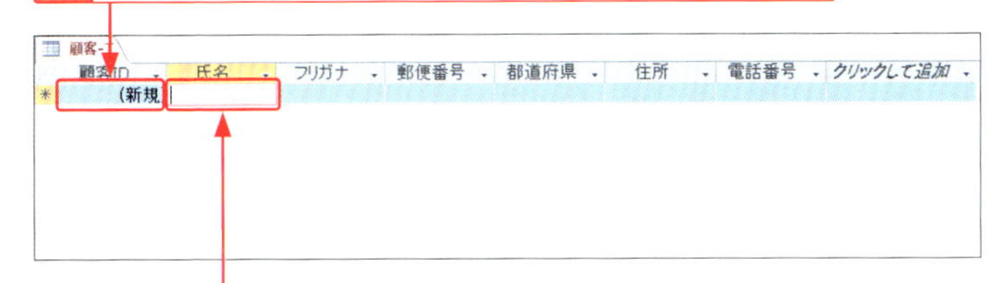

2 次のフィールドにカーソルを移動します。

3 氏名を入力します。姓と名の間には全角のスペースを入力します。

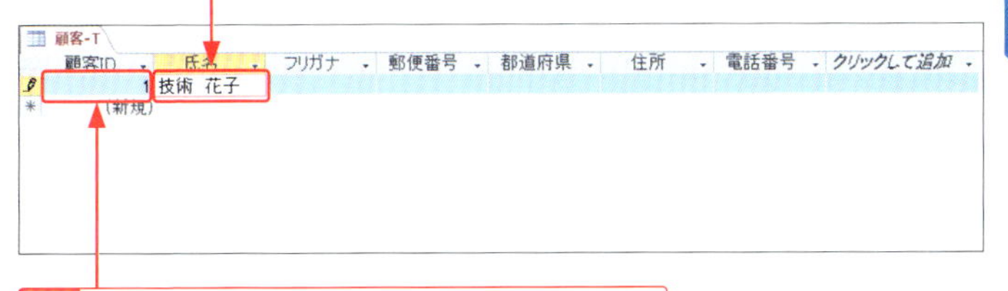

4 「顧客ID」には自動的に数値が入力されます。

5 Tab を押して、次のフィールドにカーソルを移動し、

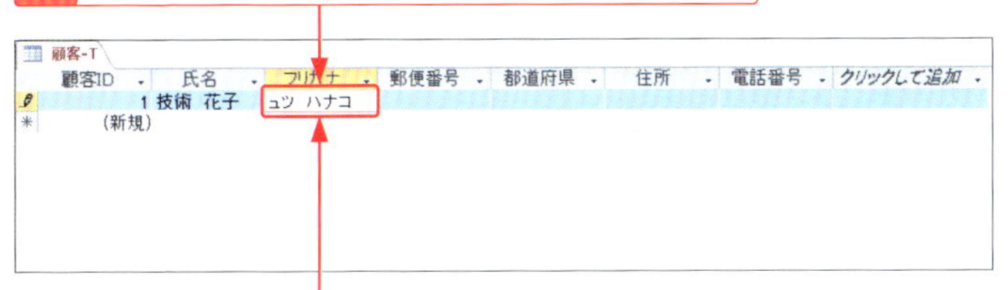

6 ふりがなを全角カタカナで入力します。
姓と名の間には全角のスペースを入力します。

Hint

オートナンバー型のフィールド

テーブルをデータシートビューで作成すると、一番左のフィールドには「オートナンバー型」のデータ型が自動的に設定されます。オートナンバー型のフィールドには、次の列にデータを入力すると、自動的に連番の数値が入力されます。

7 Tab を押して、次のフィールドにカーソルを移動します。

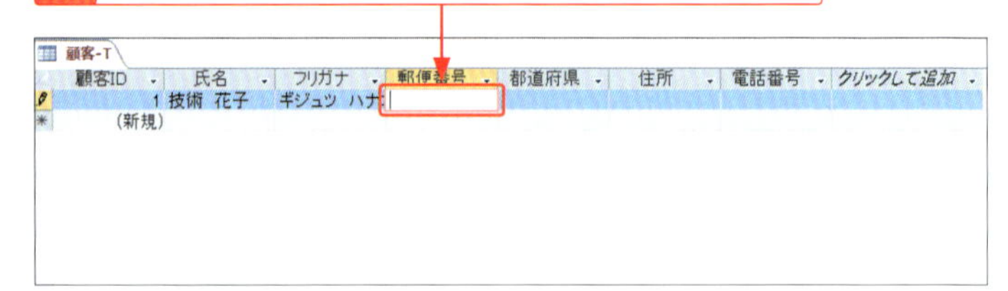

8 Windows 10の通知領域に表示されている入力モードをクリックして、<半角英数>に切り替え、

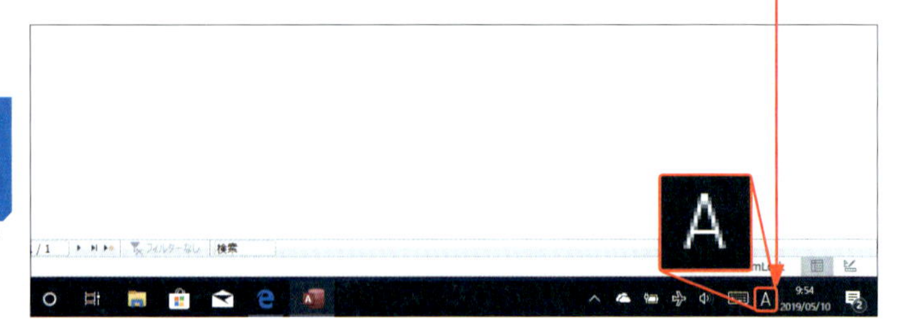

9 郵便番号を入力します。

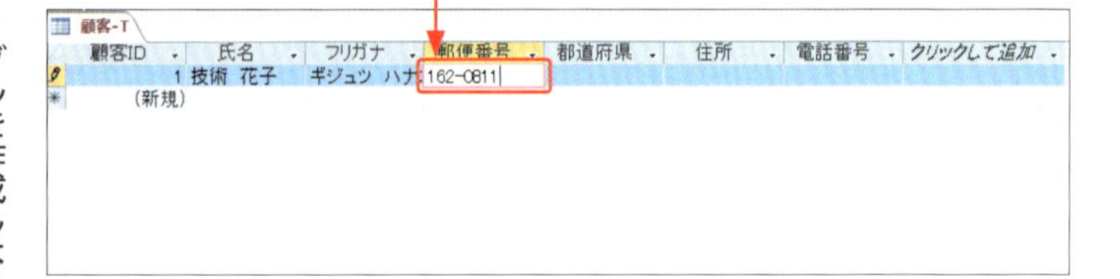

Memo

データは自動的に保存される

テーブルに入力したデータは、ほかのレコードに移動したり、作業中のテーブルを閉じたりすると、自動的に保存されます。

Hint

フィールド間の移動

データシートビューでのレコードやフィールド間の移動には、キーボードの以下のキーを利用すると便利です。

↑ ／ ↓：1つ上／下のレコードへ
Tab または →：右のフィールドへ
Shift ＋ Tab または ←：左のフィールドへ
End：最終のフィールドへ
Home：先頭のフィールドへ

10 Tab を押しながら、続けてデータを入力していきます。

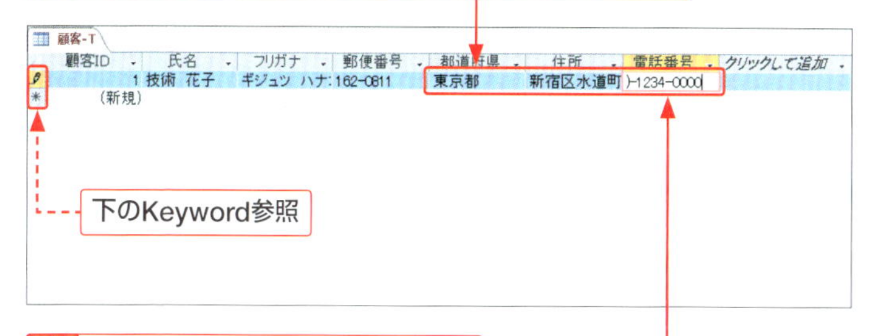

11 最後のフィールドで Tab を押すと、

12 カーソルが次のレコードの左端に移動します。

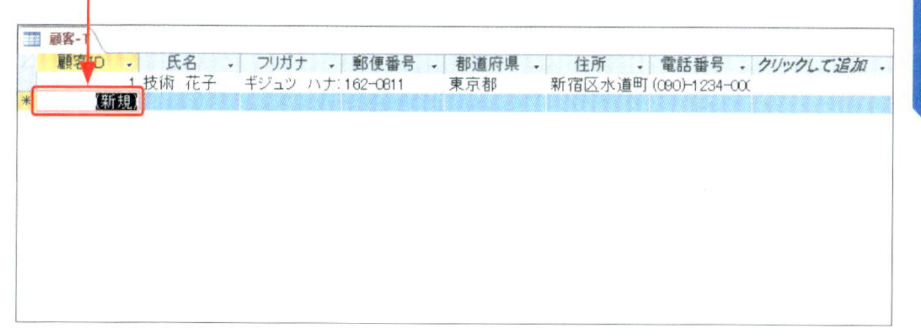

13 同様の方法でデータを入力します。

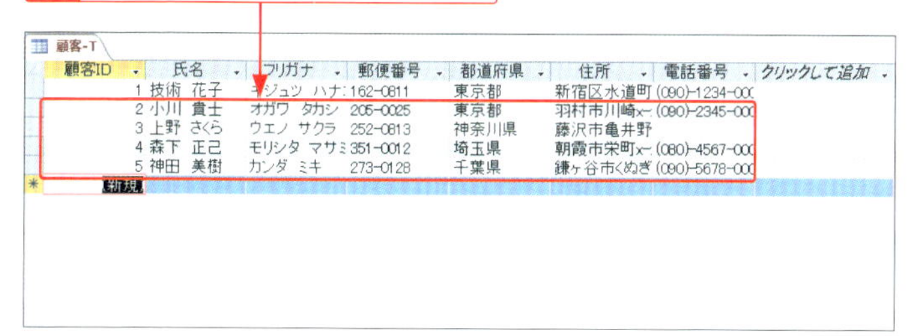

Keyword

レコードセレクター

レコードの左側に表示されるボックスのことを「レコードセレクター」といいます。ここには、現在のレコードの編集状態が表示されます。

- 編集中のレコード
- 保存済みのレコード
- 新しいレコード

フィールドの幅を広げよう

初期状態のテーブルのデータシートビューでは、フィールドはすべて同じ幅で表示されます。フィールドの幅が狭すぎてデータがすべて表示されないときは、フィールドの幅を広げましょう。

1 フィールドの幅を変更する

1 テーブル「顧客-T」をデータシートビューで表示します（P.46参照）。

2 マウスポインターを2つのフィールド名の間に移動し、形が✛に変わった状態で、

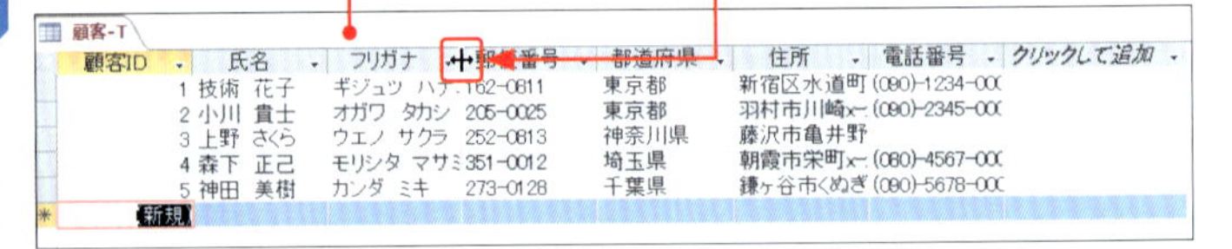

3 右側にドラッグすると、

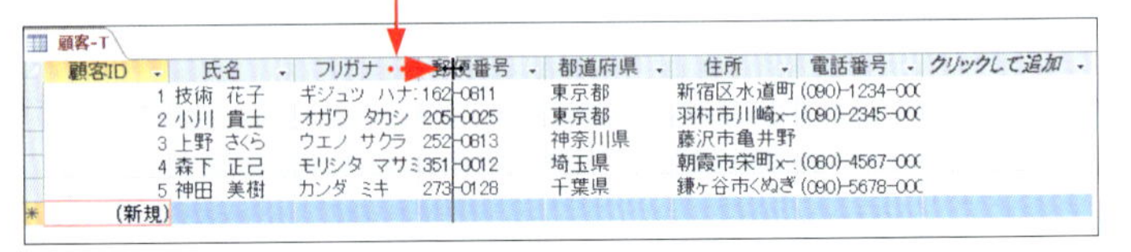

4 フィールドの幅が広がります。

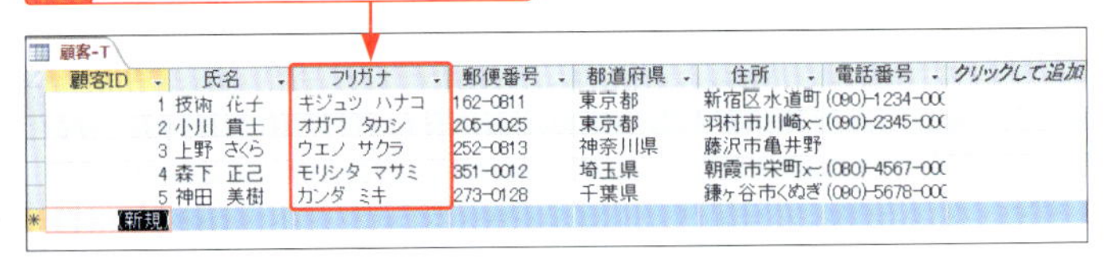

Hint 行の高さを変更する

行の高さを変更するには、行の下の境界線部分をドラッグします。1つの行の高さを変更すると、全レコードの高さが変わります。

2 フィールドの幅を自動調整する

1 マウスポインターを2つのフィールド名の間に移動し、形が✛に変わった状態でダブルクリックすると、

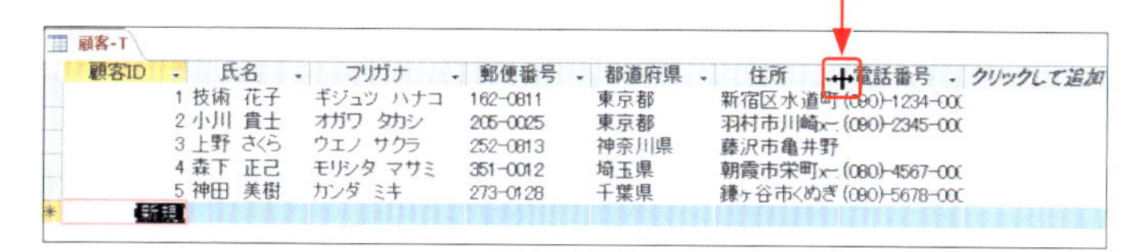

2 フィールドに入力されているデータの最大文字数に合わせて、幅が自動的に調整されます。

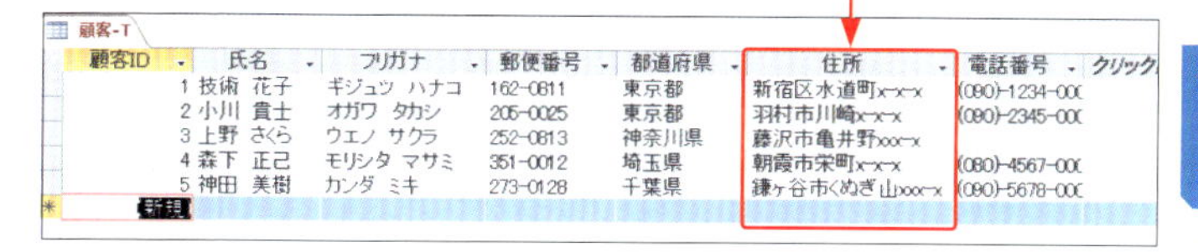

3 同様の方法で、ほかのフィールドの幅も調整し、

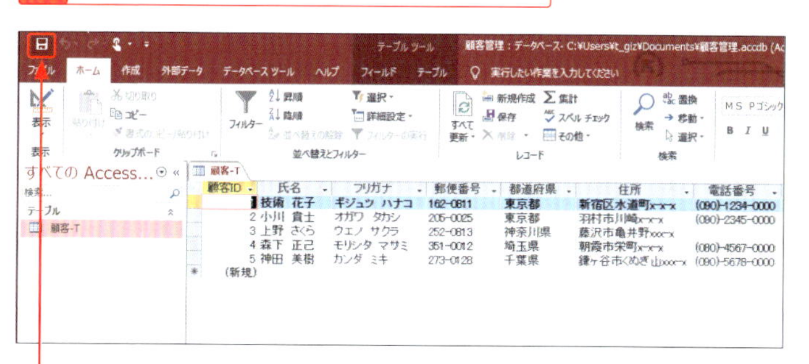

<上書き保存>をクリックして、テーブルのレイアウトを保存します（P.44参照）。

Memo

レイアウトの保存

テーブルのレイアウトを変更したときは保存が必要です。<上書き保存>をせずにテーブルを閉じようとすると、確認のメッセージが表示されます。<はい>をクリックすると変更が保存されます。

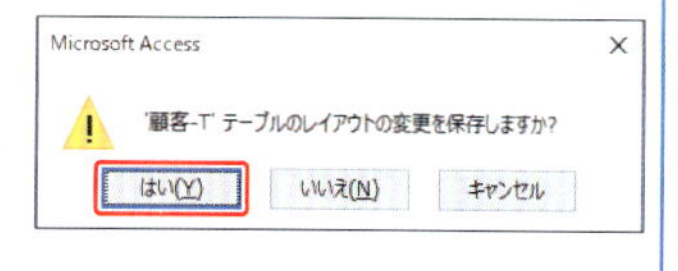

テーブルを編集する画面に切り替えよう

テーブルのデータ型やフィールドの詳細を設定するときは、デザインビューを利用します。ここでは、テーブルをデータシートビューからデザインビューに切り替えてみましょう。

1 テーブルをデータシートビューで表示する

1 「顧客管理」データベースファイルを開きます（P.35参照）。

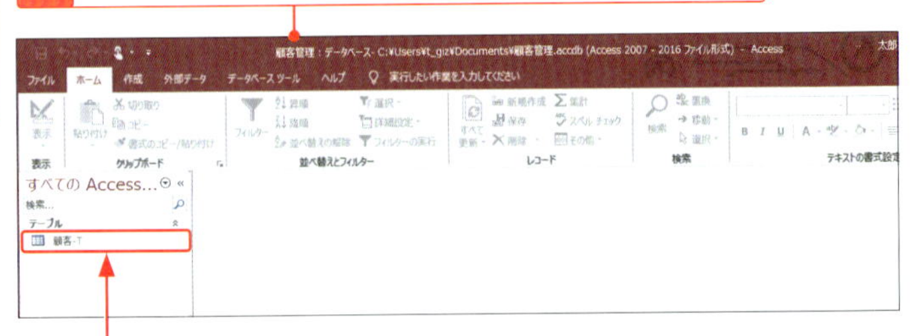

2 テーブル「顧客-T」をダブルクリックすると、

3 テーブルがデータシートビューで表示されます。

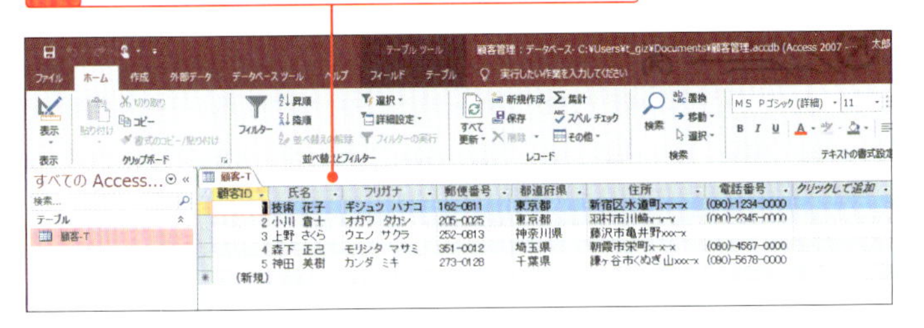

Memo データシートビューとデザインビュー

データシートビューは、データの入力や修正、データを表示するためのビューです。デザインビューは、テーブルを設計するためのビューで、フィールドを詳細に設定できます。

2 テーブルをデザインビューに切り替える

1 <ホーム>タブの<表示>をクリックすると、

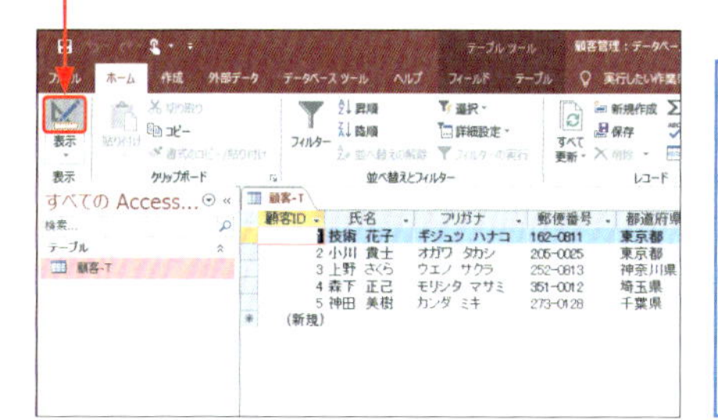

Memo

ビューの切り替え方法

<ホーム>タブの<表示>をクリックすると、データシートビューとデザインビューが交互に切り替わります。

2 テーブルがデザインビューに切り替わります。

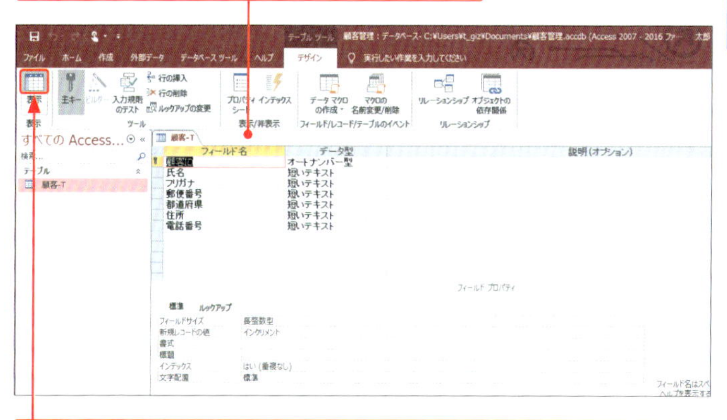

3 再度<表示>をクリックすると、データシートビューに切り替わります。

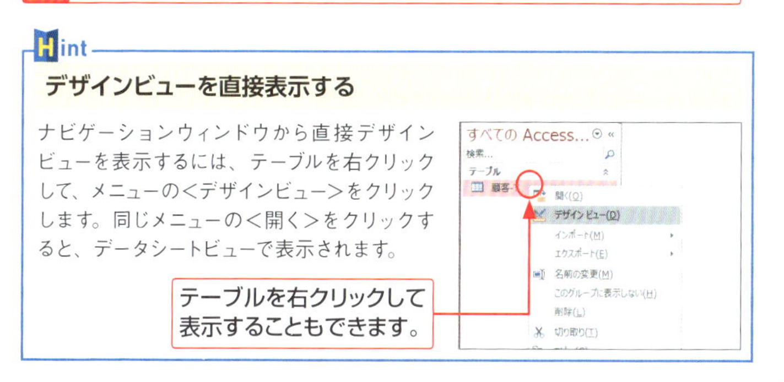

Hint

デザインビューを直接表示する

ナビゲーションウィンドウから直接デザインビューを表示するには、テーブルを右クリックして、メニューの<デザインビュー>をクリックします。同じメニューの<開く>をクリックすると、データシートビューで表示されます。

テーブルを右クリックして表示することもできます。

テーブルにフィールドを追加しよう

テーブルを作成したあとでも、必要に応じてフィールドを追加することができます。ここでは、デザインビューを利用してフィールドを追加し、データ型と説明を設定・入力します。

1 フィールドを追加する

1 テーブル「顧客-T」をデザインビューで表示します（P.53参照）。

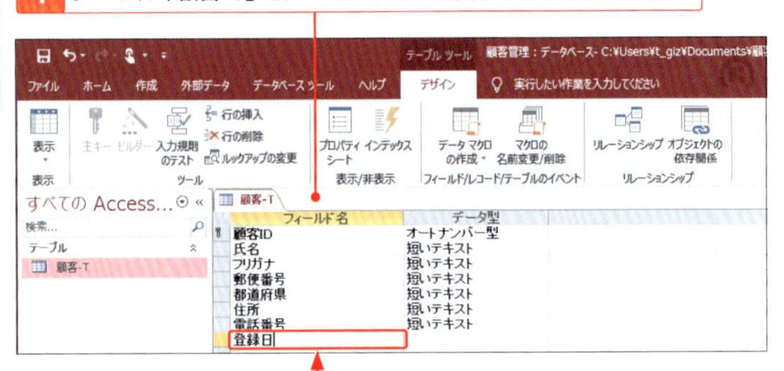

2 フィールドを追加する行をクリックして、フィールド名（ここでは「登録日」）を入力します。

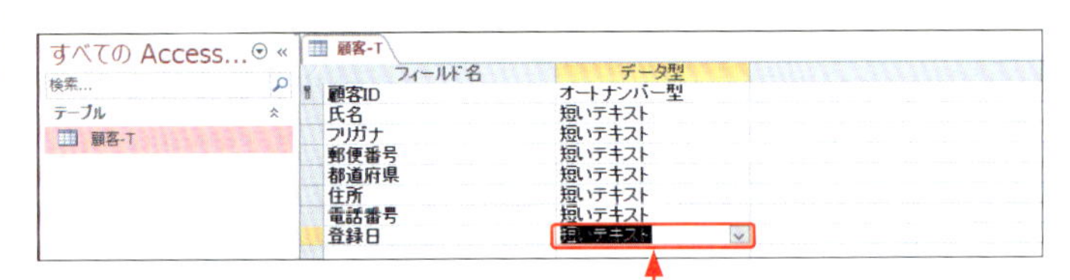

3 Tab を押すと、<データ型>にカーソルが移動します。

Hint

フィールドを途中に追加する

フィールドを既存のフィールドの中に追加する場合は、挿入する位置の下の行をクリックして、<デザイン>タブの<行の挿入>をクリックします。

4 ここをクリックして、

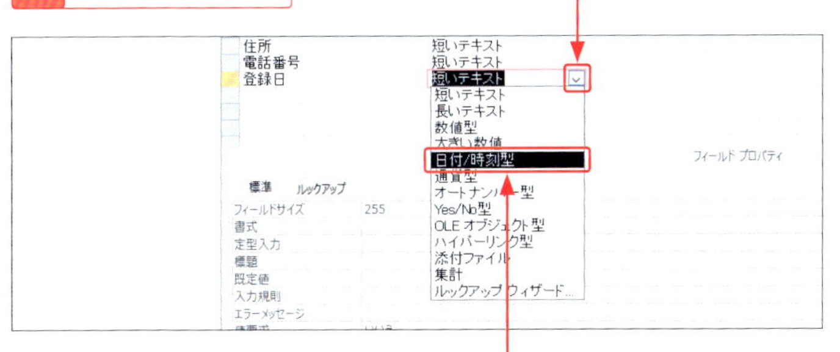

5 データ型（ここでは<日付／時刻型>）をクリックします。

Memo

データ型の種類

Accessのデータ型には、以下のようなものがあります。データ型によって、フィールドに格納できるデータの種類や使用できる書式が異なります。

データ型	内　容
短いテキスト	文字列や文字と数字を組み合わせたデータ、計算対象とならない数値に利用します（半角で 255 文字まで）。
長いテキスト	長い文字列の格納に利用します（最大 1GB。コントロールに表示されるのは最初の 64,000 文字まで）。
数値型	数量や在庫などの数値の格納に利用します。
大きい数値	「数値型」よりも大きい数値の格納に利用します。
日付／時刻型	日付や時刻などの格納に利用します。
通貨型	価格などの金額の格納に利用します。
オートナンバー型	ID などの数値を自動的に連番で格納します。このフィールドには、通常、主キーを設定します。
Yes ／ No 型	二者択一のデータに利用します。
OLE オブジェクト型	画像ファイルや Excel ワークシート、Word 文書などの格納に利用します。
ハイパーリンク型	URL やネットワークアドレス、ファイルなどへのリンク情報を格納します。
添付ファイル	画像、ワークシート、グラフなどのファイルを添付できます。
集計	計算結果を格納します。計算は同じテーブル内のほかのフィールドを参照する必要があります。
ルックアップウィザード	テーブルやクエリから取得された値や、フィールドの作成時に指定した値を表示します。

6 同様に、フィールド名（ここでは「資料配布希望」）を入力して、Tab を押します。

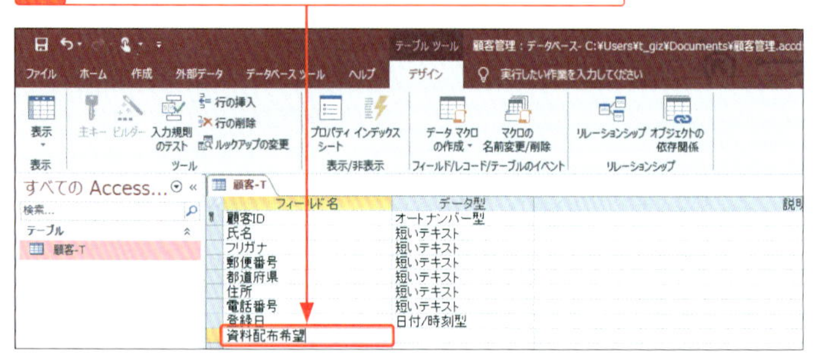

7 ここをクリックして、

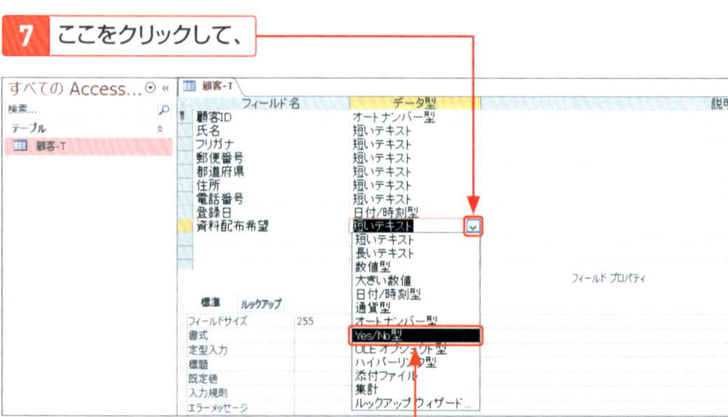

8 データ型（ここでは<Yes／No型>）をクリックします。

9 必要に応じて説明を入力します。

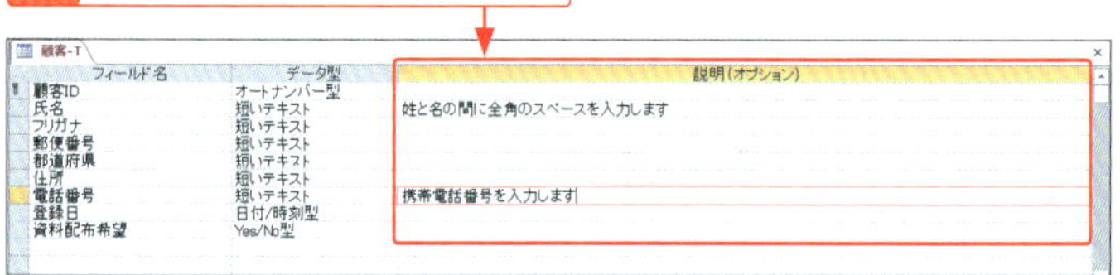

Memo

説明の入力

<説明（オプション）>には、フィールドの補足情報を入力します。入力した内容は、テーブルやフォームで、そのフィールドにカーソルを移動したときに、ステータスバーに表示されます。

2 追加したフィールドにデータを入力する

1 <デザイン>タブの<表示>をクリックします。

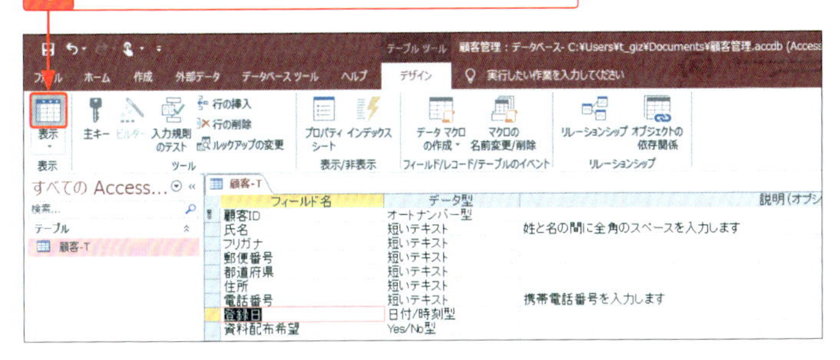

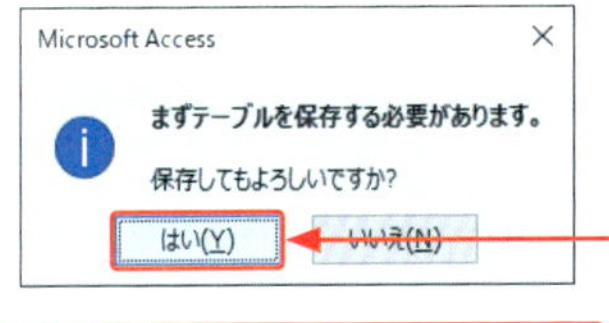

2 確認のメッセージが表示されるので、<はい>をクリックして、

3 データシートビューに切り替え、追加したフィールドにデータを入力します。

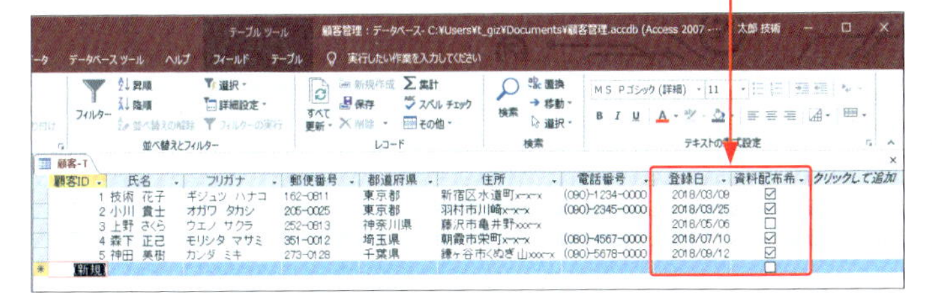

StepUp

フィールドを削除する

フィールドを削除する場合は、削除したいフィールドをクリックして、<デザイン>タブの<行の削除>をクリックします。そのフィールドにデータが入力されている場合は、入力されているデータも削除されてしまうので、注意が必要です。

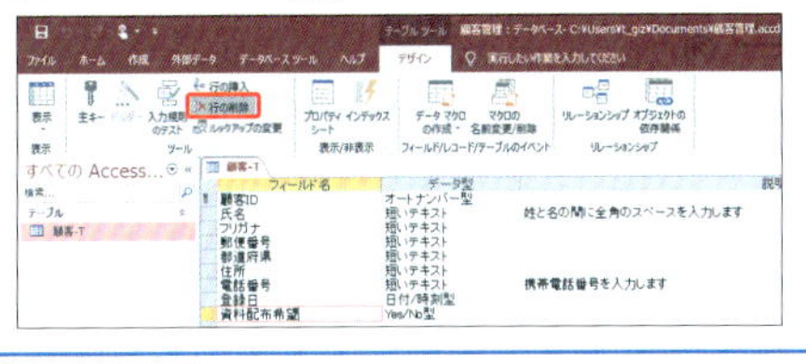

ふりがなが自動で入力されるようにしよう

自動ふりがな機能を設定すると、フィールドに入力した漢字の読みを別のフィールドに自動的に表示させることができます。ふりがなを自動入力できるのは、テキスト型のフィールドに限られます。

1 <ふりがなウィザード>を起動する

1 テーブル「顧客-T」をデザインビューで表示します（P.53参照）。

2 設定するフィールド（ここでは「氏名」）をクリックして、

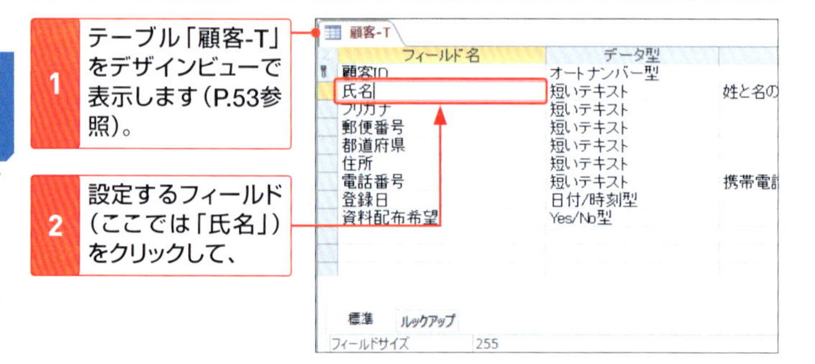

3 画面の下側にあるフィールドプロパティのここをドラッグして、

4 <ふりがな>欄をクリックし、

5 ここをクリックすると、

6 <ふりがなウィザード>が起動します。

2 ふりがなの自動入力を設定する

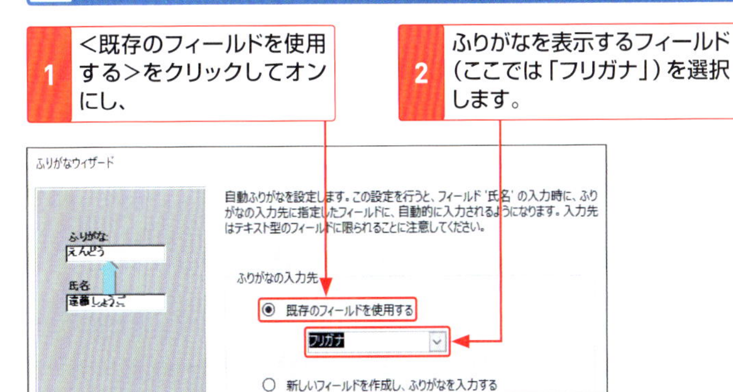

1 <既存のフィールドを使用する>をクリックしてオンにし、

2 ふりがなを表示するフィールド（ここでは「フリガナ」）を選択します。

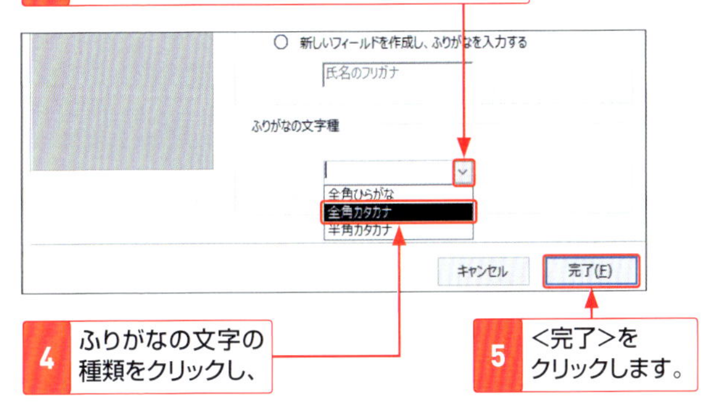

3 <ふりがなの文字種>のここをクリックして、

4 ふりがなの文字の種類をクリックし、

5 <完了>をクリックします。

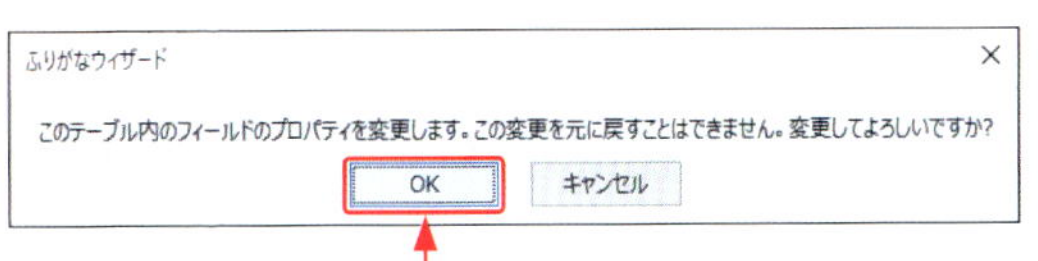

6 <OK>をクリックすると、

7 ふりがなの自動入力が設定されます。

Hint

ふりがなの入力先を新規に作成するには

ふりがな入力用のフィールドを新規に作成する場合は、手順 1 で<新しいフィールドを作成し、ふりがなを入力する>をオンにして、フィールド名を入力します。

Section 15

日本語入力のモードが自動で切り替わるようにしよう

フィールドに入力する文字列は、データによって異なります。**IME入力モードの自動切り替えを設定**すると、入力モードを手動で切り替える必要がなくなるため、効率的なデータ入力が行えます。

1 IME入力モードを設定する

1 テーブル「顧客-T」をデザインビューで表示します（P.53参照）。

2 設定するフィールド（ここでは「郵便番号」）をクリックして、

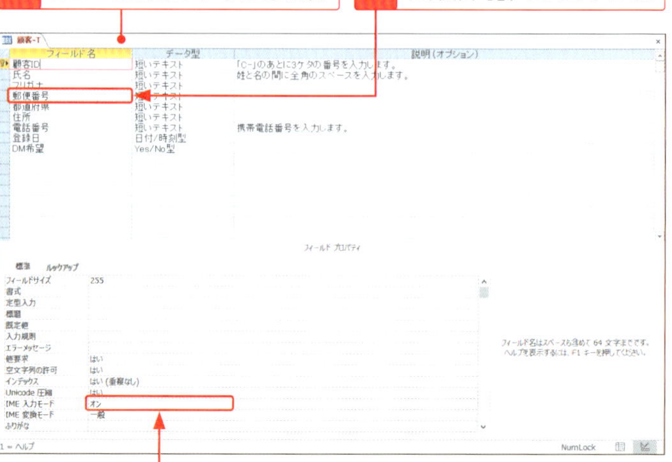

3 フィールドプロパティの<IME入力モード>欄をクリックします。

> **Memo**
>
> **入力モードの自動切り替え**
>
> ここでは、「郵便番号」のフィールドにカーソルを移動すると、日本語入力モードが自動的に「半角英数」になるように設定します。
> なお、定型入力を設定すると、IME入力モードの状態が自動的に変更される場合があります。たとえば、次のSec.16では「電話番号」に定型入力を設定していますが、これにより、電話番号フィールドのIME入力モードはオンのままでも、実際にデータを入力しようとすると、IME入力モードがオフになります。

第2章　データの管理～テーブルを作成しよう

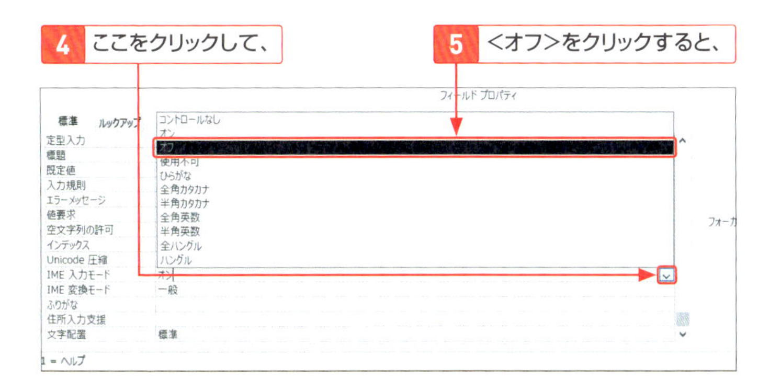

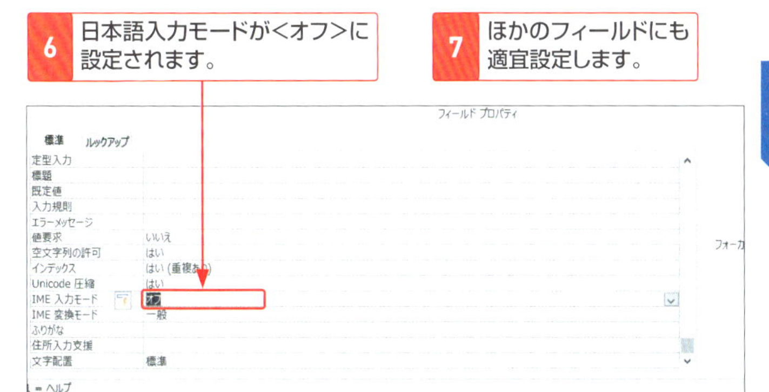

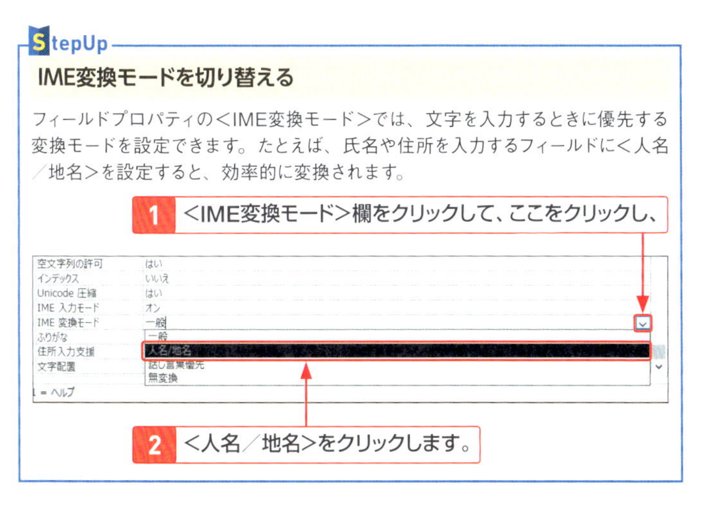

StepUp

IME変換モードを切り替える

フィールドプロパティの<IME変換モード>では、文字を入力するときに優先する変換モードを設定できます。たとえば、氏名や住所を入力するフィールドに<人名/地名>を設定すると、効率的に変換されます。

決まった形式でデータが入力されるようにしよう

郵便番号や電話番号などのデータを効率的に入力したい場合は、定型入力を設定しておくと便利です。郵便番号や電話番号のかっこ「( )」やハイフン「-」などの記号が自動的に表示されます。

1 <定型入力ウィザード>を起動する

Keyword

定型入力

定型入力とは、あらかじめ設定した規則に従ってデータを入力するための機能です。

1 テーブル「顧客-T」をデザインビューで表示して(P.53参照)、

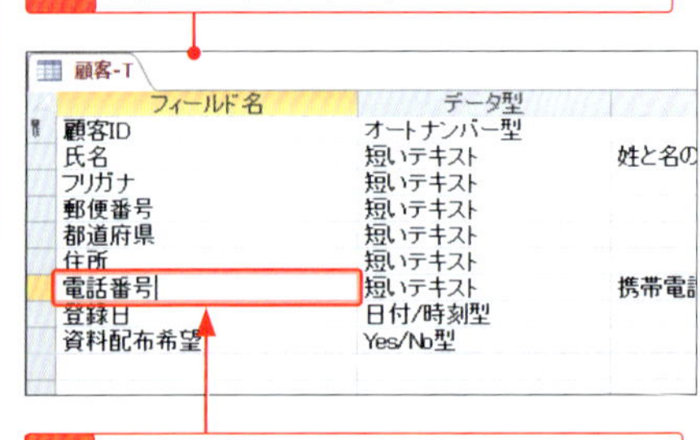

2 「電話番号」フィールドをクリックします。

3 フィールドプロパティの<定型入力>欄をクリックして、

4 ここをクリックすると、

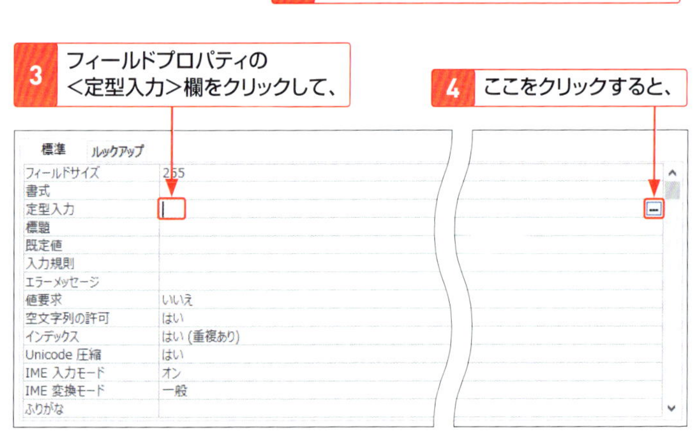

5 <定型入力ウィザード>が起動します。

2 電話番号の定型入力を設定する

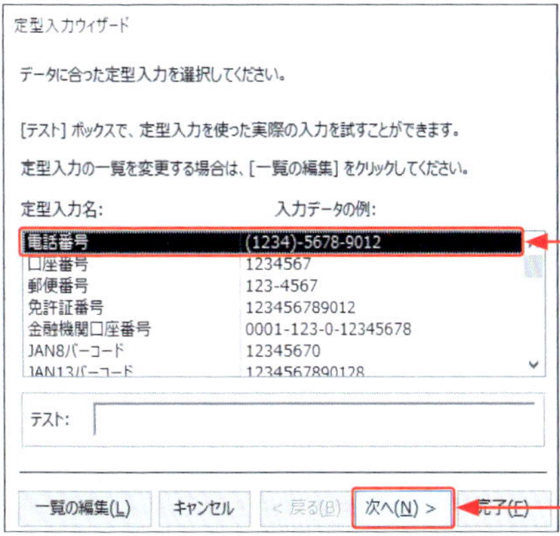

定型入力ウィザード

データに合った定型入力を選択してください。

[テスト] ボックスで、定型入力を使った実際の入力を試すことができます。

定型入力の一覧を変更する場合は、[一覧の編集] をクリックしてください。

定型入力名:	入力データの例:
電話番号	(1234)-5678-9012
口座番号	1234567
郵便番号	123-4567
免許証番号	123456789012
金融機関口座番号	0001-123-0-12345678
JAN8バーコード	12345670
JAN13バーコード	1234567890128

テスト:

一覧の編集(L)　キャンセル　< 戻る(B)　次へ(N) >　完了(F)

1 <電話番号>をクリックして、

2 <次へ>をクリックします。

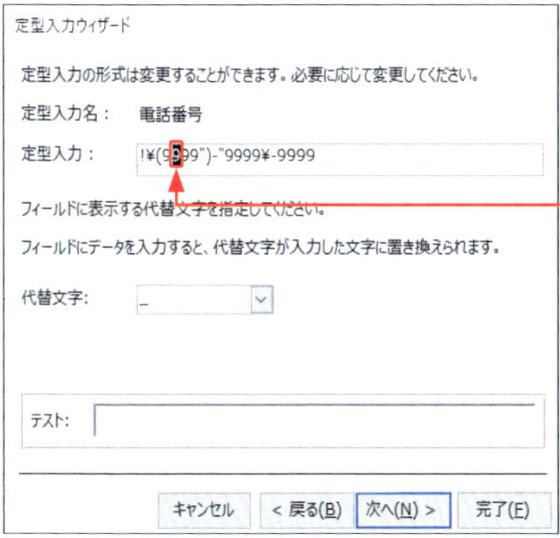

定型入力ウィザード

定型入力の形式は変更することができます。必要に応じて変更してください。

定型入力名：　電話番号

定型入力：　!¥(9999")-"9999¥-9999

フィールドに表示する代替文字を指定してください。

フィールドにデータを入力すると、代替文字が入力した文字に置き換えられます。

代替文字:　_

テスト:

キャンセル　< 戻る(B)　次へ(N) >　完了(F)

3 必要に応じて定型入力の書式を変更します。

4 ここでは「9」を1つ選択し、

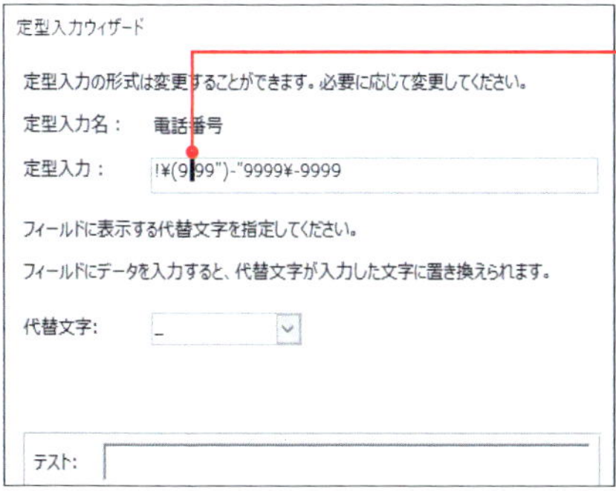

定型入力ウィザード

定型入力の形式は変更することができます。必要に応じて変更してください。

定型入力名：　電話番号

定型入力：　!¥(999")-"9999¥-9999

フィールドに表示する代替文字を指定してください。

フィールドにデータを入力すると、代替文字が入力した文字に置き換えられます。

代替文字:　_

テスト:

5 Delete を押して削除します。

Memo

定型入力の設定

定型入力は、データ型がテキスト型、日付／時刻型のフィールドに対してのみ利用できます。

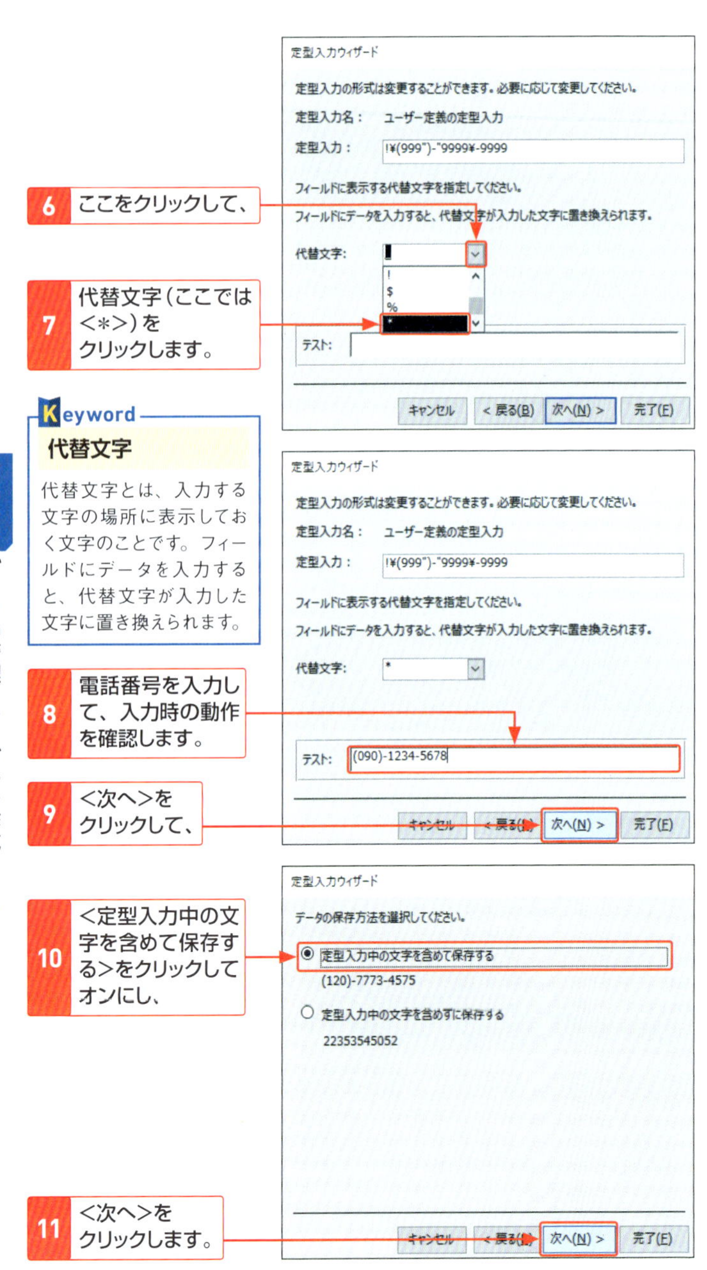
定型入力ウィザード
定型入力の形式は変更することができます。必要に応じて変更してください。
定型入力名： ユーザー定義の定型入力
定型入力： !¥(999")-"9999¥-9999
フィールドに表示する代替文字を指定してください。
フィールドにデータを入力すると、代替文字が入力した文字に置き換えられます。
代替文字：
!
$
%
*
テスト：
キャンセル
< 戻る(B)
次へ(N) >
完了(F)
6 ここをクリックして、
7 代替文字（ここでは<*>）をクリックします。
Keyword
代替文字
代替文字とは、入力する文字の場所に表示しておく文字のことです。フィールドにデータを入力すると、代替文字が入力した文字に置き換えられます。
定型入力ウィザード
定型入力の形式は変更することができます。必要に応じて変更してください。
定型入力名： ユーザー定義の定型入力
定型入力： !¥(999")-"9999¥-9999
フィールドに表示する代替文字を指定してください。
フィールドにデータを入力すると、代替文字が入力した文字に置き換えられます。
代替文字： *
テスト： (090)-1234-5678
キャンセル
< 戻る(B)
次へ(N) >
完了(F)
8 電話番号を入力して、入力時の動作を確認します。
9 <次へ>をクリックして、
定型入力ウィザード
データの保存方法を選択してください。
定型入力中の文字を含めて保存する
(120)-7773-4575
定型入力中の文字を含めずに保存する
22353545052
キャンセル
< 戻る(B)
次へ(N) >
完了(F)
10 <定型入力中の文字を含めて保存する>をクリックしてオンにし、
11 <次へ>をクリックします。

Hint

定型入力の設定を削除するには

設定した定型入力を削除するには、テーブルのデザインビューで、フィールドプロパティの<定型入力>欄に表示されている書式（手順13の図参照）を削除します。

12 <完了>をクリックすると、

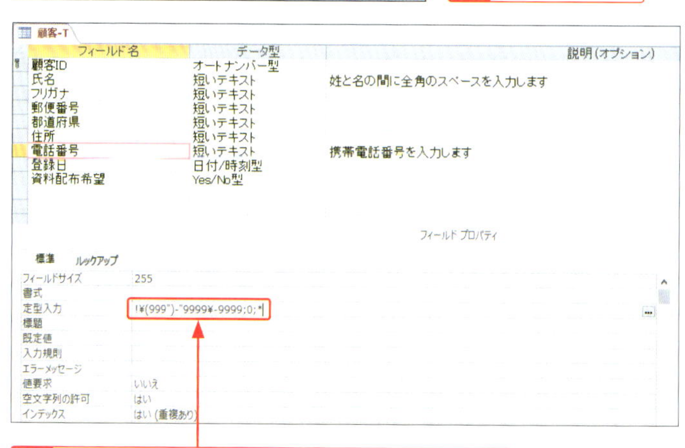

13 「電話番号」フィールドに定型入力が設定されます。

Hint

プロパティの更新オプション

フィールドを追加したり、プロパティの設定を変更したりすると、<プロパティの更新オプション>が表示される場合があります。クリックすると、関連するオブジェクトのフィールドプロパティを更新するかどうかを確認するメニューが表示されます。

郵便番号で住所が入力されるようにしよう

郵便番号を入力すると、対応する住所の一部が自動的に入力されるようにするには、住所入力支援機能を設定します。また、住所に対応する郵便番号を自動的に表示させることもできます。

1 <住所入力支援>ウィザードを起動する

1 テーブル「顧客-T」をデザインビューで表示して（P.53参照）、

（P.53参照）

2 「郵便番号」フィールドをクリックします。

フィールド名	データ型	
顧客ID	オートナンバー型	
氏名	短いテキスト	姓と名の間に全角
フリガナ	短いテキスト	
郵便番号	短いテキスト	
都道府県	短いテキスト	
住所	短いテキスト	
電話番号	短いテキスト	携帯電話番号を入
登録日	日付/時刻型	
資料配布希望	Yes/No型	

標準　ルックアップ

フィールドサイズ	255
書式	
定型入力	
標題	

3 画面の下側にあるフィールドプロパティのここをドラッグして、

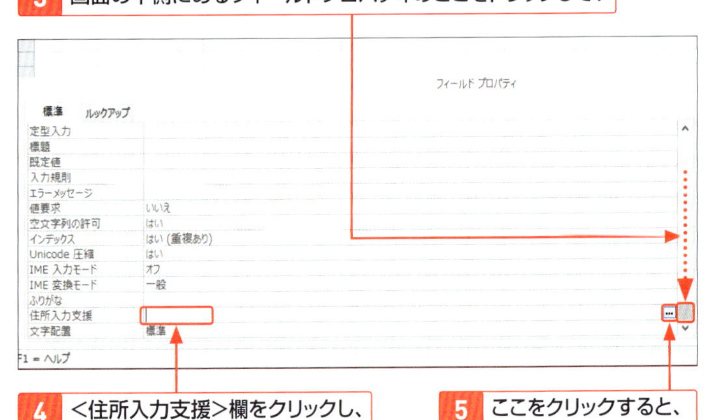

4 <住所入力支援>欄をクリックし、

5 ここをクリックすると、

6 <住所入力支援>ウィザードが起動します。

2 郵便番号から住所を自動表示する

1 ここをクリックして、

2 郵便番号を入力するフィールドをクリックし、

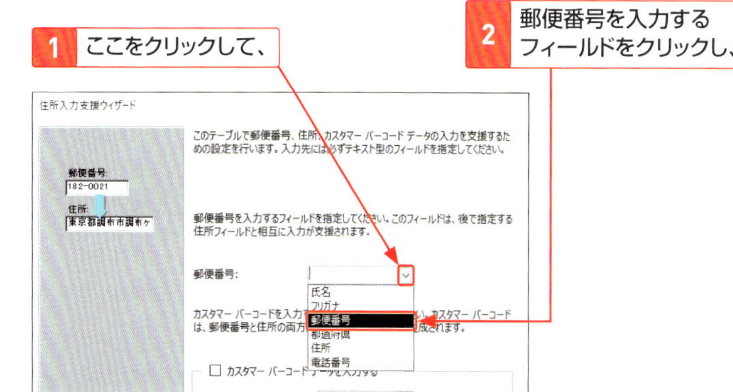

3 <次へ>をクリックします。

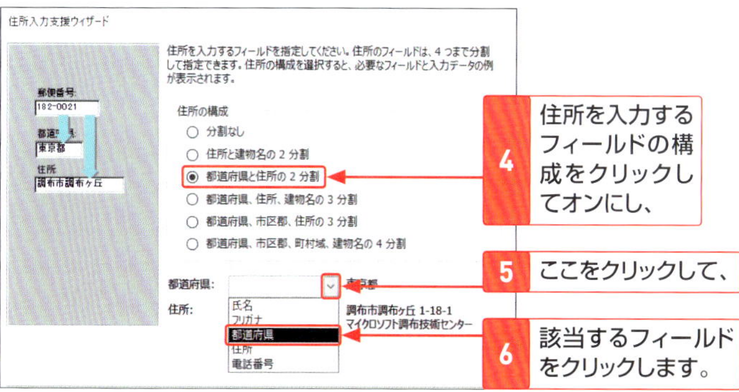

4 住所を入力するフィールドの構成をクリックしてオンにし、

5 ここをクリックして、

6 該当するフィールドをクリックします。

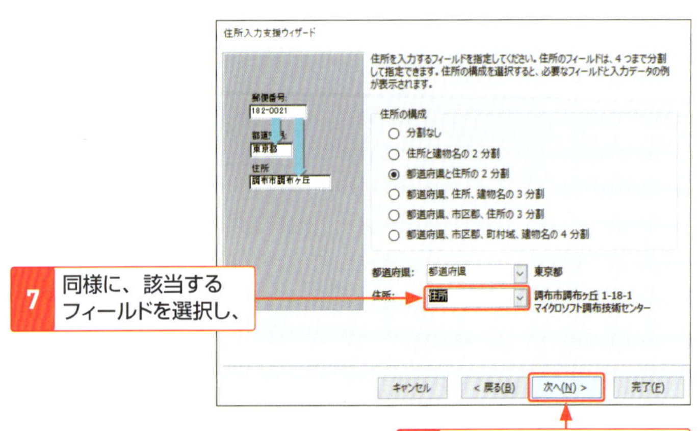

8 <次へ>をクリックします。

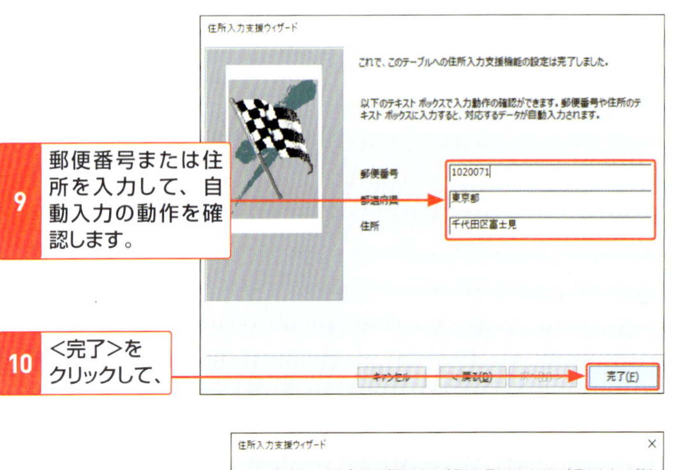

11 <OK>をクリックします。

Memo

入力動作の確認

手順**9**で正しく表示されなかった場合は、<住所の構成>の選択が間違っています。P.67の手順**4**の画面に戻って、設定をし直します。

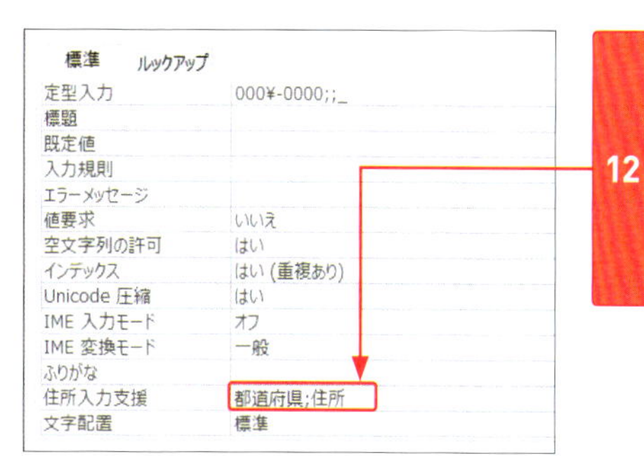

12 「郵便番号」フィールドをクリックすると(P.66の手順**2**参照)、フィールドプロパティに住所の入力先となるフィールドが表示されていることが確認できます。

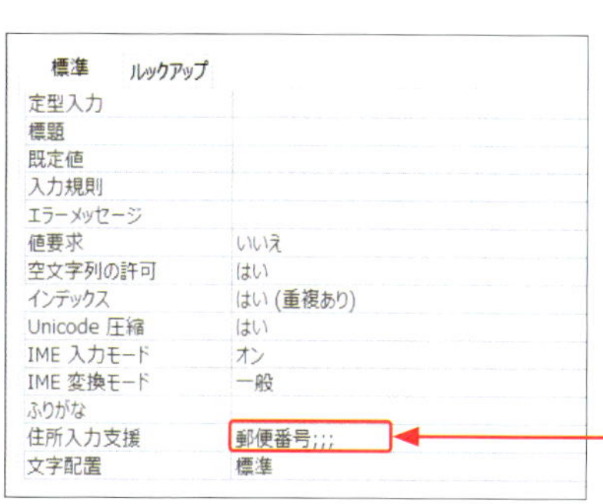

13 同様に、「都道府県」と「住所」フィールドは、郵便番号の自動入力先として設定されます。

StepUp

「郵便番号」フィールドの定型入力の書式

住所入力支援機能を設定すると、「郵便番号」フィールドに定型入力が設定され、入力したデータが「123-4567」のように表示されます。ただし、実際に入力したデータは「1234567」のため、Sec.49で作成する宛名ラベルの郵便番号がハイフンなしで表示されます。これを避けたいときは、定型入力の書式を下図のように変更し、「都道府県」と「住所」フィールドの<住所入力支援>欄に表示されている書式(「郵便番号;;;」)を削除します。
なお、書式を削除すると、住所から郵便番号が自動で入力されないようになります。自動で入力されるようにしたいときは、削除しないでおきます。

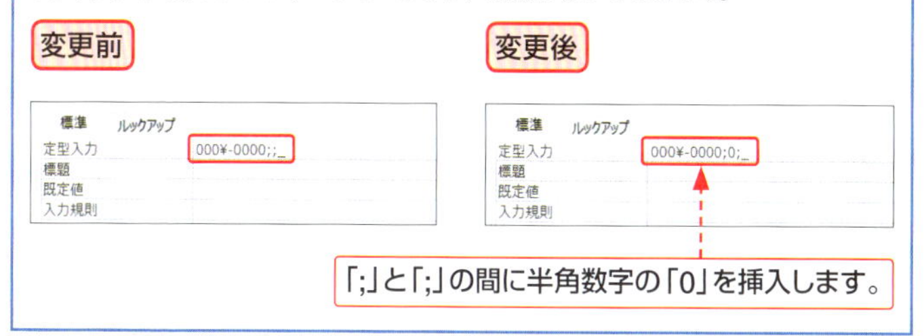

今日の日付が自動で入力されるようにしよう

特定のフィールドに決まったデータを入力する場合は、**既定値を設定**しておくと便利です。設定した**既定値の内容が自動的に入力**されるようになるため、入力の手間を省くことができます。

1 今日の日付を自動的に入力する

1 テーブル「顧客-T」をデザインビューで表示します（P.53参照）。

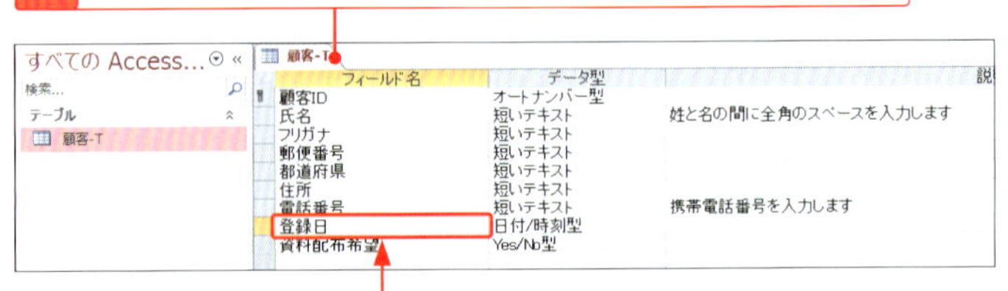

2 設定するフィールド（ここでは「登録日」）をクリックして、

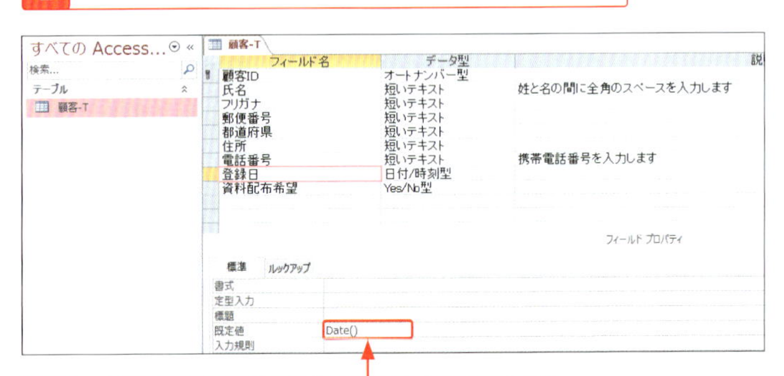

3 フィールドプロパティの<既定値>をクリックし、「date()」と半角で入力します。

Hint

「date()」

手順**3**の「date()」は、現在の日付を表示する関数の書式です。ここでは、新規レコードの「登録日」に、現在の日付が自動的に入力されるように設定します。

2 既定値を確認する

1 ＜デザイン＞タブの＜表示＞をクリックします。

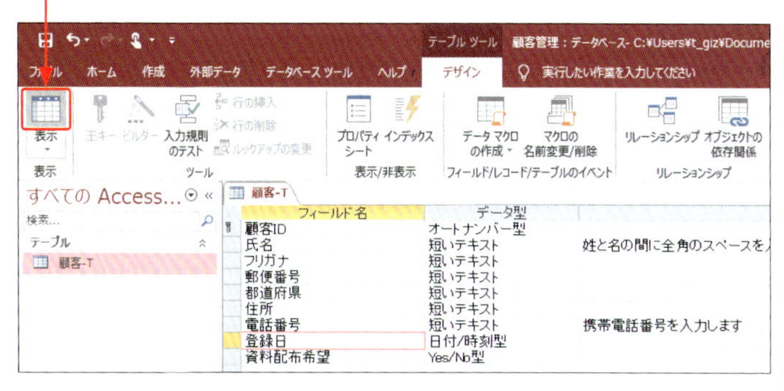

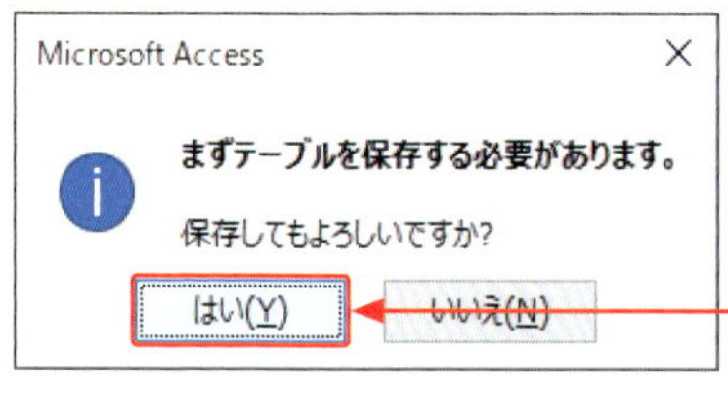

2 確認のメッセージが表示されるので、＜はい＞をクリックすると、

3 データシートビューに切り替わり、

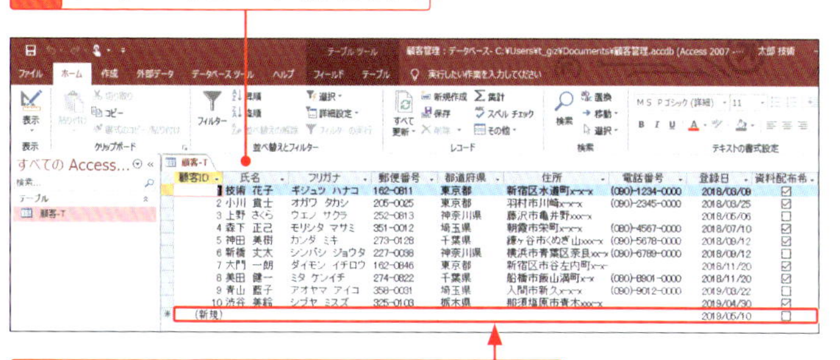

4 新規レコードの「登録日」に、今日の日付が自動的に入力されていることを確認できます。

Memo

既定値の設定

ここで設定した既定値は、既存（入力済み）のデータには影響しません。

日付の表示形式を変更しよう

データ型が日付／時刻型や通貨型などのフィールドは、入力されたデータの内容を変えずに、表示形式だけを変更することができます。フィールドプロパティの<書式>で設定します。

1 日付の書式を設定する

1 テーブル「顧客-T」をデザインビューで表示します（P.53参照）。

2 設定するフィールド（ここでは「登録日」）をクリックして、

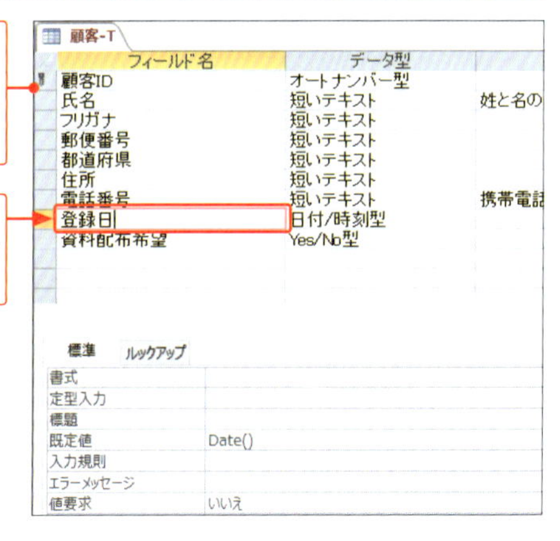

Memo

<書式>プロパティの設定

<書式>プロパティの設定は、フィールドの表示形式を設定するものです。データ自体は変化しません。

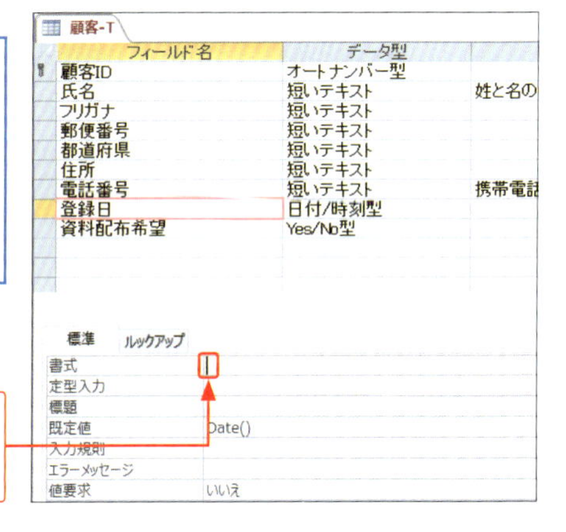

3 フィールドプロパティの<書式>欄をクリックします。

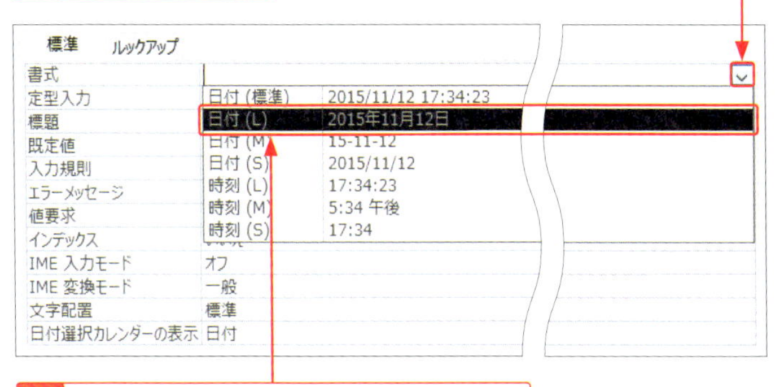

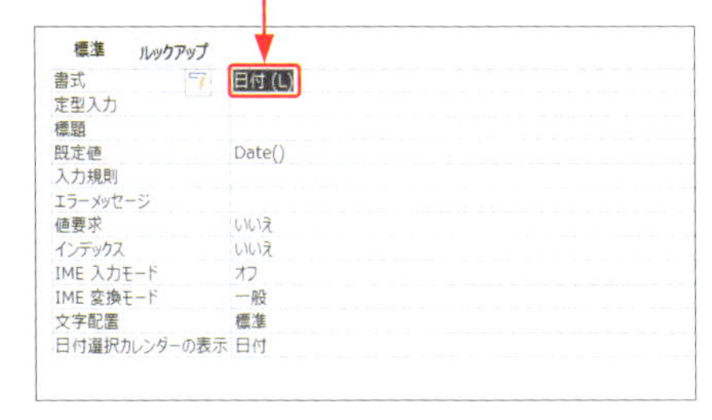

Memo

書式の設定方法

データ型が数値型、通貨型、日付／時刻型、Yes／No型の場合は、あらかじめ用意された一覧から書式を選択することができます。

Memo

日付／時刻型で選択できる表示形式

日付／時刻型では、以下のような表示形式が設定できます。表示形式は、Windowsの設定によって若干異なります。

データ型	書　式	入力データ	表示形式
日付／時刻型	日付（標準）	19/1/1 12:34:56	2019/01/01 12:34:56
	日付（L）		2019 年 1 月 1 日
	日付（M）		19 － 01 － 01
	日付（S）		2019/01/01
	時刻（L）		12:34:56
	時刻（M）		12:34 午後
	時刻（S）		12:34

既定で入力される文字を設定しよう

フィールドに既定値を設定しておくと、データを入力しなくても、**指定したデータが自動的に表示される**ので便利です。ここでは、二者択一のデータを入力するフィールドに既定値を設定します。

1 既定値を設定する

1 テーブル「顧客-T」をデザインビューで表示します（P.53参照）。

2 設定するフィールド（ここでは「資料配布希望」）をクリックして、

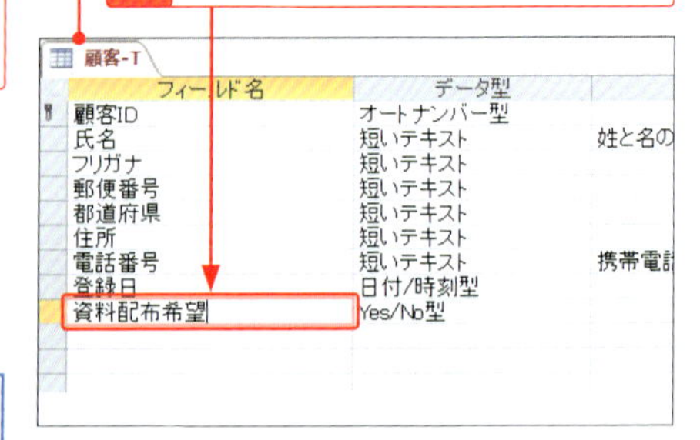

Memo 既定値の設定

ここでは「Yes／No型」のフィールドの既定値を「Yes」に設定しています。既定値として設定したデータは、新しいレコードに自動的に入力されます。

3 フィールドプロパティの<既定値>欄に、データの既定値（ここでは「Yes」）を半角で入力します。

2 既定値を確認する

1 <デザイン>タブの<表示>をクリックします。

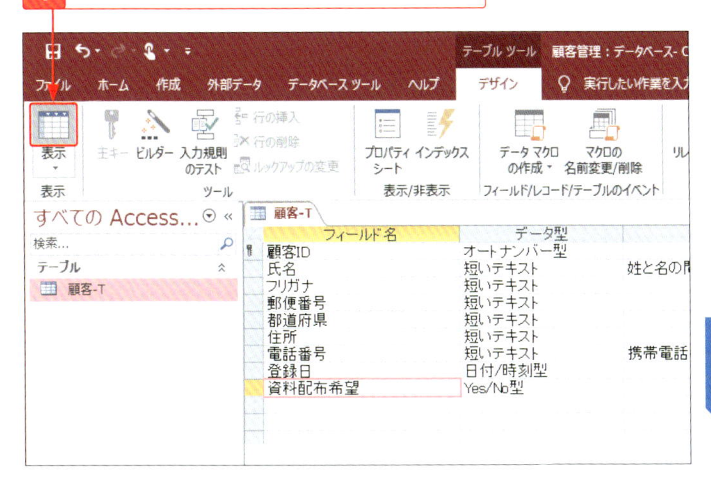

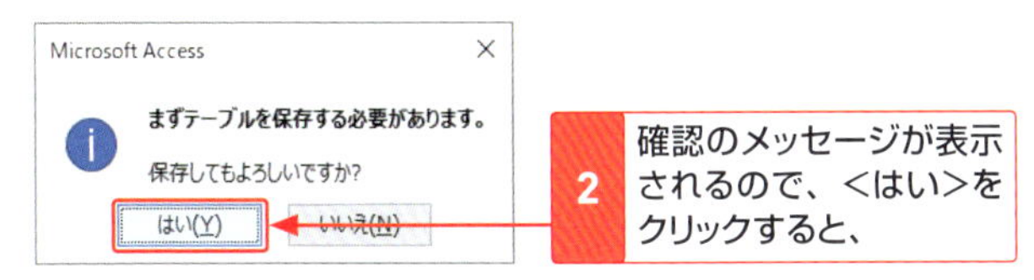

2 確認のメッセージが表示されるので、<はい>をクリックすると、

3 データシートビューに切り替わり、

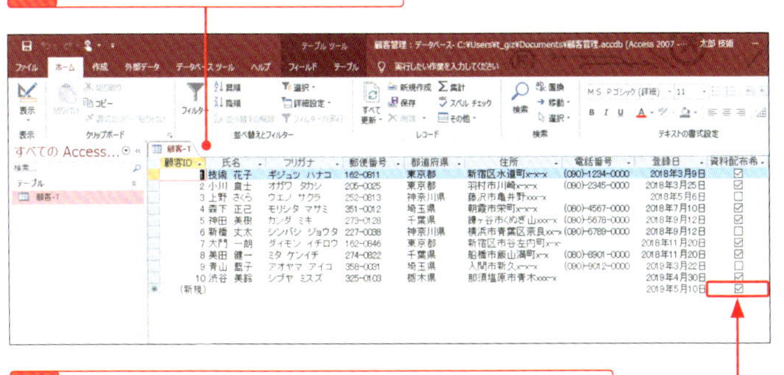

4 新規レコードの「資料配布希望」のチェックボックスが、既定値の「Yes」になっていることを確認できます。

データを入力して テーブルの設定を確認しよう

Sec.14～Sec.20でテーブルの各フィールドに対して**フィールドプロパティを設定**しました。ここでは、データを入力しながらフィールドプロパティの設定を確認しましょう。

1 テーブルをデータシートビューで表示する

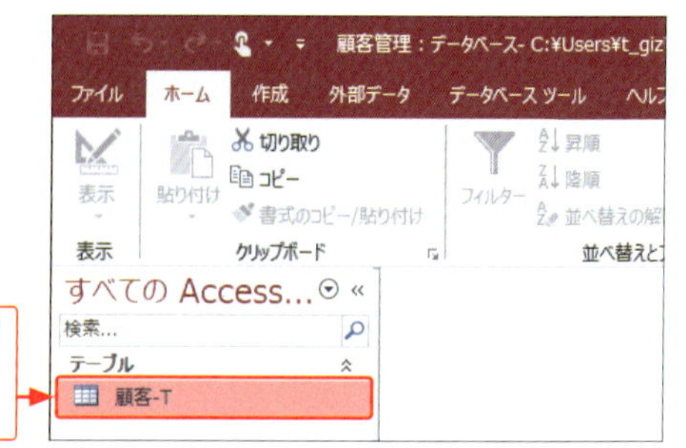

1 テーブル「顧客-T」をダブルクリックすると、

2 テーブルがデータシートビューで表示されます。

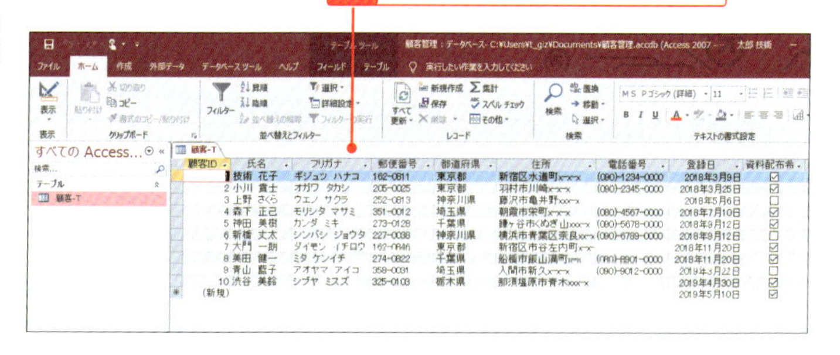

Memo

テーブルをデータシートビューに切り替える

テーブルをデザインビューで表示しているときは、<ホーム>タブの<表示>をクリックすると、データシートビューに切り替えできます。

2 フィールドプロパティの設定を確認する

1 「氏名」フィールドにカーソルを移動して、氏名を入力すると、

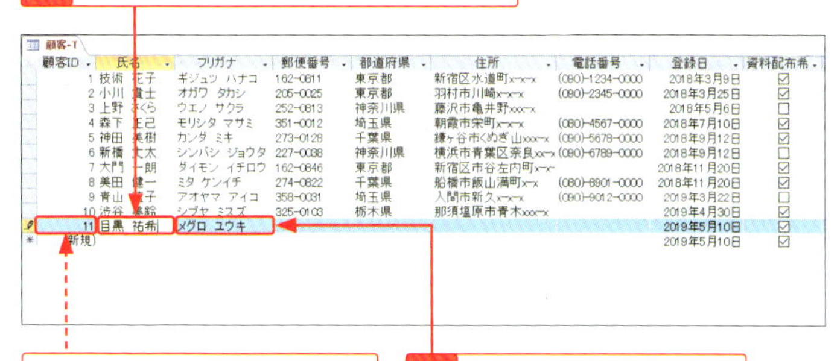

「顧客ID」には、自動的に連番の数値が入力されます。

2 フリガナが自動的に入力されます。

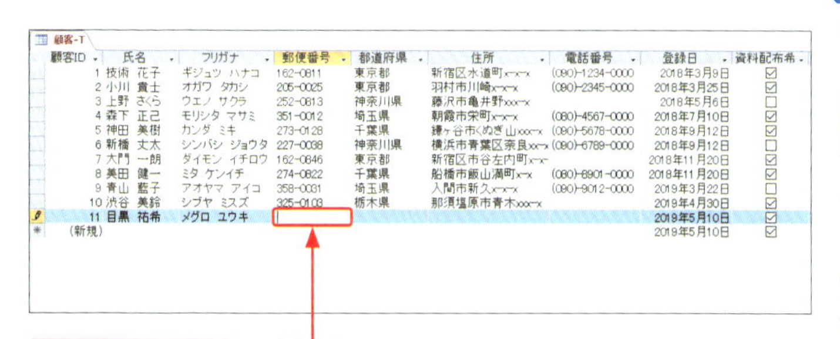

3 Tab を2回押して、「郵便番号」にカーソルを移動します。

Hint

ステータスバーにフィールドの説明が表示される

デザインビューでフィールドの＜説明（オプション）＞に補足情報を入力しておくと、データシートビューでそのフィールドをクリックしたときに、ステータスバーに補足情報が表示されます。必要に応じて入力しておきましょう。

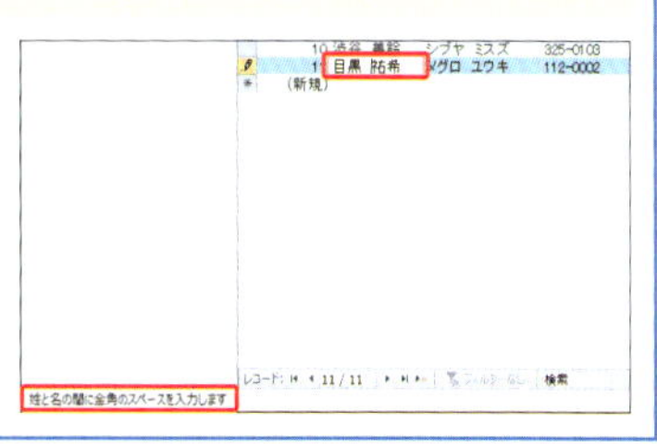

4 郵便番号（ここでは「1120002」）を入力すると、自動的に「112-0002」の形式で表示されます。

5 「都道府県」と「住所」の一部が自動的に入力されます。

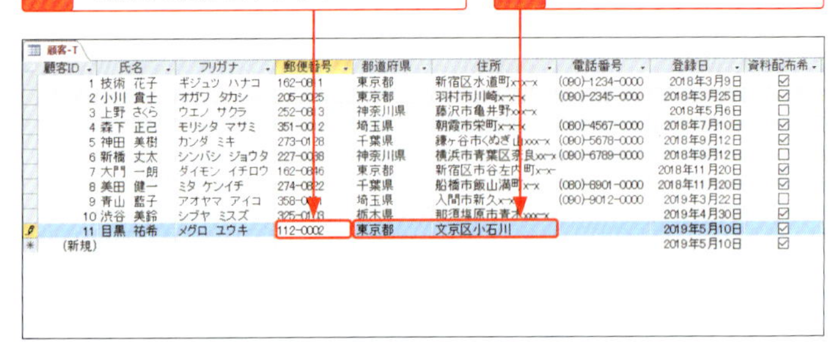

6 「住所」の番地などは手動で入力します。

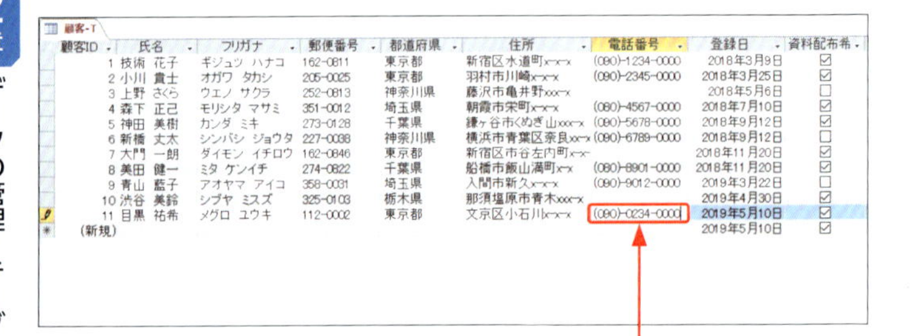

7 クリックして、電話番号（ここでは「09002340000」）を入力すると、自動的に「(090)0234-0000」の形式で表示されます。

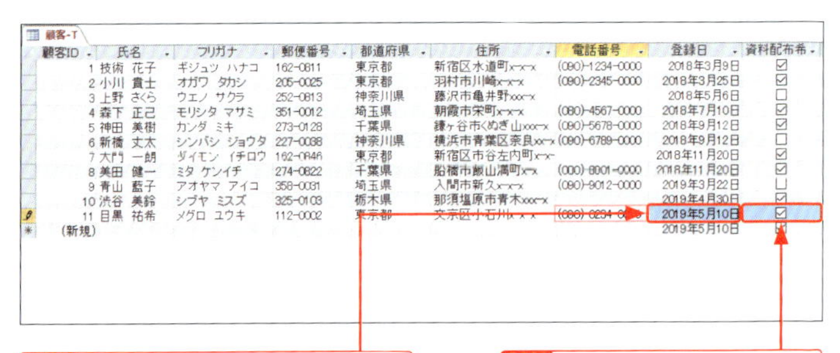

8 「登録日」には、今日の日付が自動で入力されます。

9 「資料配布希望」には、既定値のオン（Yes）が自動的に入力されます。

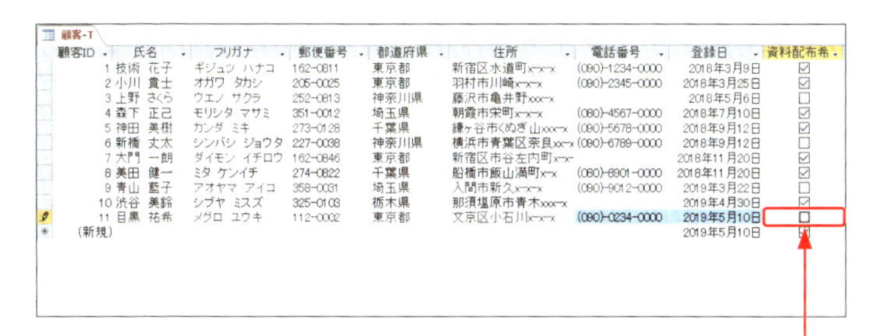

顧客-T

顧客ID	氏名	フリガナ	郵便番号	都道府県	住所	電話番号	登録日	資料配布希
1	技術 花子	ギジュツ ハナコ	162-0811	東京都	新宿区水道町x-x-x	(090)-1234-0000	2018年3月9日	☑
2	小川 貴士	オガワ タカシ	205-0025	東京都	羽村市川崎x-x-x	(090)-2345-0000	2018年3月25日	☑
3	上野 さくら	ウエノ サクラ	252-0813	神奈川県	藤沢市亀井野xxx-x		2018年5月6日	☐
4	森下 正己	モリシタ マサミ	351-0012	埼玉県	朝霞市栄町x-x-x	(080)-4567-0000	2018年7月10日	☑
5	神田 美樹	カンダ ミキ	273-0128	千葉県	鎌ヶ谷市くぬぎ山xxx-x	(090)-5678-0000	2018年9月12日	☑
6	新橋 丈太	シンバシ ジョウタ	227-0038	神奈川県	横浜市青葉区奈良xx-x	(090)-6789-0000	2018年9月12日	☐
7	大門 一朗	ダイモン イチロウ	162-0846	東京都	新宿区市谷左内町x-x-		2018年11月20日	☑
8	美田 健一	ミタ ケンイチ	274-0822	千葉県	船橋市飯山満町x-x	(080)-8901-0000	2018年11月20日	☑
9	青山 藍子	アオヤマ アイコ	358-0031	埼玉県	入間市新久x-x-x	(090)-9012-0000	2019年3月22日	☐
10	渋谷 美鈴	シブヤ ミスズ	325-0103	栃木県	那須塩原市青木xxx-x		2019年4月30日	☑
11	目黒 祐希	メグロ ユウキ	112-0002	東京都	文京区小石川x-x-x	(090)-0234-0000	2019年5月10日	☐
(新規)							2019年5月10日	☑

10 オフ(No)にする場合は、クリックして変更します。

定型入力の設定

「電話番号」に設定した書式は、既存（入力済み）のデータには反映されません。必要に応じて修正しましょう。

Memo

フィールドに設定されている書式

各フィールドには、以下のような書式が設定されています。入力時に確認しましょう。

フィールド	書式の設定内容
顧客 ID	自動的に連番の数値が入力されます（Sec.10 参照）。
氏名	姓と名の間に手動でスペースを入れて入力します。
フリガナ	「氏名」の読みがなが自動的に入力されます（Sec.14 参照）。
郵便番号	日本語入力モードが自動的にオフになります（Sec.15 参照）。「___-____」の形式でデータの入力ができます（Sec.17 参照）。
都道府県	「郵便番号」に対応する都道府県が自動的に入力されます（Sec.17 参照）。
住所	「郵便番号」に対応する住所の一部が自動的に入力されます。番地などは手動で入力します（Sec.17 参照）。
電話番号	「(＊＊＊) - ＊＊＊＊ - ＊＊＊＊」のような形式でデータの入力ができます（Sec.16 参照）。
登録日	「2019 年 5 月 10 日」のような表示形式で、今日の日付が自動的に入力されます（Sec.18、19 参照）。
資料配布希望	自動的にオン（Yes）になります。オフ（No）にする場合は、クリックしてチェックを外します（Sec.20 参照）。

左側のフィールドがスクロールしないように固定しよう

フィールドの数が多くなると、画面を横にスクロールしたとき、レコードを区別するフィールドが見えなくなって、不便に感じることがあります。この場合は**フィールド（列）を固定**します。

1 フィールドを固定する

1 テーブル「顧客-T」をデータシートビューで表示します（P.52参照）。

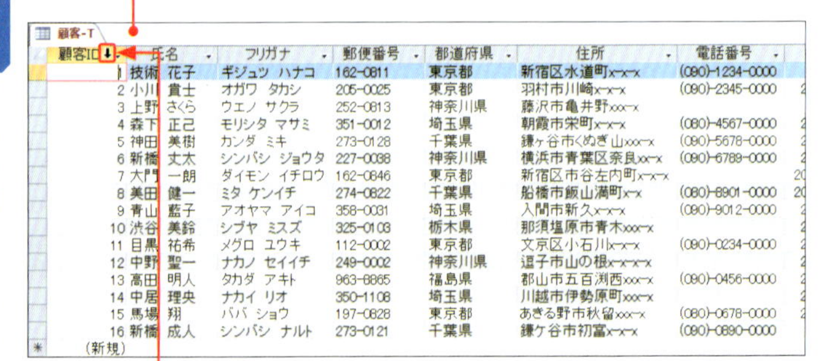

顧客-T

顧客ID	氏名	フリガナ	郵便番号	都道府県	住所	電話番号
1	技術 花子	ギジュツ ハナコ	162-0811	東京都	新宿区水道町x-x-x	(090)-1234-0000
2	小川 貴士	オガワ タカシ	205-0025	東京都	羽村市川崎x-x-x	(090)-2345-0000
3	上野 さくら	ウエノ サクラ	252-0813	神奈川県	藤沢市亀井野xx-x	
4	森下 正己	モリシタ マサミ	351-0012	埼玉県	朝霞市栄町x-x-x	(080)-4567-0000
5	神田 美樹	カンダ ミキ	273-0128	千葉県	鎌ヶ谷市くぬぎ山xxx-x	(090)-5678-0000
6	新橋 丈太	シンバシ ジョウタ	227-0038	神奈川県	横浜市青葉区奈良xx-x	(090)-6789-0000
7	大門 一朗	ダイモン イチロウ	162-0846	東京都	新宿区市谷左内町x-x-x	
8	美田 健一	ミタ ケンイチ	274-0822	千葉県	船橋市飯山満町x-x	(080)-8901-0000
9	青山 藍子	アオヤマ アイコ	358-0031	埼玉県	入間市新久x-x-x	(090)-9012-0000
10	渋谷 美鈴	シブヤ ミスズ	325-0103	栃木県	那須塩原市青木xxx-x	
11	目黒 祐希	メグロ ユウキ	112-0002	東京都	文京区小石川x-x-x	(090)-0234-0000
12	中野 聖一	ナカノ セイイチ	249-0002	神奈川県	逗子市山の根x-x-x-x	
13	高田 明人	タカダ アキト	963-8865	福島県	郡山市五百渕西xxx-x	(090)-0456-0000
14	中居 理央	ナカイ リオ	350-1108	埼玉県	川越市伊勢原町xxx-x	
15	馬場 翔	ババ ショウ	197-0828	東京都	あきる野市秋留xxx-x	(080)-0678-0000
16	新橋 成人	シンバシ ナルト	273-0121	千葉県	鎌ケ谷市初富x-x-x	(090)-0890-0000
(新規)						

2 ここにマウスポインターを合わせて、形が⬇に変わった状態で、

3 ここまでドラッグすると、

顧客-T

顧客ID	氏名	フリガナ	郵便番号	都道府県	住所	電話番号
1	技術 花子	ギジュツ ハナコ	162-0811	東京都	新宿区水道町x-x-x	(090)-1234-0000
2	小川 貴士	オガワ タカシ	205-0025	東京都	羽村市川崎x-x-x	(090)-2345-0000
3	上野 さくら	ウエノ サクラ	252-0813	神奈川県	藤沢市亀井野xx-x	
4	森下 正己	モリシタ マサミ	351-0012	埼玉県	朝霞市栄町x-x-x	(080)-4567-0000
5	神田 美樹	カンダ ミキ	273-0128	千葉県	鎌ヶ谷市くぬぎ山xxx-x	(090)-5678-0000
6	新橋 丈太	シンバシ ジョウタ	227-0038	神奈川県	横浜市青葉区奈良xx-x	(090)-6789-0000
7	大門 一朗	ダイモン イチロウ	162-0846	東京都	新宿区市谷左内町x-x-x	
8	美田 健一	ミタ ケンイチ	274-0822	千葉県	船橋市飯山満町x-x	(080)-8901-0000
9	青山 藍子	アオヤマ アイコ	358-0031	埼玉県	入間市新久x-x-x	(090)-9012-0000
10	渋谷 美鈴	シブヤ ミスズ	325-0103	栃木県	那須塩原市青木xxx-x	
11	目黒 祐希	メグロ ユウキ	112-0002	東京都	文京区小石川x-x-x	(090)-0234-0000
12	中野 聖一	ナカノ セイイチ	249-0002	神奈川県	逗子市山の根x-x-x-x	
13	高田 明人	タカダ アキト	963-8865	福島県	郡山市五百渕西xxx-x	(090)-0456-0000
14	中居 理央	ナカイ リオ	350-1108	埼玉県	川越市伊勢原町xxx-x	
15	馬場 翔	ババ ショウ	197-0828	東京都	あきる野市秋留xxx-x	(080)-0678-0000
16	新橋 成人	シンバシ ナルト	273-0121	千葉県	鎌ケ谷市初富x-x-x	(090)-0890-0000
(新規)						

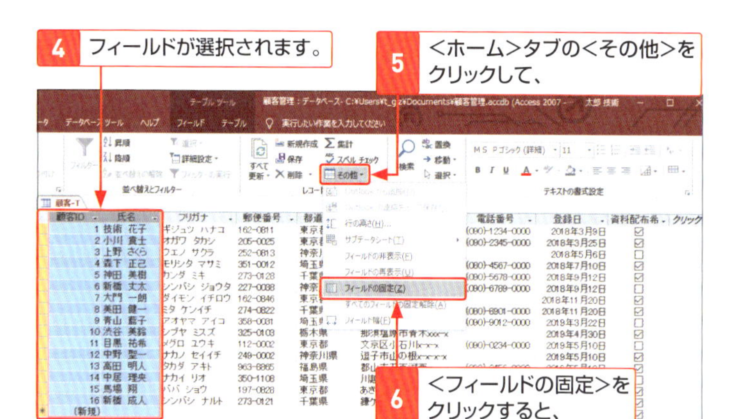

7 選択したフィールドが固定されます。

ここに境界線が表示されます。

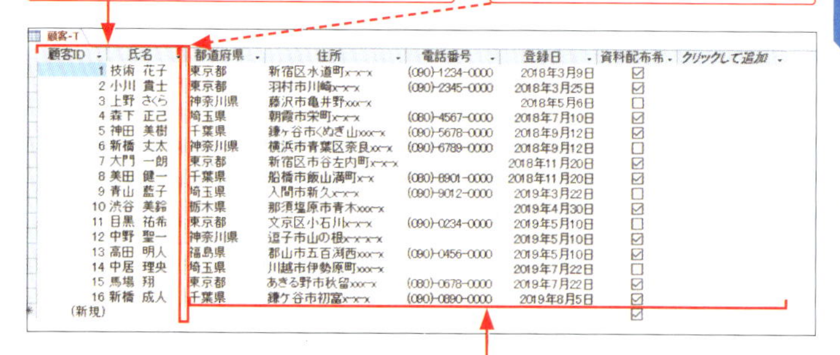

8 スクロールバーをドラッグすると、境界線より右のフィールドが左右にスクロールします。

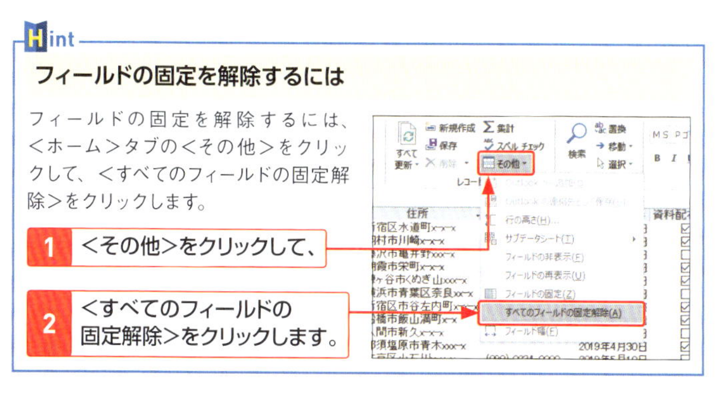

Hint

フィールドの固定を解除するには

フィールドの固定を解除するには、＜ホーム＞タブの＜その他＞をクリックして、＜すべてのフィールドの固定解除＞をクリックします。

テーブルでデータを検索・置換しよう

多数のレコードの中から必要なデータをすばやく探し出すには、**検索機能**を利用します。また、特定のデータを別のデータに置き換えるには、**置換機能**を利用すると効率的です。

1 データを検索する

1 テーブル「顧客-T」をデータシートビューで表示します（P.52参照）。

2 検索を行うフィールドをクリックして、

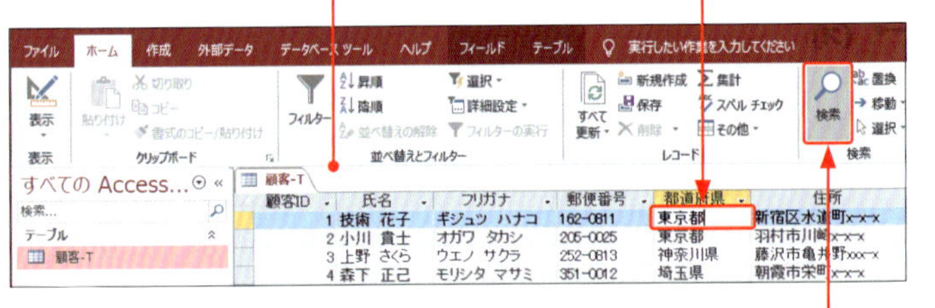

3 <ホーム>タブの<検索>をクリックします。

4 検索する文字列を入力して、

5 <次を検索>をクリックすると、

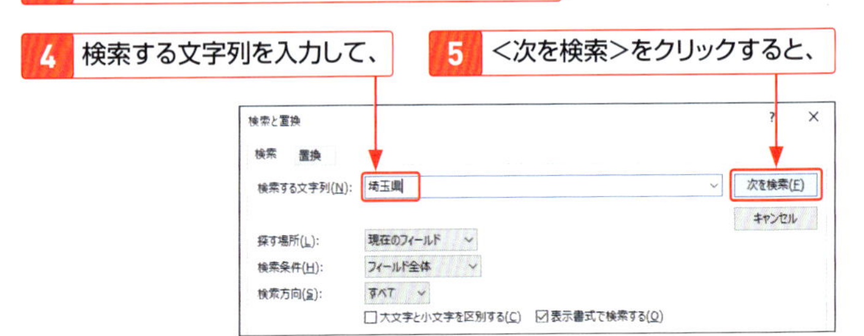

6 一致する文字列が選択されます。

Memo

データを検索する

検索を行うフィールドをクリックして検索を実行すると、クリックしたフィールド内で検索が行えます。

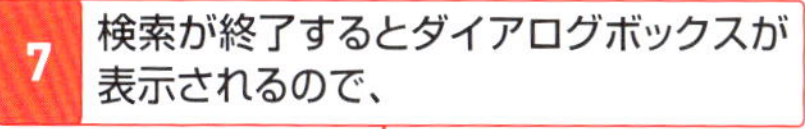

7 検索が終了するとダイアログボックスが表示されるので、

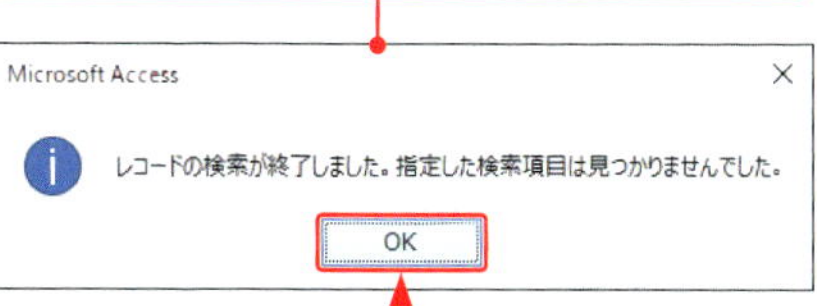

8 <OK>をクリックして、

9 <検索と置換>ダイアログボックスを閉じます。

> **Memo**
>
> **<置換>パネルの表示**
>
> 検索を行ったあとで続けて置換を行う場合は、<検索と置換>ダイアログボックスの<置換>をクリックします。

2 データを置換する

1 置換を行うフィールドをクリックして、

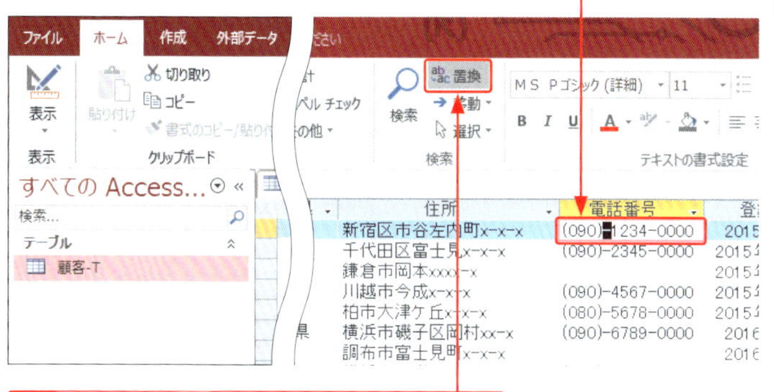

2 <ホーム>タブの<置換>をクリックします。

3 検索する文字列を入力して、

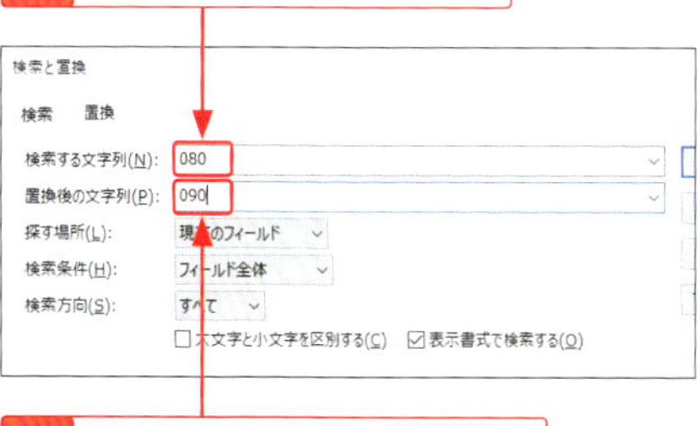

4 置換後の文字列を入力します。

> **Memo**
>
> **検索条件を指定する**
>
> フィールドに入力されている文字列の一部分を検索・置換する場合は、<検索条件>で条件を指定します（次ページの手順**6**参照）。

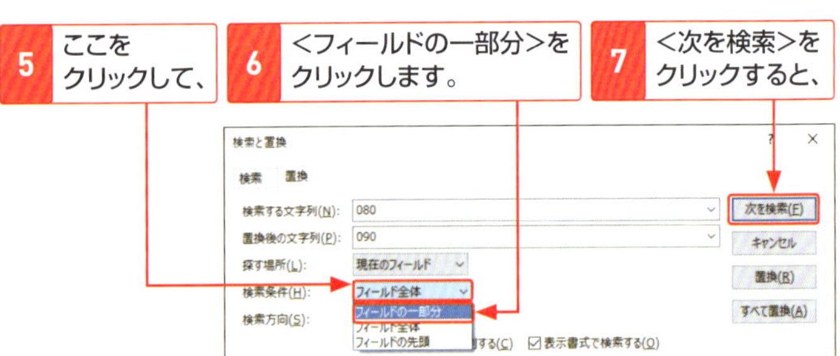

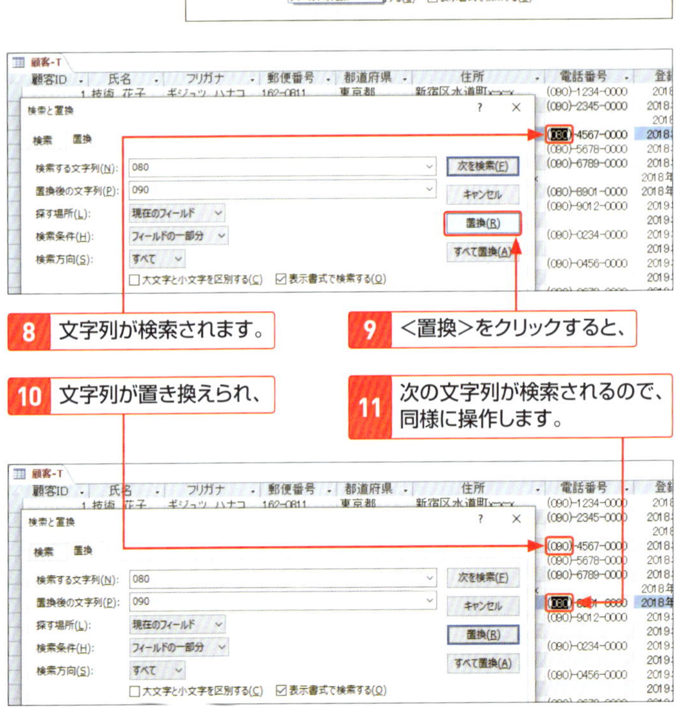

12 検索・置換が終了するとダイアログボックスが表示されるので、<OK>をクリックします。

Hint

該当のデータを一度に置換するには

手順**9**で<すべて置換>をクリックし、表示されるダイアログボックスで<はい>をクリックすると、検索項目に該当するすべてのデータが置き換えられます。

第3章

データの抽出～クエリを作成しよう

クエリのしくみを知ろう

クエリは、テーブルに蓄積したデータから目的に合ったデータだけを抽出したり、レコードを五十音順に並べ替えたりして、データをさまざまな形で利用するためのオブジェクトです。

1 クエリの役割

クエリを使用すると、1 つまたは複数のテーブルから必要なフィールドを取り出したり、条件に一致したレコードを抽出したり、テーブルに変更を加えずにレコードを五十音順に並べ替えたりできます。クエリ自身はデータを持たず、テーブルのデータを参照するので、クエリを作成するには 1 つ以上のテーブルが必要です。

テーブル

1 1つ（または複数）のテーブルから必要なデータだけを取り出して、

顧客-T

顧客ID	氏名	フリガナ	郵便番号	都道府県	住所	電話番号	登録日	資料配布希望	クリックして追加
1	技術　花子	ギジュツ　ハナコ	162-0811	東京都	新宿区水道町x-x-x	(090)-1234-0000	2018年3月9日	☑	
2	小川　貴士	オガワ　タカシ	205-0025	東京都	羽村市川崎x-x-x	(090)-2345-0000	2018年3月25日	☑	
3	上野　さくら	ウエノ　サクラ	252-0813	神奈川県	藤沢市亀井野xxx-x		2018年5月6日	☐	
4	森下　正己	モリシタ　マサミ	351-0012	埼玉県	朝霞市栄町x-x-x	(090)-4567-0000	2018年7月10日	☑	
5	神田　美樹	カンダ　ミキ	273-0128	千葉県	鎌ヶ谷市くぬぎ山xxx-x	(090)-5678-0000	2018年9月12日	☑	
6	新橋　丈太	シンバシ　ジョウタ	227-0038	神奈川県	横浜市青葉区奈良xx-x	(090)-6789-0000	2018年9月12日	☐	
7	大門　一朗	ダイモン　イチロウ	162-0846	東京都	新宿区市谷左内町x-x-x		2018年11月20日	☑	
8	美田　健一	ミタ　ケンイチ	274-0822	千葉県	船橋市飯山満町x-x	(090)-8901-0000	2018年11月20日	☑	
9	青山　藍子	アオヤマ　アイコ	358-0031	埼玉県	入間市新久x-x-x	(090)-9012-0000	2019年3月22日	☐	
10	渋谷　美鈴	シブヤ　ミスズ	325-0103	栃木県	那須塩原市青木xxx-x		2019年4月30日	☑	
11	目黒　祐希	メグロ　ユウキ	112-0002	東京都	文京区小石川x-x-x	(090)-0234-0000	2019年5月10日	☐	
12	中野　聖一	ナカノ　セイイチ	249-0002	神奈川県	逗子市山の根x-x-x-x		2019年5月10日	☑	
13	高田　明人	タカダ　アキト	963-8865	福島県	郡山市五百渕西xxx-x	(090)-0456-0000	2019年5月10日	☑	
14	中居　理央	ナカイ　リオ	350-1108	埼玉県	川越市伊勢原町xxx-x		2019年7月22日	☐	
15	馬場　翔	ババ　ショウ	197-0828	東京都	あきる野市秋留xxx-x	(090)-0678-0000	2019年7月22日	☑	
16	板橋　成人	シンバシ　ナルト	273-0121	千葉県	鎌ケ谷市初富x-x-x	(090)-0890-0000	2019年8月5日	☑	
(新規)								☑	

クエリ

2 あたかも1つのテーブルのデータであるかのように扱うことができます。

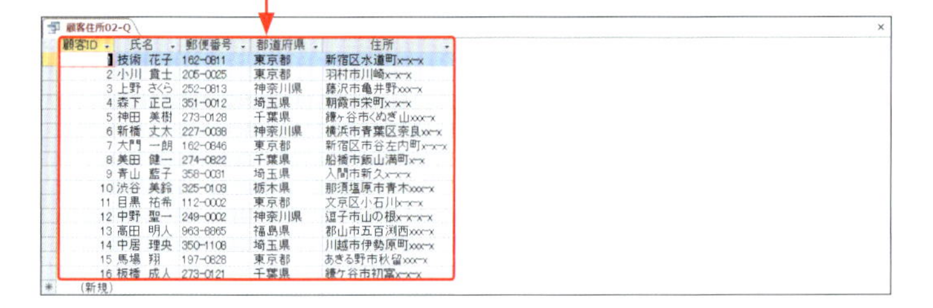

顧客住所02-Q

顧客ID	氏名	郵便番号	都道府県	住所
1	技術　花子	162-0811	東京都	新宿区水道町x-x-x
2	小川　貴士	205-0025	東京都	羽村市川崎x-x-x
3	上野　さくら	252-0813	神奈川県	藤沢市亀井野xxx-x
4	森下　正己	351-0012	埼玉県	朝霞市栄町x-x-x
5	神田　美樹	273-0128	千葉県	鎌ヶ谷市くぬぎ山xxx-x
6	新橋　丈太	227-0038	神奈川県	横浜市青葉区奈良xx-x
7	大門　一朗	162-0846	東京都	新宿区市谷左内町x-x-x
8	美田　健一	274-0822	千葉県	船橋市飯山満町x-x
9	青山　藍子	358-0031	埼玉県	入間市新久x-x-x
10	渋谷　美鈴	325-0103	栃木県	那須塩原市青木xxx-x
11	目黒　祐希	112-0002	東京都	文京区小石川x-x-x
12	中野　聖一	249-0002	神奈川県	逗子市山の根x-x-x-x
13	高田　明人	963-8865	福島県	郡山市五百渕西xxx-x
14	中居　理央	350-1108	埼玉県	川越市伊勢原町xxx-x
15	馬場　翔	197-0828	東京都	あきる野市秋留xxx-x
16	板橋　成人	273-0121	千葉県	鎌ケ谷市初富x-x-x
(新規)				

2 クエリの構成

クエリには、「デザインビュー」と「データシートビュー」の2つの表示方法（ビュー）が用意されています。
デザインビューでは、フィールドの追加や並べ替え、抽出条件の設定など、クエリの設計を行います。データシートビューでは、クエリの実行結果を表示します。

デザインビュー

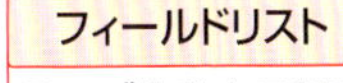

フィールドリスト

テーブルやクエリのフィールド一覧を表示します。

デザイングリッド

クエリに含まれるフィールドが表示されます。フィールドの選択やクエリでの並べ替え、抽出条件などを指定します。

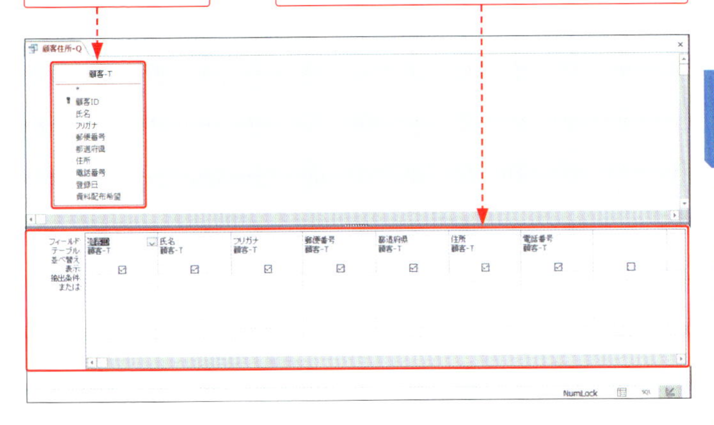

データシートビュー

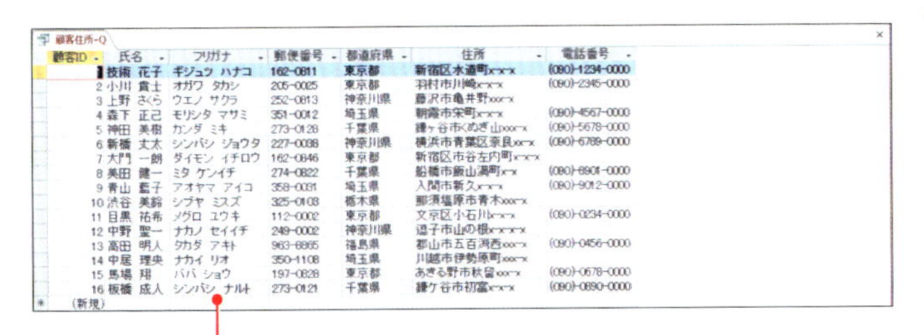

顧客住所-Q

顧客ID	氏名	フリガナ	郵便番号	都道府県	住所	電話番号
1	技術 花子	ギジュツ ハナコ	162-0811	東京都	新宿区水道町x-x-x	(090)-1234-0000
2	小川 貴士	オガワ タカシ	205-0025	東京都	羽村市川崎x-x-x	(090)-2345-0000
3	上野 さくら	ウエノ サクラ	252-0813	神奈川県	藤沢市亀井野xx-x	
4	森下 正己	モリシタ マサミ	351-0012	埼玉県	朝霞市栄町x-x-x	(090)-4567-0000
5	神田 美樹	カンダ ミキ	273-0128	千葉県	鎌ヶ谷市くぬぎ山xx-x	(090)-5678-0000
6	新橋 丈太	シンバシ ジョウタ	227-0038	神奈川県	横浜市青葉区奈良xx-x	(090)-6789-0000
7	大門 一朗	ダイモン イチロウ	162-0846	東京都	新宿区市谷左内町x-x-x	
8	美田 健一	ミタ ケンイチ	274-0822	千葉県	船橋市飯山満町x-x	(080)-8901-0000
9	青山 藍子	アオヤマ アイコ	358-0031	埼玉県	入間市新久x-x-x	(090)-9012-0000
10	渋谷 美鈴	シブヤ ミスズ	325-0108	栃木県	那須塩原市青木xx-x	
11	目黒 祐希	メグロ ユウキ	112-0002	東京都	文京区小石川x-x-x	(090)-0234-0000
12	中野 聖一	ナカノ セイイチ	249-0002	神奈川県	逗子市山の根x-x-x-x	
13	高田 明人	タカダ アキト	963-8865	福島県	郡山市五百渕西xx-x	(090)-0456-0000
14	中居 理央	ナカイ リオ	350-1108	埼玉県	川越市伊勢原町xx-x	
15	馬場 翔	ババ ショウ	197-0828	東京都	あきる野市秋留xx-x	(090)-0678-0000
16	板橋 成人	シンバシ ナルト	273-0121	千葉県	鎌ケ谷市初富x-x-x	(090)-0890-0000
(新規)						

クエリの実行結果を表示します。

3 クエリの種類

クエリには、大きく分けて「選択クエリ」「アクションクエリ」「SQL クエリ」の 3 種類があります。これらのクエリの中に、さらにいくつかの種類があります。クエリを作成するときに表示される<デザイン>タブにクエリの種類が表示されます。

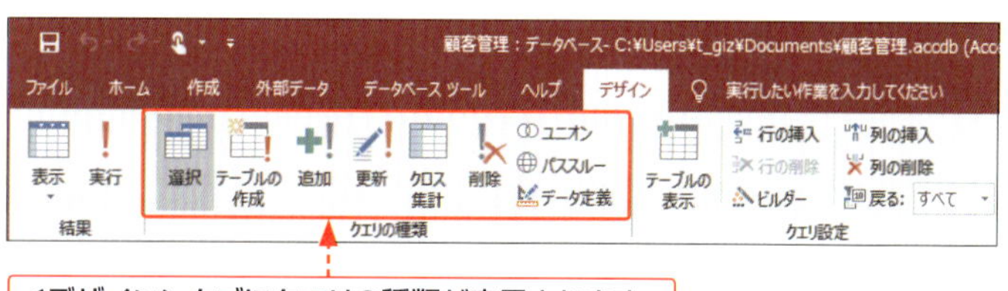

<デザイン>タブにクエリの種類が表示されます。

選択クエリ

選択クエリは、1 つまたは複数のテーブルから必要なデータを取り出したり、データを並べ替えたり、データを集計したりするクエリです。アクションクエリなどを作成する場合も、選択クエリを作成してから変換することがほとんどで、基本的な構造は選択クエリと同じです。

単に「クエリ」という場合、通常は選択クエリのことを指します。選択クエリには、以下のような種類があります。

クエリの種類	内　容
選択クエリ	1 つまたは複数のテーブルからデータを抽出したり、並べ替えたりします。
集計クエリ	フィールドをグループ化して、各グループごとに合計値や平均値などを集計します。
重複クエリ	テーブルに重複したデータがあれば、そのレコードを抽出します。
クロス集計クエリ	行と列が交差する部分のデータを集計します。
不一致クエリ	2 つのテーブルを比較して、一致しないデータを抽出します。
パラメータークエリ	クエリの実行時に、そのつど条件を指定して抽出します。

アクションクエリ

アクションクエリは、テーブルのデータをまとめて更新、修正したり、テーブルにデータを追加したり、削除したりと、テーブルのデータを直接操作するクエリです。アクションクエリを実行すると、テーブルのデータが直接変更されるため、慎重に操作する必要があります。アクションクエリには、以下のような種類があります。

クエリの種類	内　容
追加クエリ	条件に一致したデータを別のテーブルに追加します。
更新クエリ	条件に一致したデータをまとめて更新します。
削除クエリ	条件に一致したデータをまとめて削除します。
テーブル作成クエリ	条件に一致したデータを新しいテーブルにコピーします。

更新クエリ

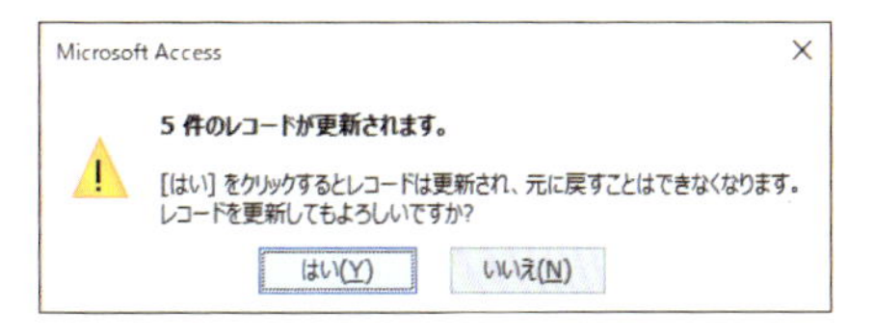

SQL クエリ

SQL クエリは、選択クエリやアクションクエリでは実行できない複雑な処理を SQL を使って記述します。SQL とは、Structured Query Language の略で、データベースを扱う専用の言語です。アクションクエリには、以下のような種類があります（本書では扱っていません）。

クエリの種類	内　容
ユニオンクエリ	複数のテーブルから取り出したデータを 1 つのテーブルにまとめます。
パススルークエリ	外部のデータベースと接続して利用します。
データ定義クエリ	テーブルの作成、削除、変更など、データベースオブジェクトを SQL で定義します。
サブクエリ	選択クエリやアクションクエリなど、ほかのクエリの抽出条件やフィールドに設定する式として使われます。

クエリを作成しよう

1つまたは複数のテーブルから必要なフィールドを取り出したり、データを並べ替えたり、データを集計したりするクエリを選択クエリといいます。選択クエリは、クエリの基本ともいえるものです。

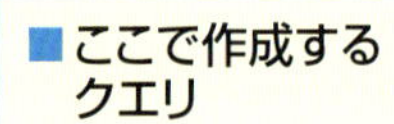

ここで作成するクエリ

デザインビューを利用して、テーブル「顧客-T」から必要なフィールドを抽出する選択クエリを作成します。

1 テーブル「顧客-T」のフィールドリストから、

2 必要なフィールドをデザイングリッドに追加して、

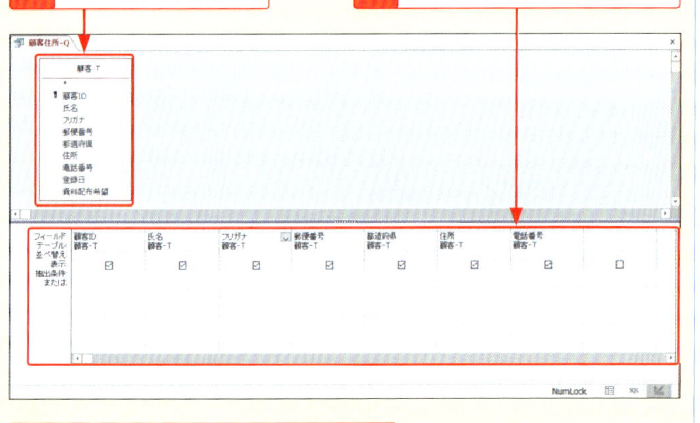

3 クエリ「顧客住所-Q」を作成します。

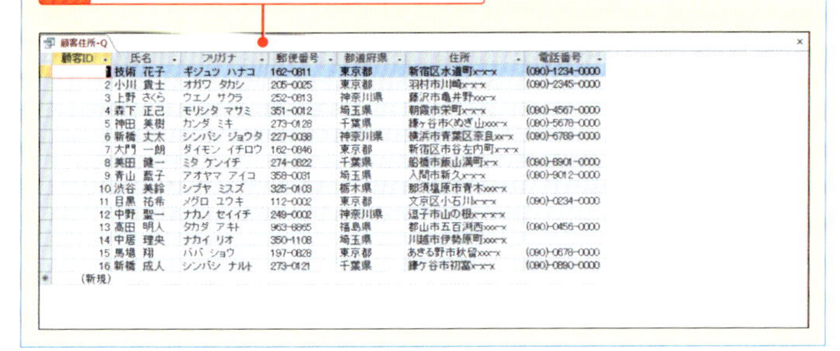

顧客住所-Q

顧客ID	氏名	フリガナ	郵便番号	都道府県	住所	電話番号
1	技術 花子	ギジュツ ハナコ	162-0811	東京都	新宿区水道町x-x-x	(090)-1234-0000
2	小川 貴士	オガワ タカシ	205-0025	東京都	羽村市川崎x-x-x	(090)-2345-0000
3	上野 さくら	ウエノ サクラ	252-0813	神奈川県	藤沢市亀井野xxx-x	
4	森下 正己	モリシタ マサミ	351-0012	埼玉県	朝霞市栄町x-x-x	(090)-4567-0000
5	神田 美樹	カンダ ミキ	273-0128	千葉県	鎌ケ谷市くぬぎ山xxx-x	(090)-5678-0000
6	新橋 丈太	シンバシ ジョウタ	227-0038	神奈川県	横浜市青葉区奈良xx-x	(090)-6789-0000
7	大門 一朗	ダイモン イチロウ	162-0846	東京都	新宿区市谷左内町x-x-x	
8	美田 健一	ミタ ケンイチ	274-0822	千葉県	船橋市飯山満町x-x	(090)-8901-0000
9	青山 藍子	アオヤマ アイコ	358-0031	埼玉県	入間市新久x-x-x	(090)-9012-0000
10	渋谷 美鈴	シブヤ ミスズ	325-0103	栃木県	那須塩原市青木xxx-x	
11	目黒 祐希	メグロ ユウキ	112-0002	東京都	文京区小石川x-x-x	(090)-0234-0000
12	中野 聖一	ナカノ セイイチ	249-0002	神奈川県	逗子市山の根x-x-x-x	
13	高田 明人	タカダ アキト	963-8865	福島県	郡山市五百渕西xxx-x	(090)-0456-0000
14	中居 理央	ナカイ リオ	350-1108	埼玉県	川越市伊勢原町xxx-x	
15	馬場 翔	ババ ショウ	197-0828	東京都	あきる野市秋留xxx-x	(090)-0678-0000
16	新橋 成人	シンバシ ナルト	273-0121	千葉県	鎌ケ谷市初富x-x-x	(090)-0890-0000
(新規)						

1 クエリの作成画面(デザインビュー)を開く

1 「顧客管理」データベースファイルを開きます(P.35参照)。

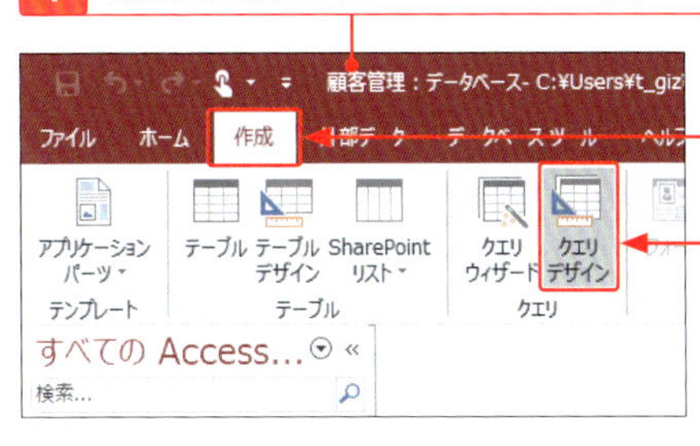

2 <作成>タブをクリックして、

3 <クエリデザイン>をクリックします。

4 <テーブルの表示>ダイアログボックスで、<テーブル>の「顧客-T」をクリックして、

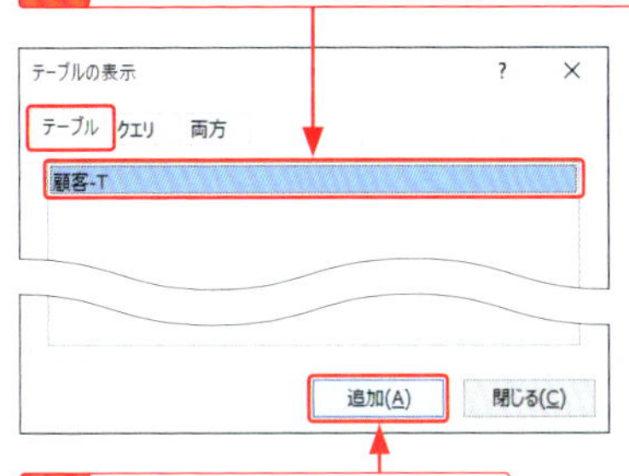

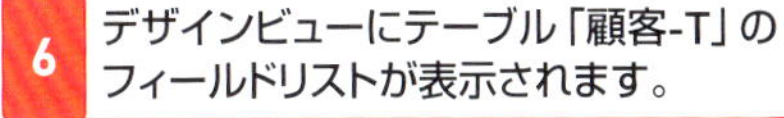

5 <追加>をクリックすると、

6 デザインビューにテーブル「顧客-T」のフィールドリストが表示されます。

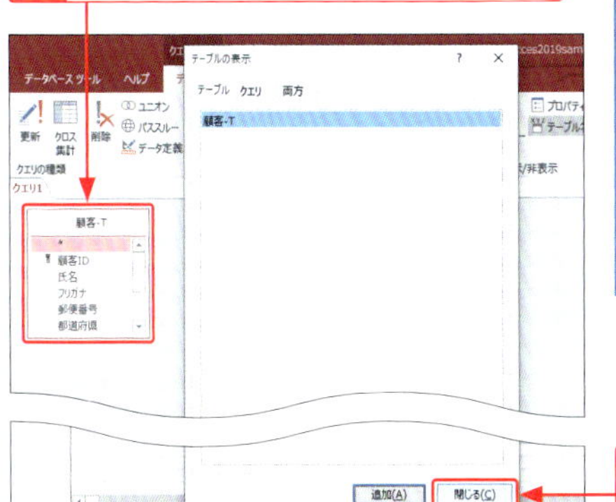

7 <閉じる>をクリックします。

Hint
<テーブルの表示>を閉じてしまったときは

<テーブルの表示>ダイアログボックスを閉じてしまったときは、<デザイン>タブの<テーブルの表示>をクリックします。

Memo
複数のテーブルを追加できる

ここではテーブルを1つだけ追加しましたが、複数のテーブルを作成しているときは、複数のテーブルを追加することもできます(Sec.65参照)。

2 フィールドをデザイングリッドに追加する

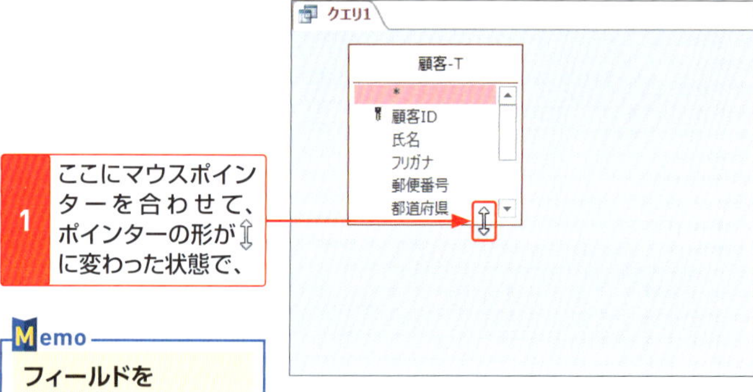

Memo

フィールドを追加する

フィールドをダブルクリックするかわりに、デザイングリッドにドラッグしても追加できます。

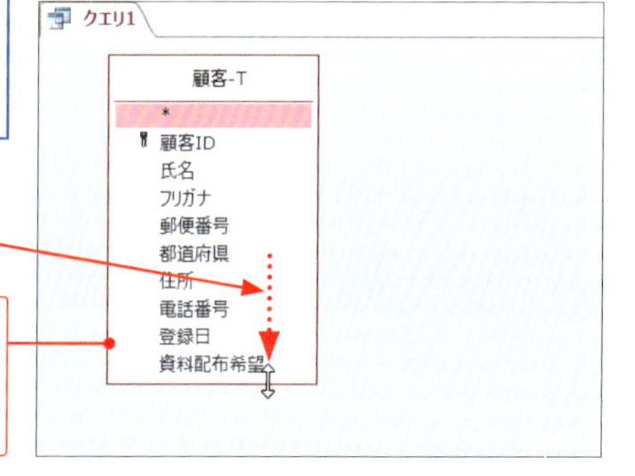

2 下方向にドラッグすると、

3 フィールドリストが広がって、すべてのフィールドが表示されます。

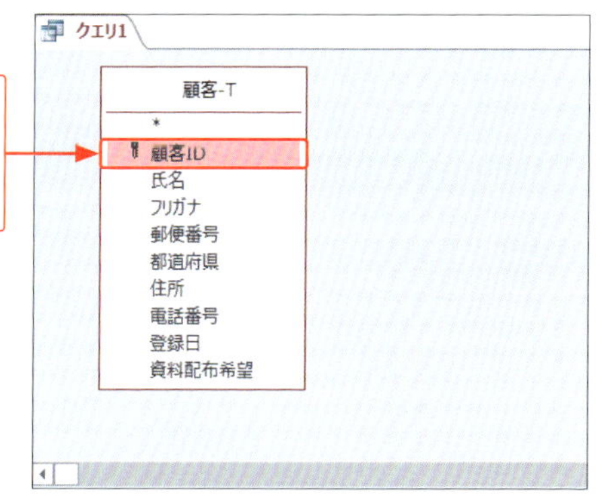

4 クエリに含めるフィールド（ここでは「顧客ID」）をダブルクリックすると、

5 デザイングリッドに「顧客ID」フィールドが追加されます。

6 同様の方法で、必要なフィールドを追加します。

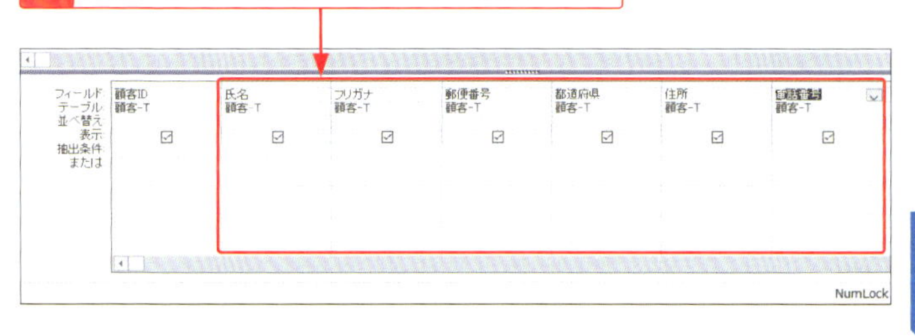

Hint

フィールドを削除するには

デザイングリッドに追加したフィールドを削除するには、削除したいフィールドの上部をクリックしてフィールド全体を選択し、Delete を押します。また、フィールドをクリックして、<デザイン>タブの<列の削除>をクリックしても削除できます。

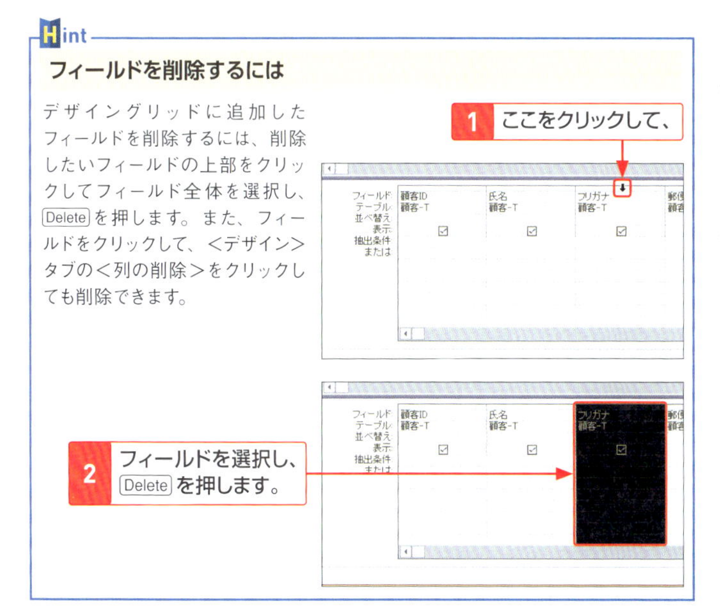

3 クエリを実行する

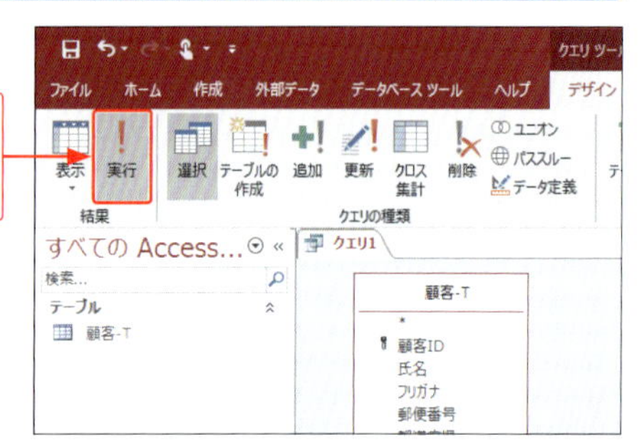

1 <デザイン>タブの<実行>をクリックすると、

2 データシートビューでクエリの実行結果が表示されます。

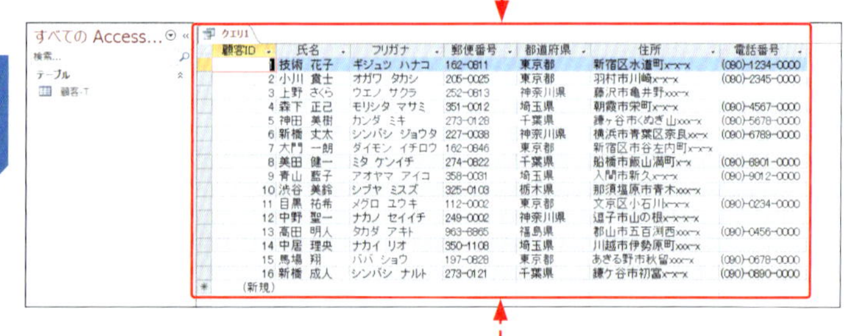

顧客ID	氏名	フリガナ	郵便番号	都道府県	住所	電話番号
1	技術 花子	ギジュツ ハナコ	162-0811	東京都	新宿区水道町x-x-x	(090)-1234-0000
2	小川 貴士	オガワ タカシ	205-0025	東京都	羽村市川崎x-x-x	(090)-2345-0000
3	上野 さくら	ウエノ サクラ	252-0813	神奈川県	藤沢市亀井野xxx-x	
4	森下 正己	モリシタ マサミ	351-0012	埼玉県	朝霞市栄町x-x-x	(090)-4567-0000
5	神田 美樹	カンダ ミキ	273-0128	千葉県	鎌ヶ谷市くぬぎ山xxx-x	(090)-5678-0000
6	新橋 丈太	シンバシ ジョウタ	227-0038	神奈川県	横浜市青葉区奈良xx-x	(090)-6789-0000
7	大門 一朗	ダイモン イチロウ	162-0846	東京都	新宿区市谷左内町x-x-x	
8	美田 健一	ミタ ケンイチ	274-0822	千葉県	船橋市飯山満町x-x	(090)-8901-0000
9	青山 藍子	アオヤマ アイコ	358-0031	埼玉県	入間市新久x-x-x	(090)-9012-0000
10	渋谷 美鈴	シブヤ ミスズ	325-0103	栃木県	那須塩原市青木xxx-x	
11	目黒 祐希	メグロ ユウキ	112-0002	東京都	文京区小石川x-x-x	(090)-0234-0000
12	中野 聖一	ナカノ セイイチ	249-0002	神奈川県	逗子市山の根x-x-x-x	
13	高田 明人	タカダ アキト	963-8865	福島県	郡山市五百渕西xxx-x	(090)-0456-0000
14	中居 理央	ナカイ リオ	350-1108	埼玉県	川越市伊勢原町xxx-x	
15	馬場 翔	ババ ショウ	197-0828	東京都	あきる野市秋留xxx-x	(090)-0678-0000
16	新橋 成人	シンバシ ナルト	273-0121	千葉県	鎌ケ谷市初富x-x-x	(090)-0890-0000
(新規)						

P.92、P.93で追加したフィールドだけが表示されます。

StepUp

クエリウィザードを利用する

クエリは、クエリウィザードを使って作成することもできます。クエリウィザードを使うと、クエリの種類や必要なフィールドなどを画面の指示に従って設定していくことでクエリを作成できます。<作成>タブの<クエリウィザード>をクリックして、<新しいクエリ>ダイアログボックスから作成します（Sec.66参照）。

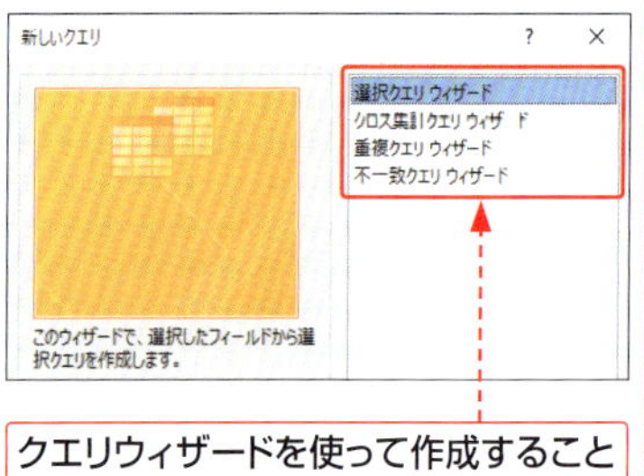

クエリウィザードを使って作成することもできます。

第3章 データの抽出～クエリを作成しよう

4 クエリを保存する

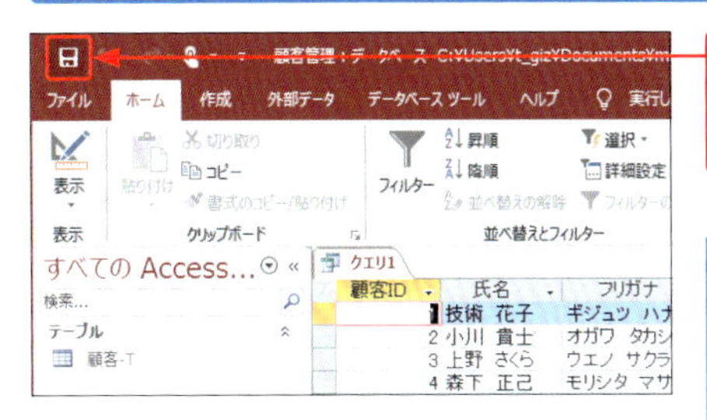

1 クエリを実行したら、<上書き保存>をクリックします。

> **Memo**
> ### クエリの保存
> クエリのタブを右クリックして<上書き保存>をクリックしても、同様に保存することができます。

2 クエリ名を入力して、

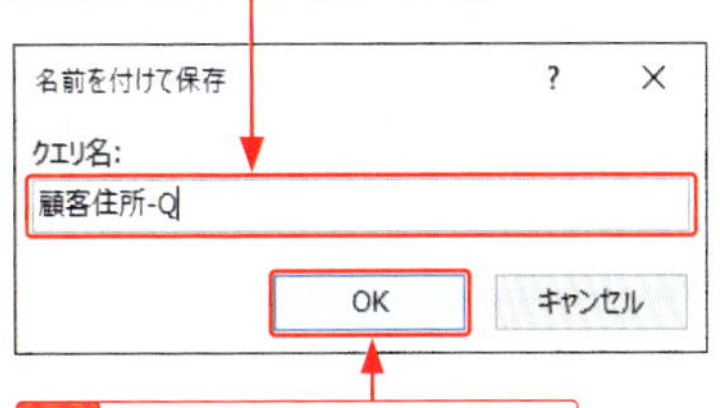

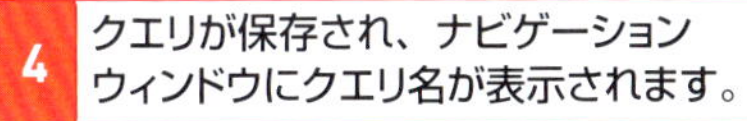

3 <OK>をクリックすると、

4 クエリが保存され、ナビゲーションウィンドウにクエリ名が表示されます。

5 ここをクリックすると、クエリが閉じます。

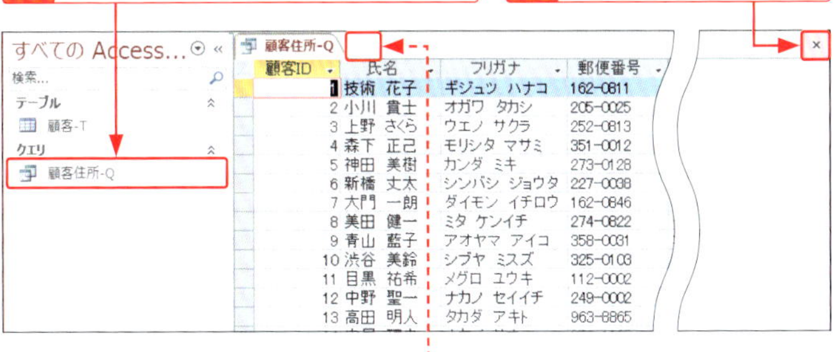

Office 365の場合は、手順**5**でタブの右にある×をクリックします。

> **Hint**
> ### クエリ名をあとから変更するには
> クエリの名前をあとから変更するには、ナビゲーションウィンドウでクエリを右クリックして、表示されたメニューの<名前の変更>をクリックし、新しい名前を入力します。ただし、クエリを開いている状態では変更できません。

データを数字やフリガナの順で並べ替えよう

クエリを使用すると、**特定のフィールドを基準にしてデータ(レコード)を並べ替える**ことができます。ここでは、「フリガナ」の五十音順に並べ替える選択クエリを作成します。

1 クエリの作成画面(デザインビュー)を開く

1. 「顧客管理」データベースファイルを開きます(P.35参照)。
2. <作成>タブをクリックして、
3. <クエリデザイン>をクリックします。
4. <テーブルの表示>ダイアログボックスで、<テーブル>の「顧客-T」をクリックして、
5. <追加>をクリックすると、

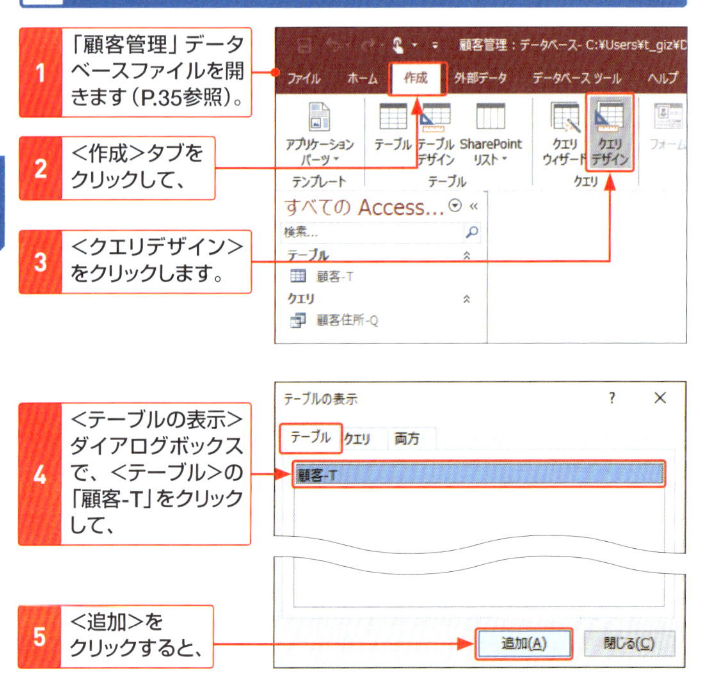

Hint <テーブルの表示>を閉じてしまったときは

<テーブルの表示>ダイアログボックスを閉じてしまったときは、<デザイン>タブの<テーブルの表示>をクリックします。

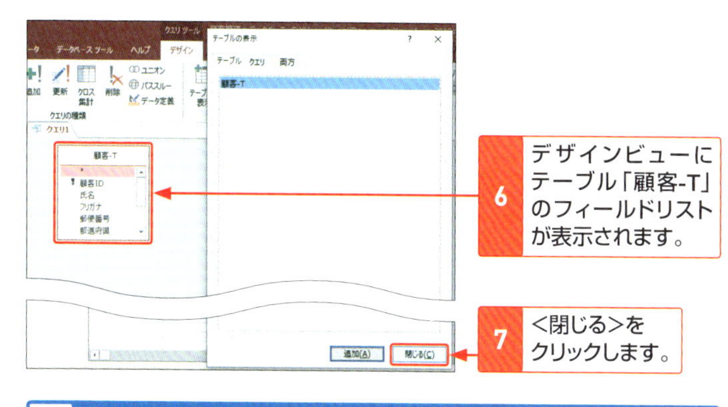

6 デザインビューにテーブル「顧客-T」のフィールドリストが表示されます。

7 <閉じる>をクリックします。

2 フィールドをデザイングリッドに追加する

1 フィールドリストの上部をダブルクリックします。

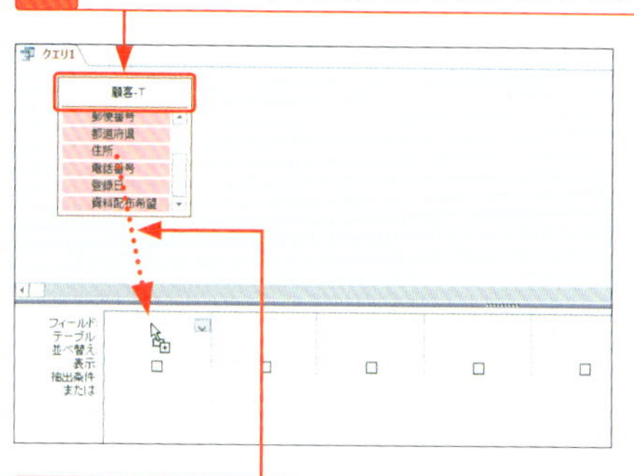

2 いずれかのフィールドをデザイングリッドにドラッグすると、

3 すべてのフィールドがデザイングリッドに追加されます。

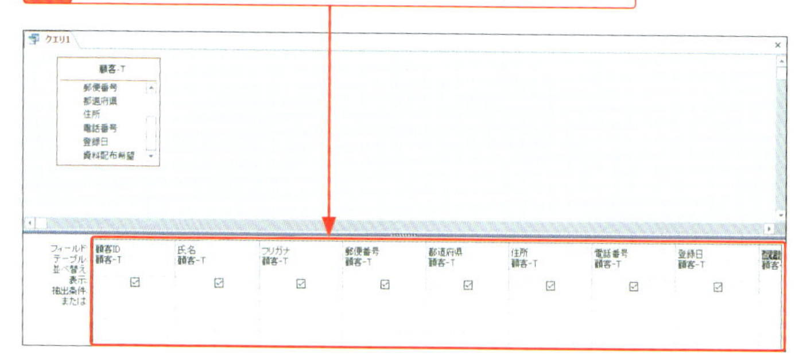

Memo

フィールドの追加

ここでは、すべてのフィールドを追加しましたが、すべてのフィールドを表示する必要がない場合は、特定のフィールドのみを追加します（Sec.25参照）。

3 並べ替えの条件を指定する

1 「フリガナ」の＜並べ替え＞欄をクリックして、

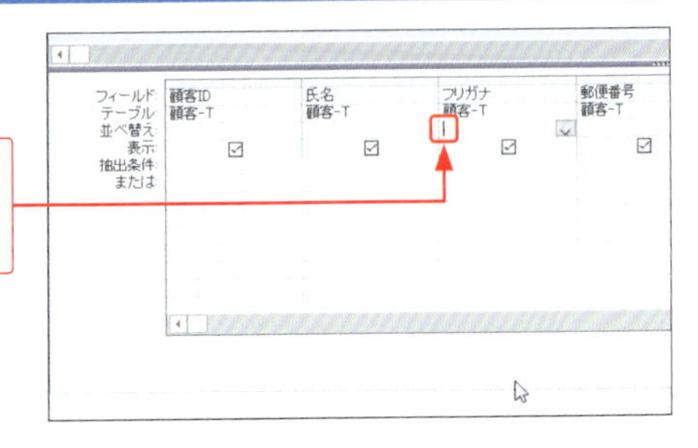

2 ここをクリックし、

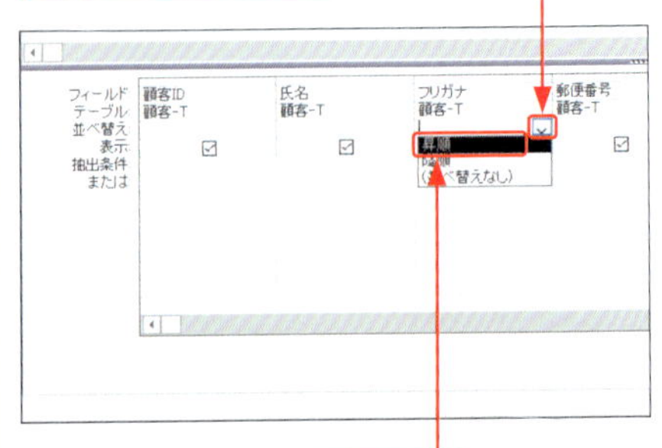

3 ＜昇順＞をクリックします。

4 ＜デザイン＞タブの＜実行＞をクリックすると、

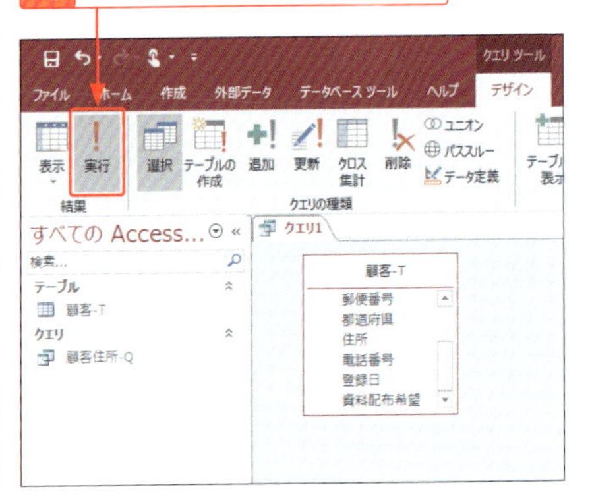

Memo

レコードの並べ替え

右の手順では昇順で並べ替えていますが、降順に並べ替える場合は、手順**3**で＜降順＞をクリックします。

Hint

複数のフィールドで並べ替えるには

並べ替えの条件は、複数指定することができます。複数のフィールドで並べ替えを指定した場合は、左側のフィールドの優先順位が高くなります。

Hint

並べ替えを解除するには

並べ替えを解除するには、手順**3**で＜（並べ替えなし）＞をクリックします。

5 「フリガナ」の昇順でレコードが並べ替わります。

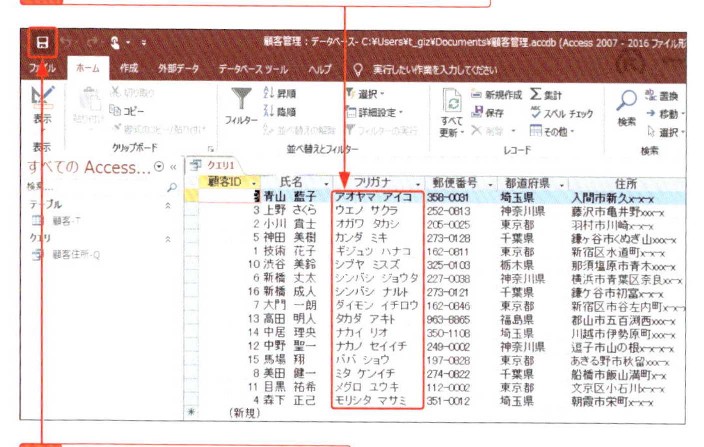

6 <上書き保存>をクリックして、

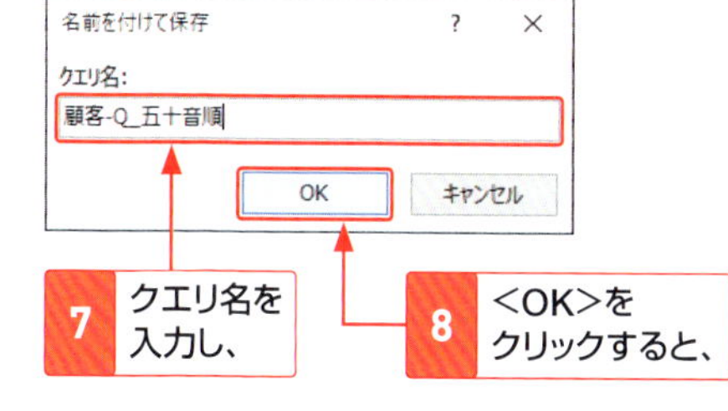

7 クエリ名を入力し、

8 <OK>をクリックすると、

> **Memo**
>
> **並べ替えの基準**
>
> 並べ替えは、昇順では「0→9」「A→Z」「ア→ン」の順に行われ、漢字は、これらのあとにシフトJISコード順で並べられます。降順では、これとは逆に並べ替えられます。

9 クエリが保存され、ナビゲーションウィンドウにクエリ名が表示されます。

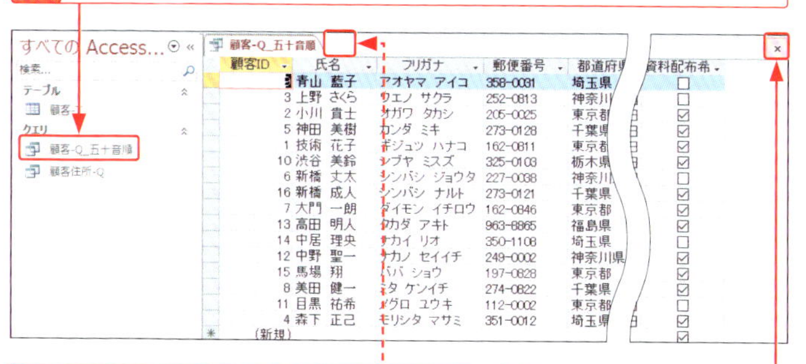

Office 365の場合は、手順10でタブの右にある × をクリックします。

10 ここをクリックすると、クエリが閉じます。

条件が一致するデータを抽出しよう

クエリを使用すると、抽出条件を指定して、条件に一致したレコードだけを抽出することができます。デザイングリッドで、条件を指定したいフィールドの＜抽出条件＞欄に条件を入力します。

1 条件を指定してデータを抽出する

ここでは、「都道府県」から「東京都」のレコードだけを抽出します。

1 テーブル「顧客-T」をフィールドリストに追加して、すべてのフィールドをデザイングリッドに追加します（Sec.26参照）。

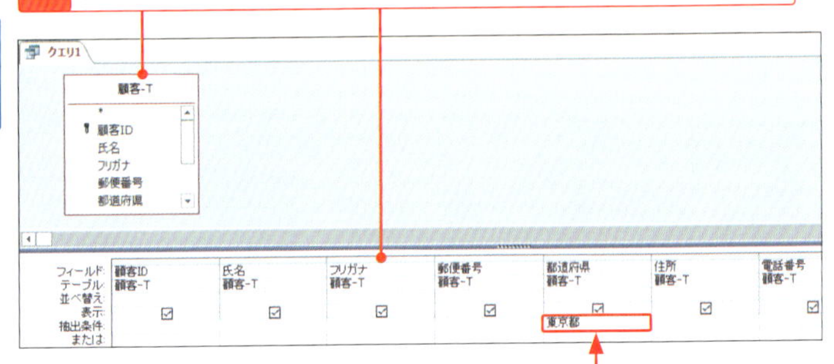

2 「都道府県」の＜抽出条件＞欄に「東京都」と入力して、Enterを押すと、

3 自動的に書式が補われて、文字の前後に「"」が表示されます。

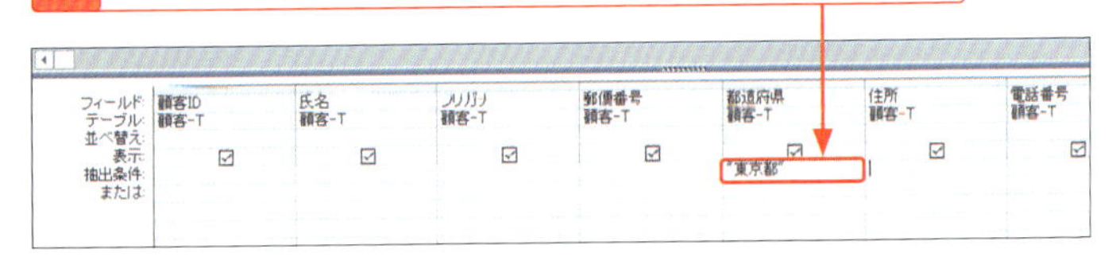

Memo

「"」の自動入力

抽出条件に数値以外の文字列を入力して確定すると、前後に「"」（ダブルクォーテーション）が自動的に表示されます。

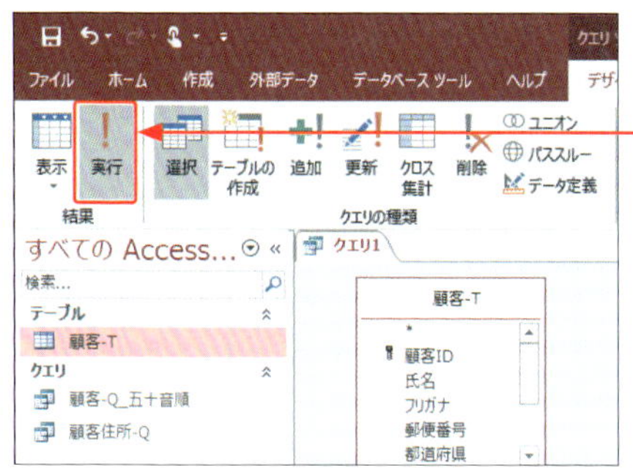

4 ＜デザイン＞タブの＜実行＞をクリックすると、

> **Hint**
>
> **抽出条件を解除するには**
>
> 抽出条件を解除するには、＜抽出条件＞欄の条件を消去してからクエリを実行します。

5 「都道府県」が「東京都」のレコードだけが抽出されます。

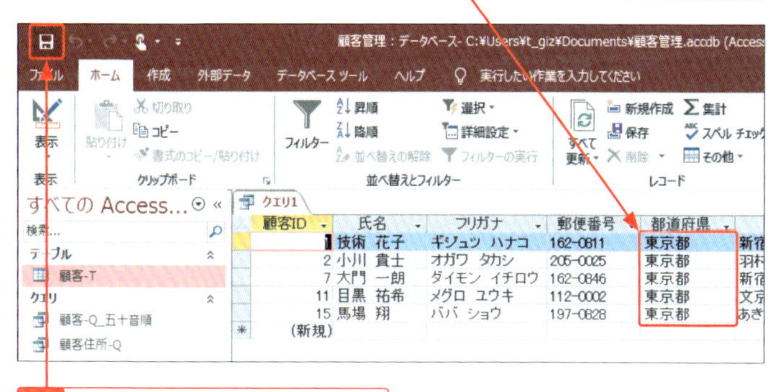

6 ＜上書き保存＞をクリックして、

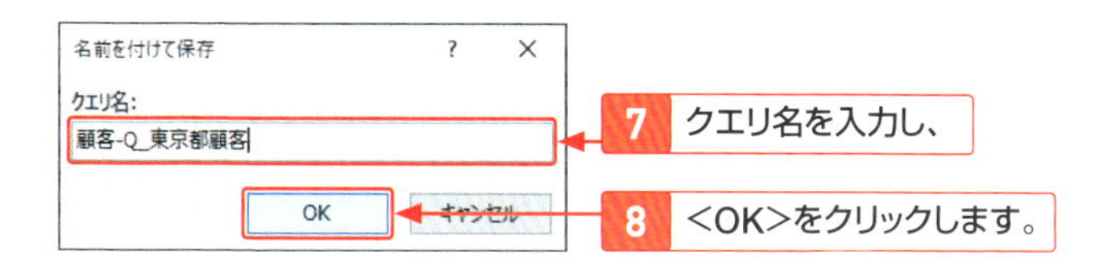

7 クエリ名を入力し、

8 ＜OK＞をクリックします。

> **StepUp**
>
> **条件と一致しないデータを抽出する**
>
> 手順**2**で抽出条件に「<>東京都」のように入力すると、東京都以外のデータを抽出することができます。「< >」は半角で入力します。「<>東京都」と入力して、Enterを押すと、「<>"東京都"」と表示されます。

2つの条件が一致するデータを抽出しよう

クエリを使用すると、複数の条件を指定して、指定した条件をすべて満たすレコードを抽出することができます。デザイングリッドの<抽出条件>欄の同じ行に条件を入力します。

1 抽出条件を指定する

ここでは、「資料配布希望」が「Yes」で、「都道府県」が「東京都」のレコードを抽出します。

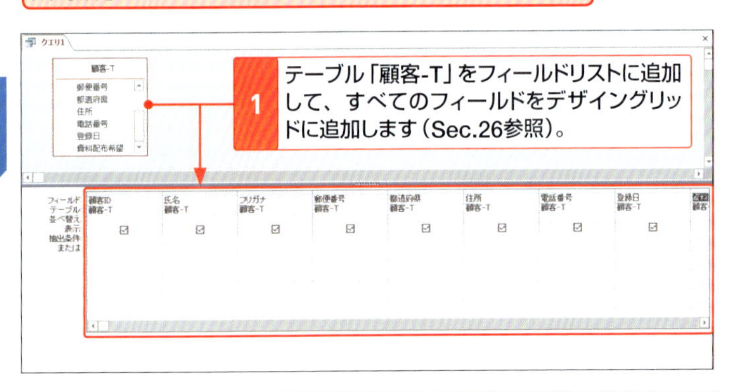

1 テーブル「顧客-T」をフィールドリストに追加して、すべてのフィールドをデザイングリッドに追加します（Sec.26参照）。

2 「資料配布希望」の<抽出条件>欄に「Yes」と入力して、Enterを押します。

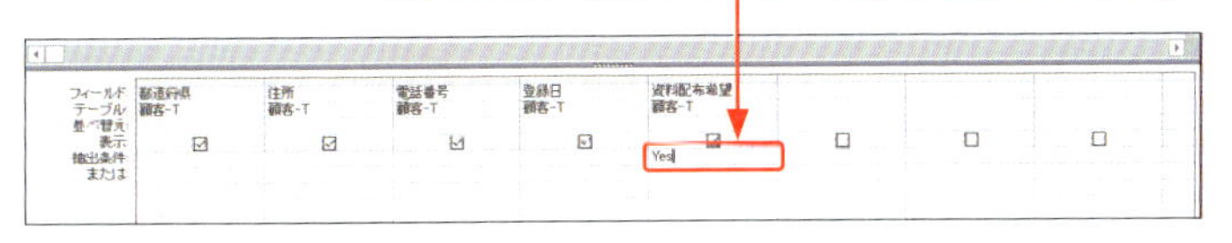

Memo Yes／No型の抽出条件

手順2のフィールドには、Yes／No型のデータ型が指定されています。Yesの人を抽出する場合は「Yes／True／On」のいずれかを、Noの場合は「No／False／Off」のいずれかを入力します。

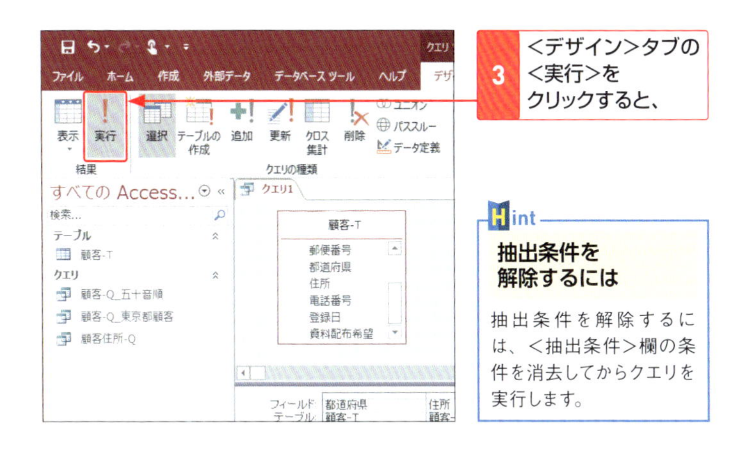

3 ＜デザイン＞タブの＜実行＞をクリックすると、

Hint

抽出条件を解除するには

抽出条件を解除するには、＜抽出条件＞欄の条件を消去してからクエリを実行します。

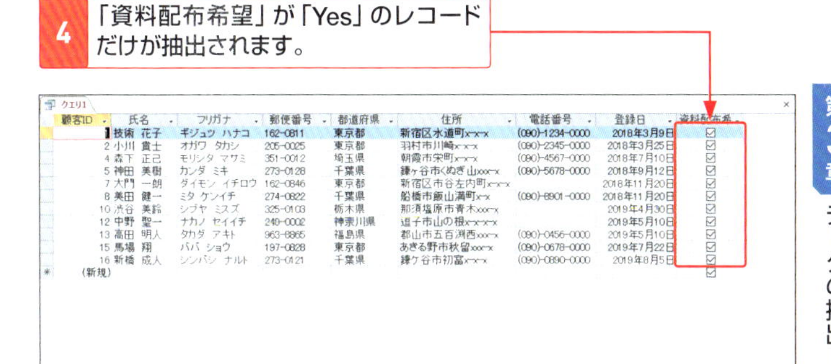

4 「資料配布希望」が「Yes」のレコードだけが抽出されます。

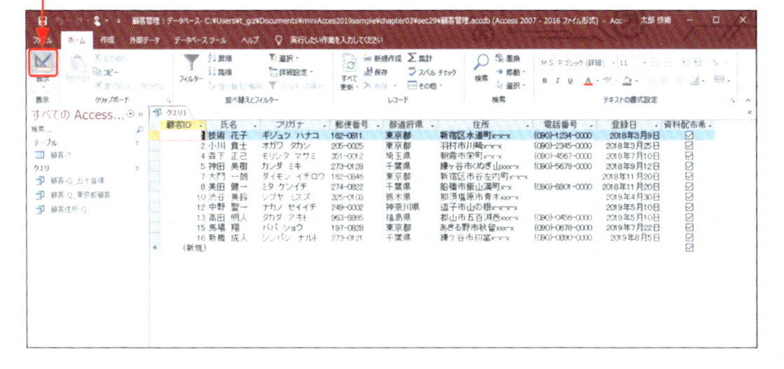

5 ＜ホーム＞タブの＜表示＞をクリックして、＜デザインビュー＞に切り替えます。

2 抽出条件を追加する

1 「都道府県」の<抽出条件>欄に「東京都」と入力して、Enter を押します。

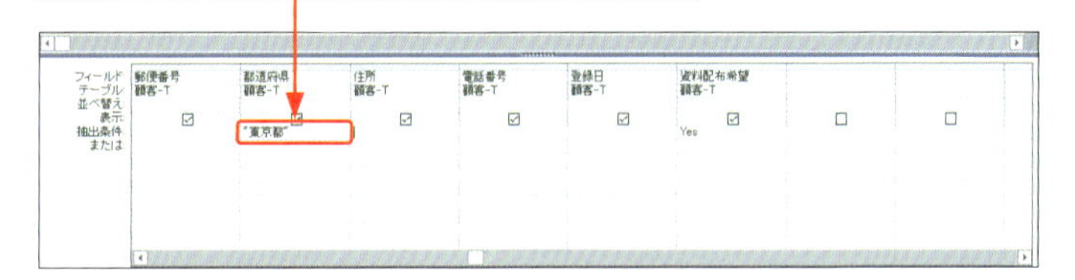

2 <デザイン>タブの<実行>をクリックすると、

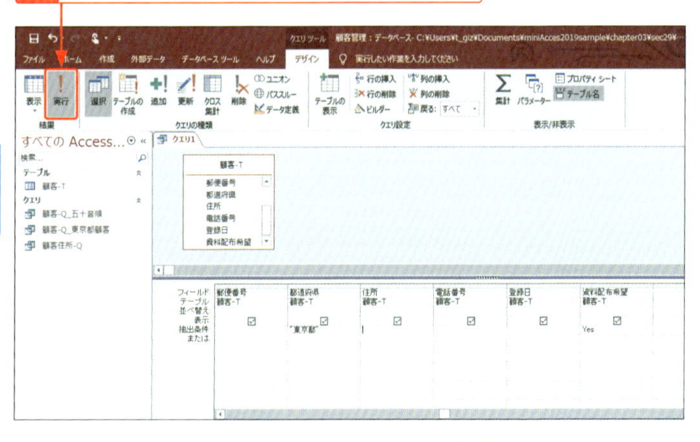

3 「資料配布希望」が「Yes」で、かつ「都道府県」が「東京都」のレコードが抽出されます。

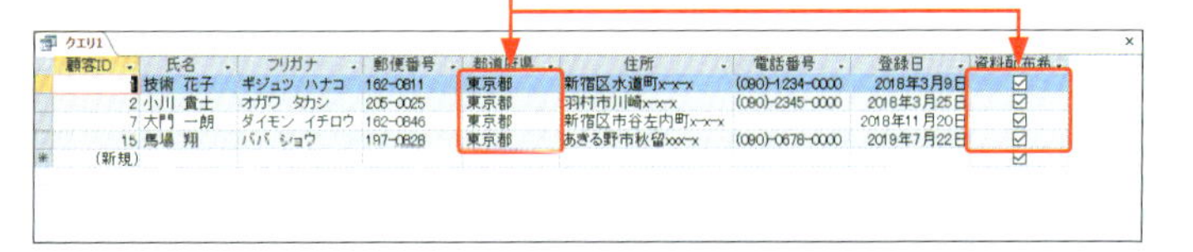

顧客ID	氏名	フリガナ	郵便番号	都道府県	住所	電話番号	登録日	資料配布希望
1	技術 花子	ギジュツ ハナコ	162-0811	東京都	新宿区水道町x-x-x	(090)-1234-0000	2018年3月9日	☑
2	小川 貴士	オガワ タカシ	205-0025	東京都	羽村市川崎x-x-x	(090)-2345-0000	2018年3月25日	☑
7	大門 一朗	ダイモン イチロウ	162-0846	東京都	新宿区市谷左内町x-x-x		2018年11月20日	☑
15	馬場 翔	ババ ショウ	197-0828	東京都	あきる野市秋留xxx-x	(090)-0678-0000	2019年7月22日	☑
(新規)								☑

Hint

条件を1つずつ絞り込む

複数の条件でデータを抽出する場合は、一度に条件を指定するのではなく、ここで解説したように1つずつ指定してレコードを絞り込むほうが間違いが少なくなります。

4 <上書き保存>をクリックして、

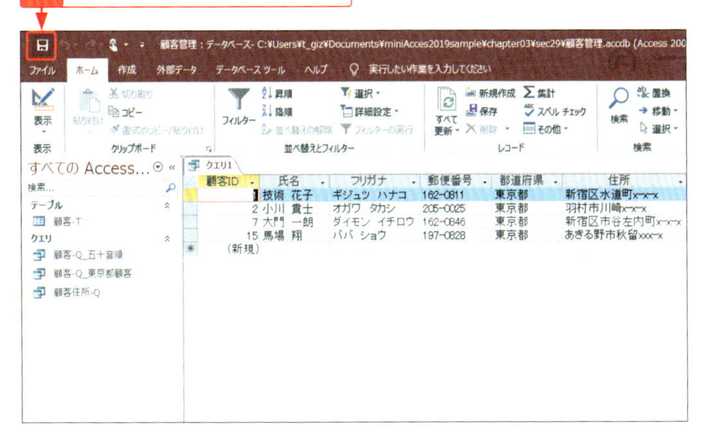

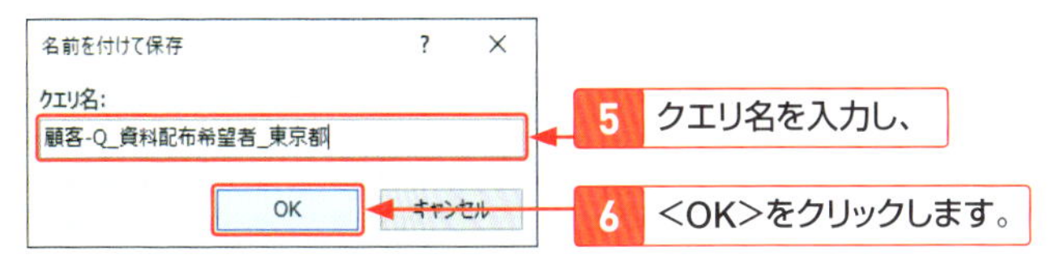

5 クエリ名を入力し、

6 <OK>をクリックします。

StepUp

AND条件とOR条件

<抽出条件>の行に複数の条件を指定すると、条件をすべて満たすデータを抽出する「AND条件」になります。

一方、<抽出条件>と<または>欄に抽出条件を指定すると、複数の条件のいずれかを満たすデータを抽出する「OR条件」になります。

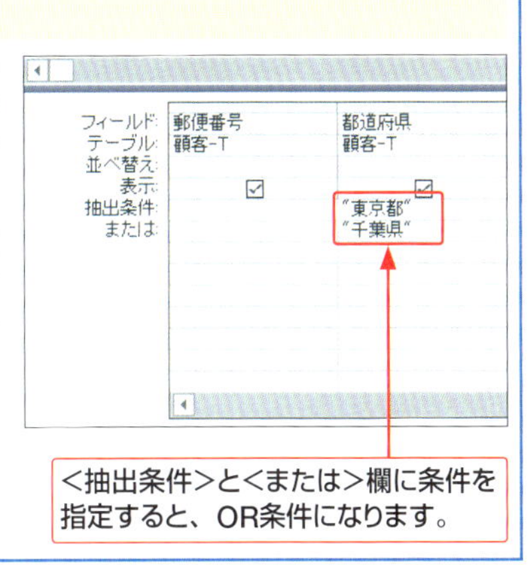

<抽出条件>と<または>欄に条件を指定すると、OR条件になります。

「～で始まる」という条件でデータを抽出しよう

抽出条件には、ワイルドカードを使うことができます。ワイルドカードを使うと、「住所」が「新宿区」から始まる、といったあいまいな条件でレコードを抽出することができます。

1 あいまいな条件を指定してデータを抽出する

ここでは、「住所」が「新宿区」で始まるレコードを抽出します。

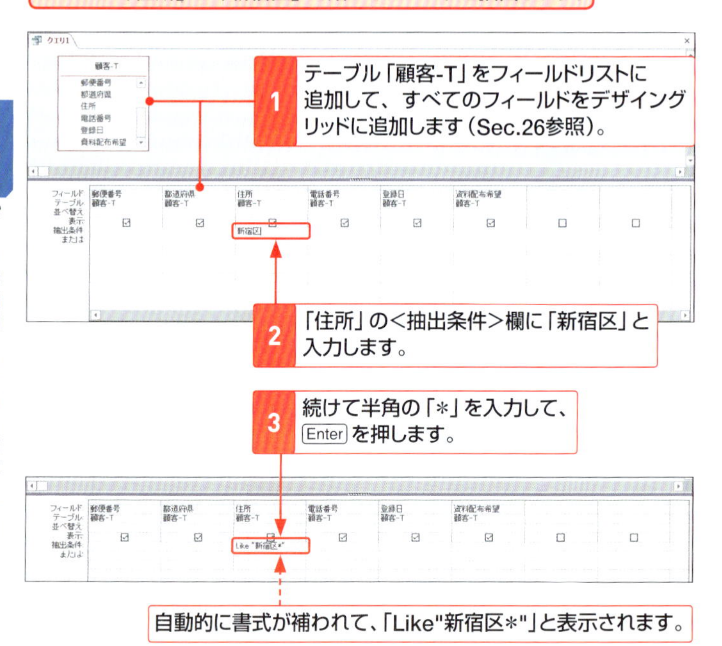

1 テーブル「顧客-T」をフィールドリストに追加して、すべてのフィールドをデザイングリッドに追加します（Sec.26参照）。

2 「住所」の<抽出条件>欄に「新宿区」と入力します。

3 続けて半角の「*」を入力して、Enterを押します。

自動的に書式が補われて、「Like"新宿区*"」と表示されます。

Memo 「Like」の自動入力

通常、抽出条件で抽出する値にワイルドカードが含まれていると、条件式の先頭に自動的に「Like」が追加されます。

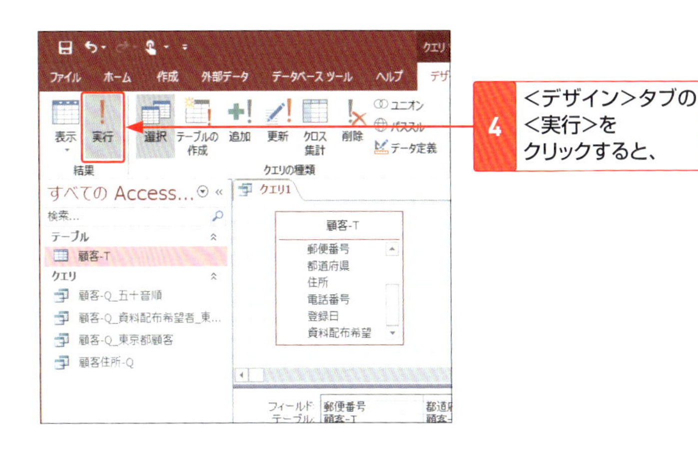

4 <デザイン>タブの<実行>をクリックすると、

5 「住所」が「新宿区」で始まるレコードが抽出されます。

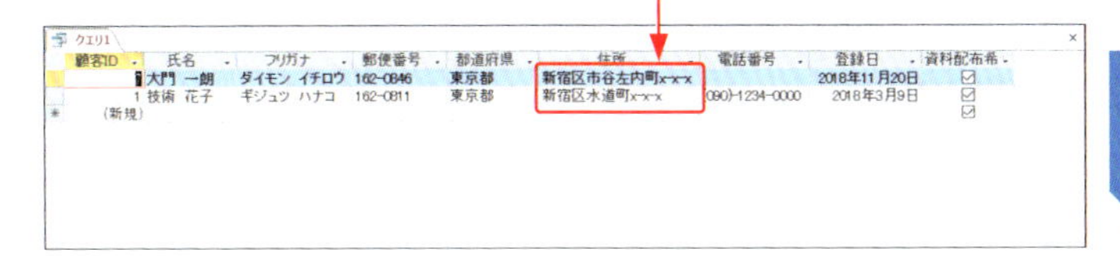

6 クエリに名前（ここでは「顧客-Q_新宿区」）を付けて保存します（P.105参照）。

StepUp

ワイルドカードの利用

ワイルドカードとは、あいまいな文字を検索するときに利用する特殊文字のことです。0文字以上の任意の文字列を表す「*」や、任意の1文字を表す「?」などがあります。ワイルドカードを使うと、フィールドに含まれている文字や、フィールドの先頭や最後の文字を指定してデータを抽出することができます。

使用例	抽出結果
?	任意の 1 文字
*	0 文字以上の文字列
東*	「東」で始まる文字列
*都	「都」で終わる文字列
東京都	「東京都」が含まれる文字列
Not 東*	先頭に「東」が付かない文字列
Not *都 And 東*	末尾が「都」でなく、先頭に「東」が付く文字列

「○○以上」「○○以下」のデータを抽出しよう

クエリでは、**日付や数値データを比較してレコードを抽出**することができます。抽出条件には、「>=」(以上)や「<=」(以下)などの**比較演算子**や**論理演算子**と呼ばれる記号を使います。

1 特定の日付以降のデータを抽出する

ここでは、「登録日」が「2019年1月1日」以降のレコードを抽出します。

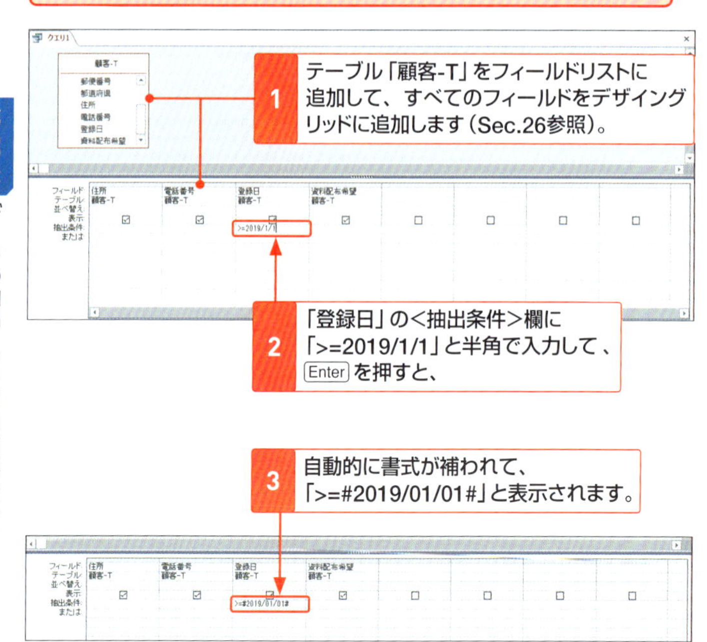

Memo 「#」の自動入力

抽出条件に日付を入力して確定すると、日付の前後に「#」(シャープ記号)が自動的に表示されます。

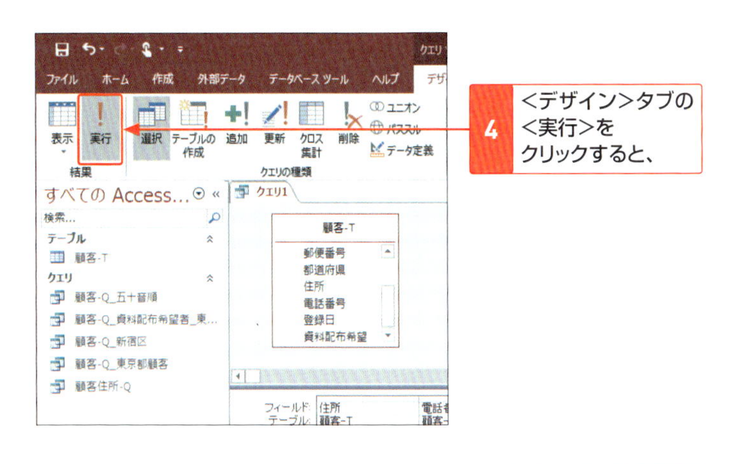

4 <デザイン>タブの<実行>をクリックすると、

5 登録日が「2019/1/1以降」のレコードが抽出されます。

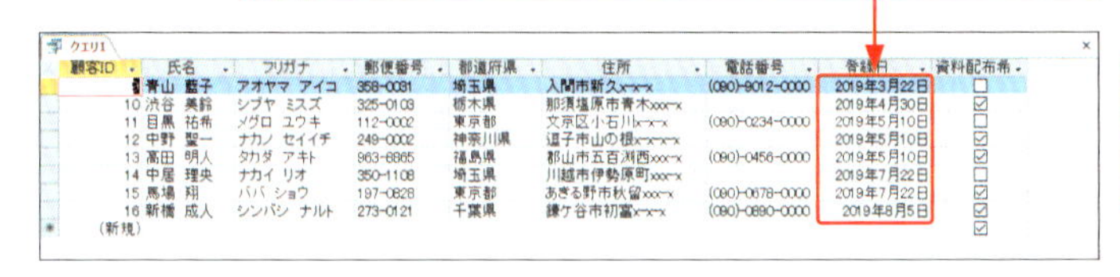

6 クエリに名前（ここでは「顧客-Q_2019/1/1以降登録」）を付けて保存します（P.105参照）。

StepUp

演算子の利用

抽出条件には、以下のような比較演算子や論理演算子を利用できます。演算子はすべて半角で入力します。

演算子	意味	使用例	抽出結果
>	より大きい	>100	100 より大きい
>=	以上	>=100	100 以上
<	より小さい	<100	100 より小さい
<=	以下	<=100	100 以下
<>	以外	<>100	100 以外
Between And	指定範囲内	Between 50 And 100	50 以上 100 以下

同じ日付のデータを抽出しよう

クエリでは、抽出条件に関数を指定することができます。関数を利用すると、日付データから「年」や「月」を指定してデータを取り出したり、「日」のデータを取り出したりできます。

1 特定の「年」と「月」を指定してデータを抽出する

ここでは、「登録日」が2019年5月のレコードを抽出します。

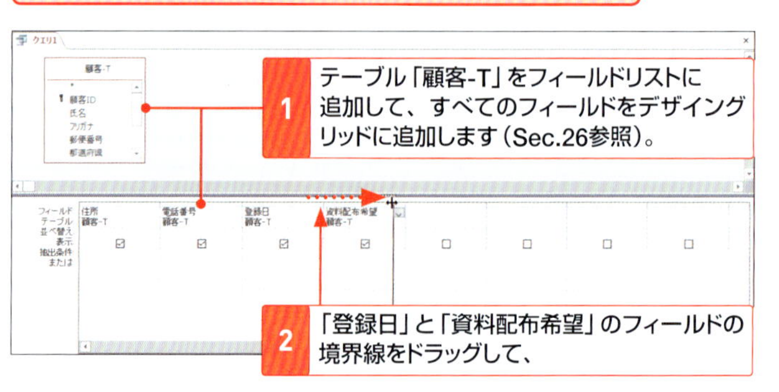

1 テーブル「顧客-T」をフィールドリストに追加して、すべてのフィールドをデザイングリッドに追加します（Sec.26参照）。

2 「登録日」と「資料配布希望」のフィールドの境界線をドラッグして、

3 「登録日」のフィールドの幅を広げます。

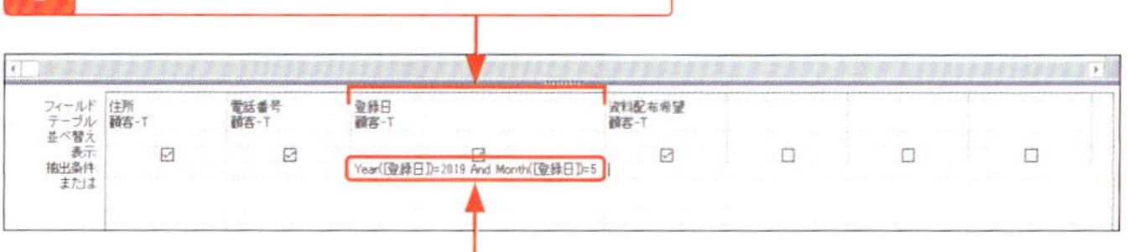

4 <抽出条件>欄に「Year([登録日])=2019 And Month([登録日])=5」と半角で入力して、Enter を押します。

Keyword

Year関数／Month関数

Year関数は日付データから「年」の値を、Month関数は「月」の値を取り出す関数です。関数の中にフィールド名を指定するときは、フィールド名の前後を半角の角かっこ（[ ]）で囲みます。

5 <デザイン>タブの<実行>をクリックすると、

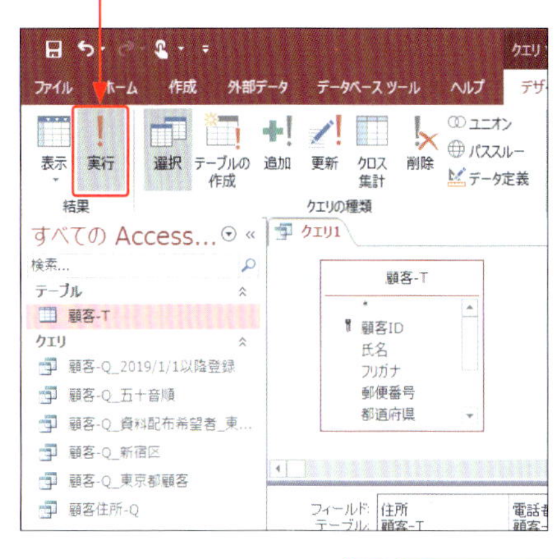

> **Hint**
>
> **「日」を求めるには**
>
> 日付データから「日」の値を求める場合はDay関数を使います。「Year」や「Month」のかわりに「Day」を入力します。

6 「登録日」が「2019年5月」のレコードが抽出されます。

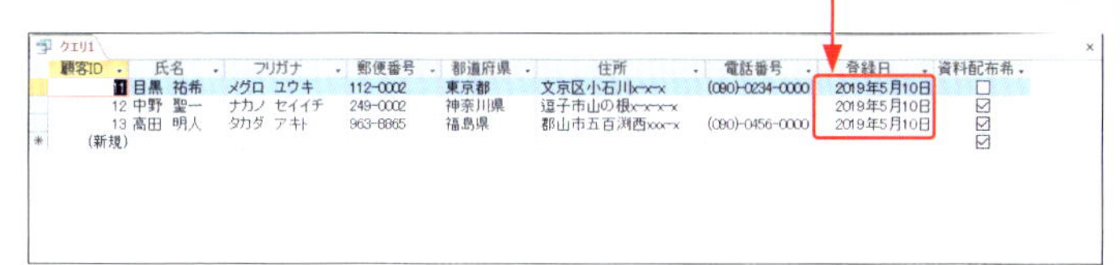

顧客ID	氏名	フリガナ	郵便番号	都道府県	住所	電話番号	登録日	資料配布希
1	目黒 祐希	メグロ ユウキ	112-0002	東京都	文京区小石川x-x-x	(090)-0234-0000	2019年5月10日	☐
12	中野 聖一	ナカノ セイイチ	249-0002	神奈川県	逗子市山の根x-x-x-x		2019年5月10日	☑
13	高田 明人	タカダ アキト	963-8865	福島県	郡山市五百渕西xxx-x	(090)-0456-0000	2019年5月10日	☑
(新規)								☑

7 クエリに名前（ここでは「顧客-Q_登録日5月」）を付けて保存します（P.105参照）。

> **StepUp**
>
> **日付や期間を計算する関数**
>
> ここで使用した関数のほかにも、日付や期間を計算する関数は用意されています。主な関数は以下のとおりです。

関数	説明	書式
Date 関数	現在の日付を表示する関数です。	Date()
DateDiff 関数	指定した 2 つの日付間の年数や月数などを計算する関数です。	DateDiff(時間単位 , 日付 1, 日付 2)
DateAdd 関数	ある日付に、指定した期間を加えた日付を求める関数です。	DateAdd(時間単位 , 数値 , 日付)

ある期間の日付のデータを抽出しよう

ある日付から別の日付までの期間や、100から500までというような数値の**範囲を抽出**する場合は、「>=」（以上）、「<=」（以下）といった**比較演算子**と**AND条件**を使います。

1 期間を指定してデータを抽出する

ここでは、「登録日」が「2019/3/1」から「2019/5/31」までのレコードを抽出します。

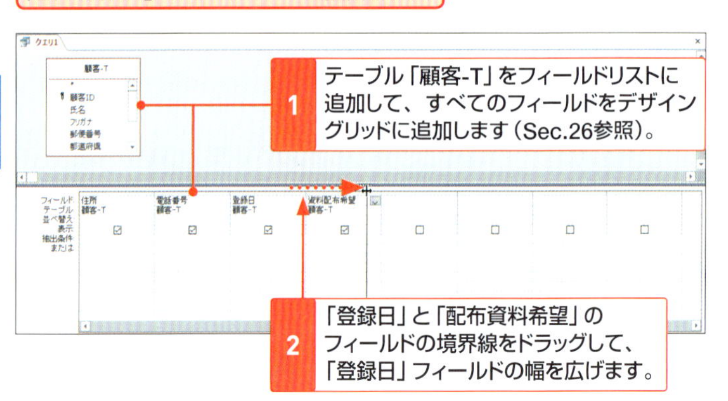

1 テーブル「顧客-T」をフィールドリストに追加して、すべてのフィールドをデザイングリッドに追加します（Sec.26参照）。

2 「登録日」と「配布資料希望」のフィールドの境界線をドラッグして、「登録日」フィールドの幅を広げます。

3 <抽出条件>欄に「>=2019/3/1」と半角で入力して、Enterを押すと、

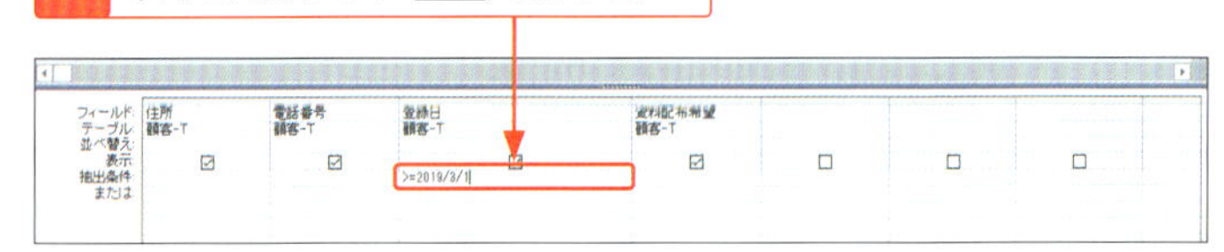

4 自動的に書式が補われて、「>=#2019/03/01#」と表示されます。

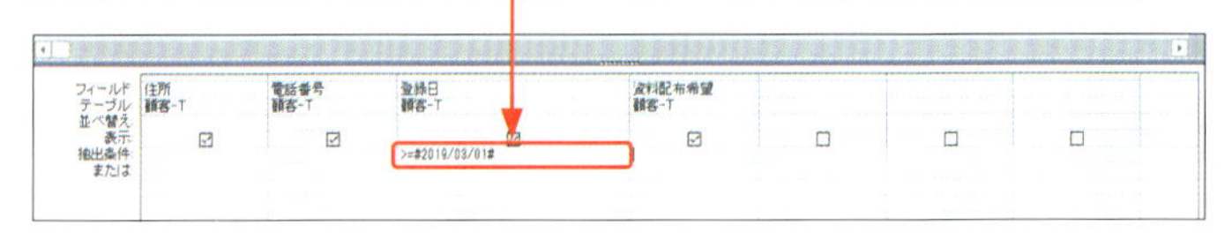

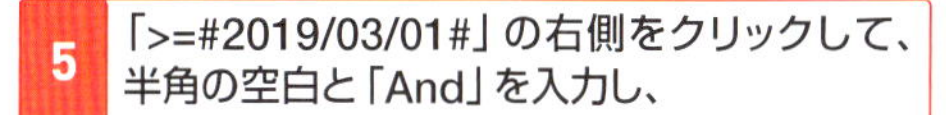

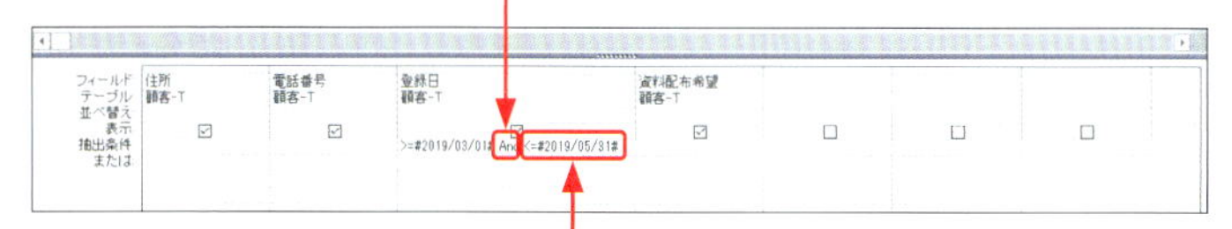

6 続けて半角の空白と「<=2019/5/31」を入力して、Enter を押します。

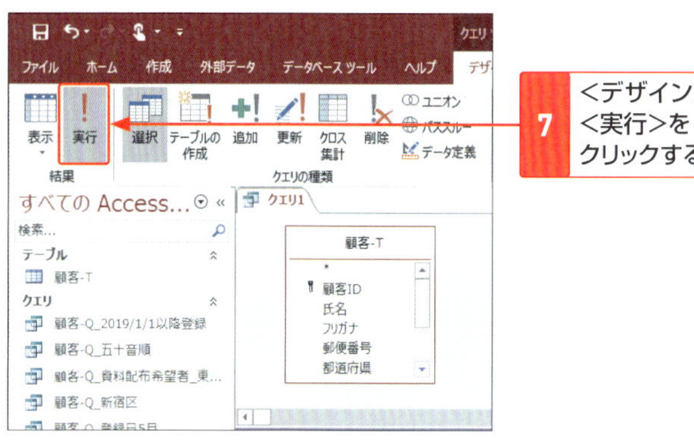

7 <デザイン>タブの<実行>をクリックすると、

8 登録日が「2019/3/1」から「2019/5/31」までのレコードが抽出されます。

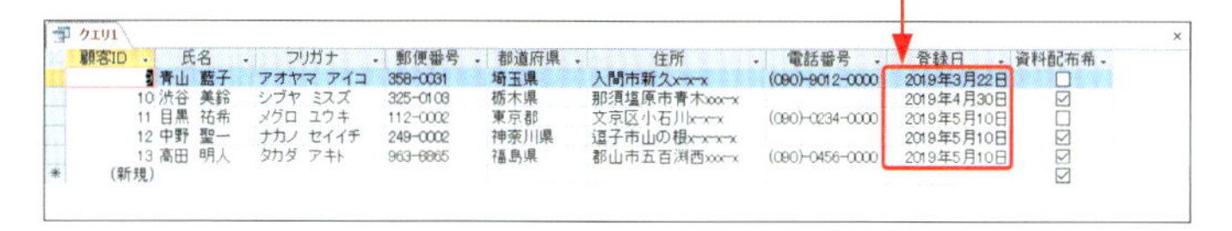

顧客ID	氏名	フリガナ	郵便番号	都道府県	住所	電話番号	登録日	資料配布希
	青山 藍子	アオヤマ アイコ	358-0031	埼玉県	入間市新久x-x-x	(090)-9012-0000	2019年3月22日	☐
10	渋谷 美鈴	シブヤ ミスズ	325-0103	栃木県	那須塩原市青木xxx-x		2019年4月30日	☑
11	目黒 祐希	メグロ ユウキ	112-0002	東京都	文京区小石川x-x-x	(090)-0234-0000	2019年5月10日	☐
12	中野 聖一	ナカノ セイイチ	249-0002	神奈川県	逗子市山の根x-x-x-x		2019年5月10日	☑
13	高田 明人	タカダ アキト	963-8865	福島県	郡山市五百渕西xxx-x	(090)-0456-0000	2019年5月10日	☑
(新規)								☑

9 クエリに名前(ここでは「顧客-Q_2019/3/1～5/31登録」)を付けて保存します(P.105参照)。

StepUp

ANDとORを組み合わせる

ANDとORを組み合わせて条件を指定すると、より複雑な条件でレコードを抽出できます。たとえば、「都道府県」が「東京都」または「千葉県」で、「登録日」が指定した日付以前の顧客を抽出することなどが可能です。

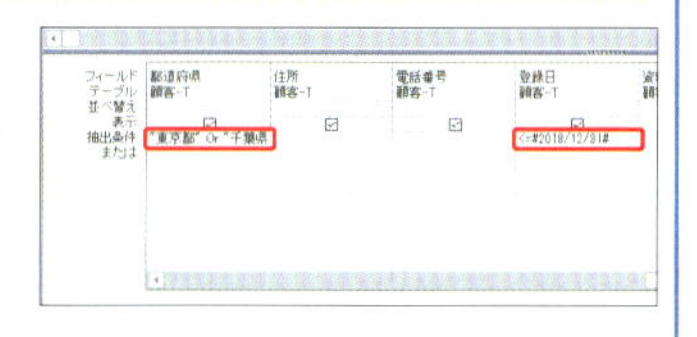

未入力の空欄があるデータを抽出しよう

クエリの抽出条件に「Is Null」という条件式を指定すると、フィールドにデータが入力されていないレコードだけを抽出することができます。未入力のフィールドを探すときに使用すると便利です。

1 フィールドにデータがないものを抽出する

ここでは、「電話番号」が入力されていないレコードを抽出します。

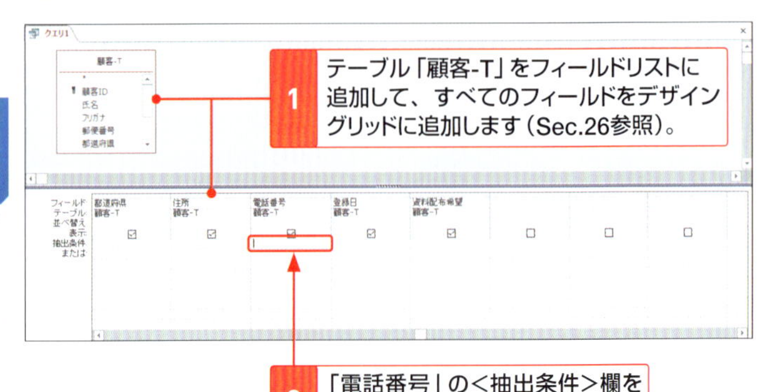

1 テーブル「顧客-T」をフィールドリストに追加して、すべてのフィールドをデザイングリッドに追加します（Sec.26参照）。

2 「電話番号」の<抽出条件>欄をクリックして、

3 「Null」と半角で入力して、Enter を押すと、

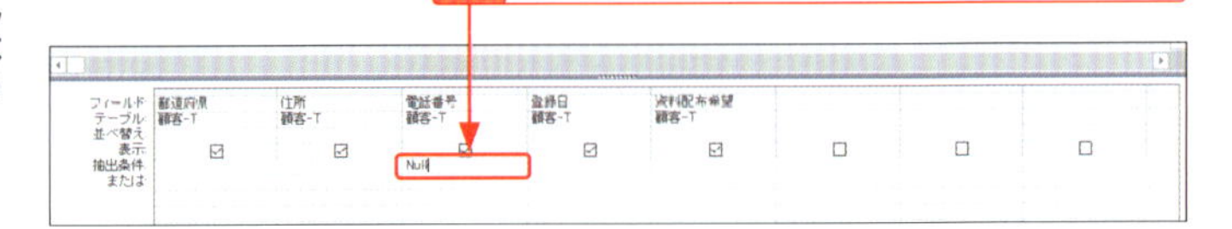

Keyword

Is Null関数

Is Null関数は、フィールドにNull値（空白値）が含まれているかどうかを調べる関数です。

4 自動的に書式が補われて、「Is Null」と表示されます。

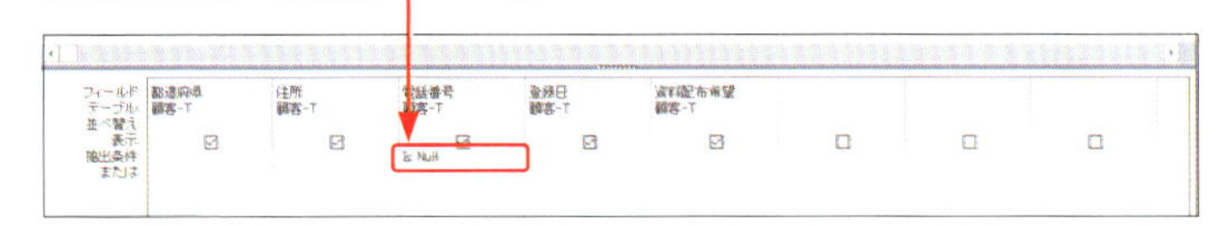

5 <デザイン>タブの<実行>をクリックすると、

6 「電話番号」にデータが入力されていないレコードが抽出されます。

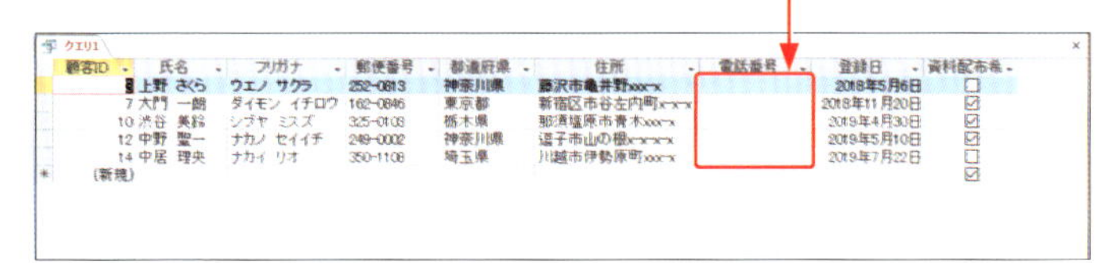

7 クエリに名前（ここでは「顧客-Q_電話番号未登録」）を付けて保存します（P.105参照）。

StepUp

フィールドにデータがあるものを抽出する

ここでは、データが入力されていないフィールドを抽出しましたが、抽出条件に「Not Null」と入力して Enter を押し、「Is Not Null」という条件式を指定すると、データが入力されているフィールドを抽出することができます。

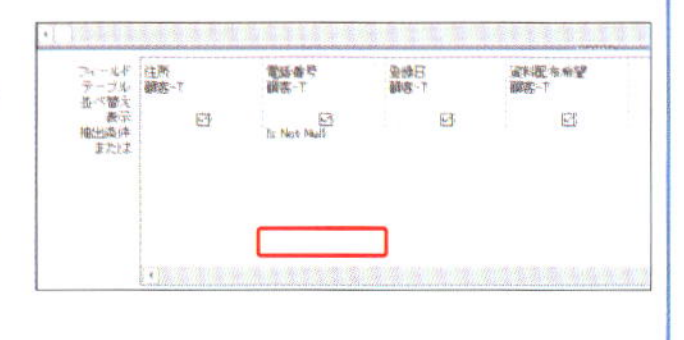

データの抽出時に条件を指定できるようにしよう

データを抽出する際に抽出条件を頻繁に変更するときは、**パラメータークエリ**を利用すると便利です。パラメータークエリでは、**クエリを実行するときに抽出条件を入力してデータを抽出**できます。

1 パラメータークエリを作成する

ここでは、クエリの実行時に都道府県名を指定するパラメータークエリを作成します。

1. テーブル「顧客-T」をフィールドリストに追加して、すべてのフィールドをデザイングリッドに追加します（Sec.26参照）。
2. 「都道府県」と「住所」のフィールドの境界線をドラッグして、
3. 「都道府県」のフィールドの幅を広げます。

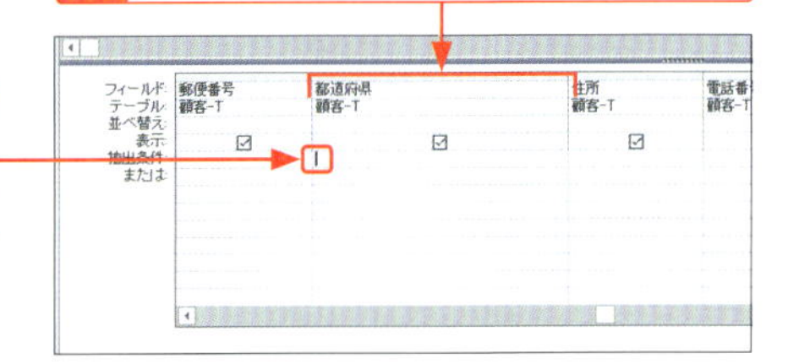

4. 「都道府県」の<抽出条件>欄をクリックして、

Memo パラメータークエリ

パラメータークエリは、クエリの実行時に抽出条件を指定できるクエリです。パラメータークエリを使うと、同じフィールドの特定のレコードを抽出するときに、そのつどクエリを作成する必要がなくなるので効率的です。

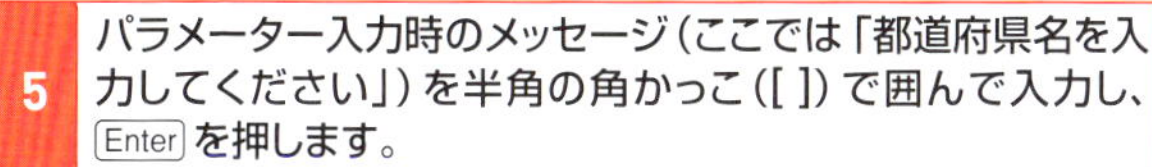

5 パラメーター入力時のメッセージ（ここでは「都道府県名を入力してください」）を半角の角かっこ（[ ]）で囲んで入力し、Enter を押します。

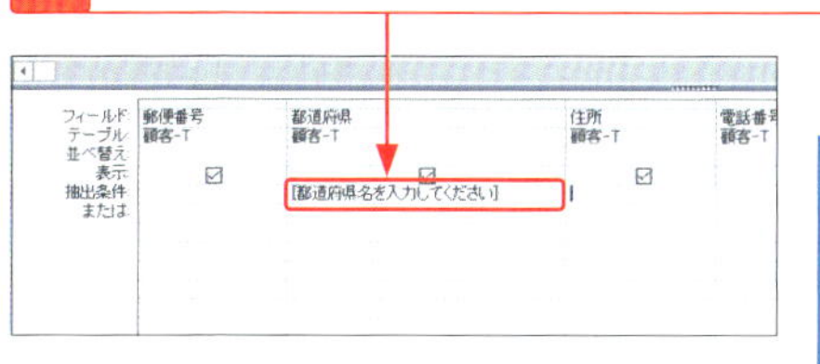

Keyword

パラメーター

パラメーターとは、クエリを実行するときに指定する条件（値）のことです。

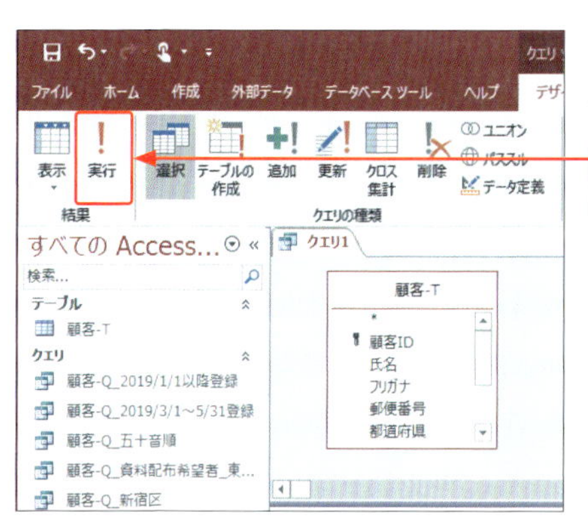

6 <デザイン>タブの<実行>をクリックすると、

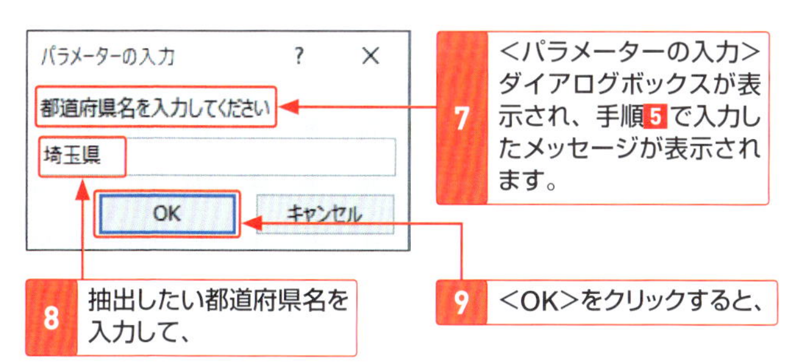

7 <パラメーターの入力>ダイアログボックスが表示され、手順5で入力したメッセージが表示されます。

8 抽出したい都道府県名を入力して、

9 <OK>をクリックすると、

Memo

抽出条件に入力する文字

<抽出条件>欄に入力する文字は、必ず半角の角かっこ（[ ]）で囲む必要があります。メッセージの言語や長さは自由に設定でき、全角の文字も入力できます。

10 指定したデータが抽出されます。

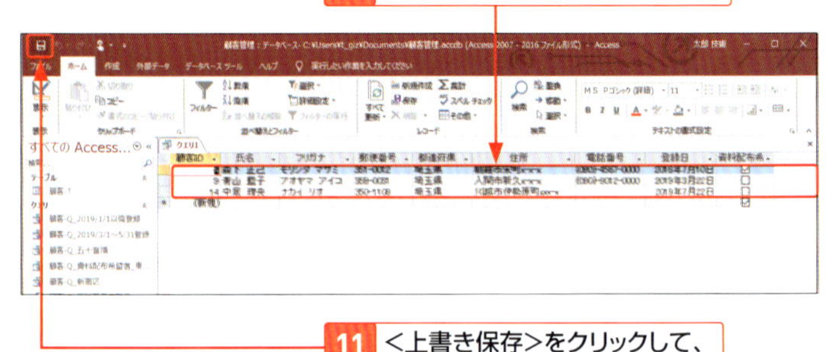

11 <上書き保存>をクリックして、

12 クエリ名を入力し、

名前を付けて保存
クエリ名:
顧客-Q_都道府県名指定
OK
キャンセル

13 <OK>をクリックします。

ワイルドカードの利用

パラメータークエリでは、ワイルドカード（P.107参照）を使うこともできます。たとえば、住所の一部を使ってデータを抽出するパラメータークエリを作成するには、<住所>フィールドの<抽出条件>欄に「Likc [市町村名を入力]」のように入力します。クエリの実行時に、<パラメーターの入力>ダイアログボックスで「横浜市*」と入力すると、「横浜市」で始まる住所が抽出できます。

1 <抽出条件>欄に「Like [市町村名を入力]」のように入力して、

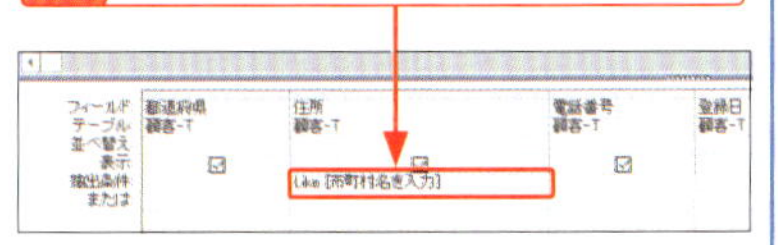

2 クエリの実行時に「横浜市*」と入力します。

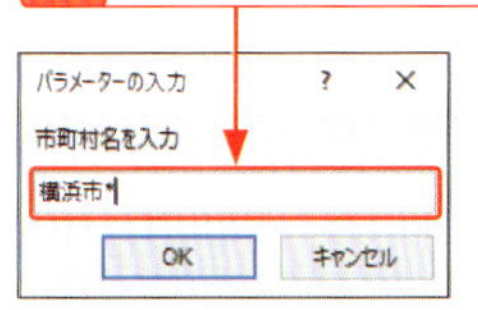

2 パラメータークエリを実行する

1 作成したパラメータークエリをダブルクリックします。

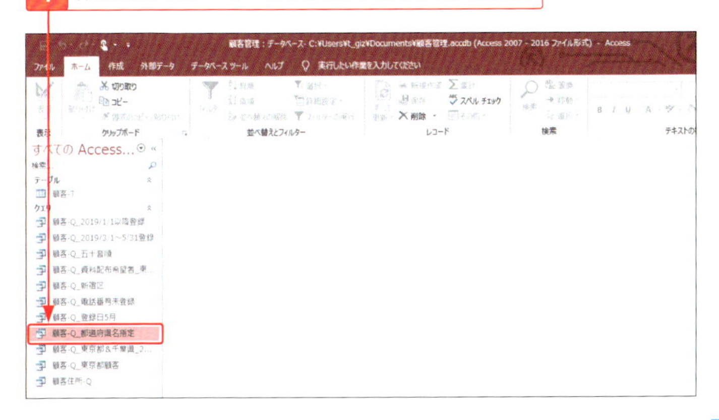

2 <パラメーターの入力>ダイアログボックスが表示されるので、

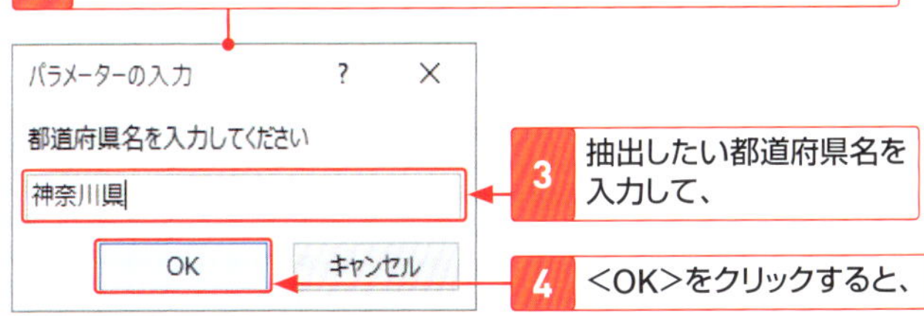

3 抽出したい都道府県名を入力して、

4 <OK>をクリックすると、

5 条件に一致したデータだけが抽出されます。

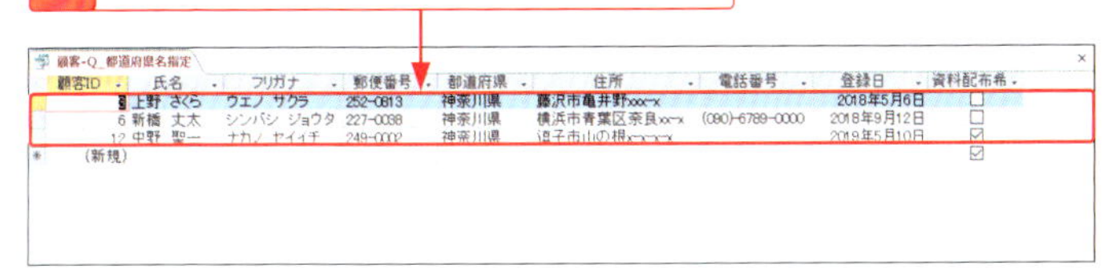

Hint
比較演算子の利用

抽出条件には、比較演算子を使うこともできます。たとえば、「>=[登録日の入力]」と設定すると、入力した日付以降の登録日のデータを抽出できます。

データをグループ分けして集計しよう

テーブルやクエリのフィールドを縦横に配置し、同じ種類のレコードをグループ化して集計した表を作成するには、**クロス集計クエリ**を利用します。

■クロス集計クエリ

クロス集計クエリを利用すると、目的のテーブルやクエリのフィールドを縦横に配置して、それらが交差する位置に集計を求めるクロス集計表を作成できます。ここでは、都道府県ごと、登録年ごとの顧客を集計します。

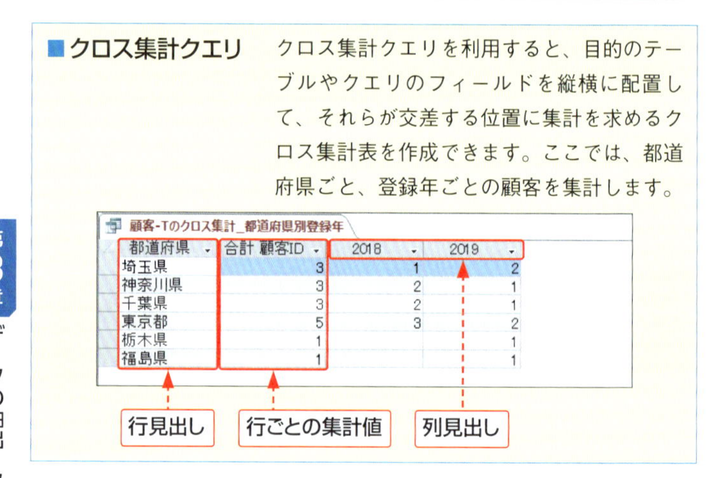

都道府県	合計 顧客ID	2018	2019
埼玉県	3	1	2
神奈川県	3	2	1
千葉県	3	2	1
東京都	5	3	2
栃木県	1		1
福島県	1		1

1 <クロス集計クエリウィザード>を起動する

1 「顧客管理」データベースファイルを開きます(P.35参照)。

2 <作成>タブをクリックして、

3 <クエリウィザード>をクリックします。

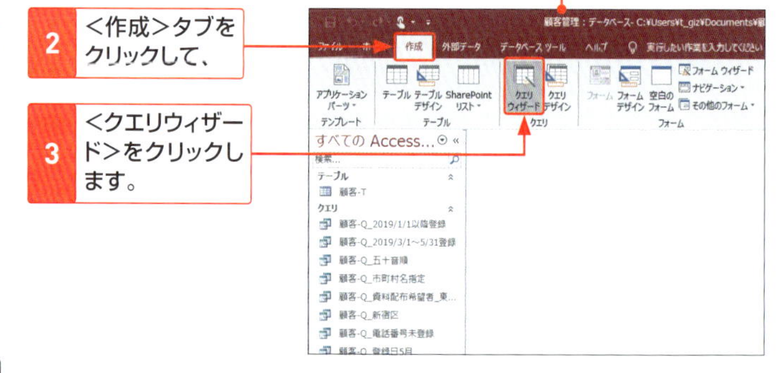

4 <クロス集計クエリウィザード>をクリックして、

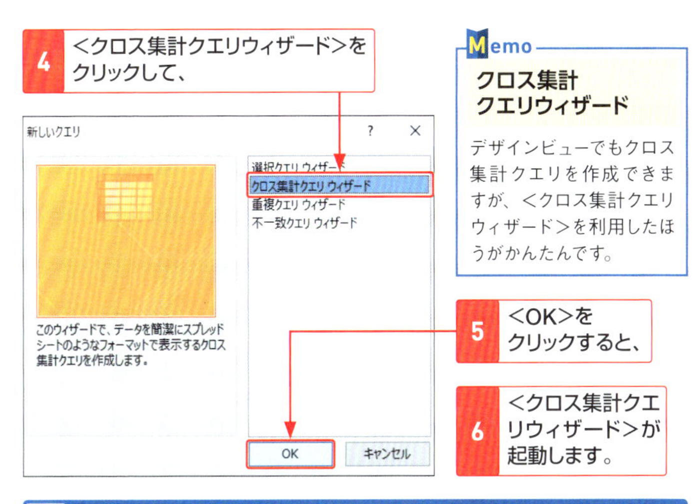

5 <OK>をクリックすると、

6 <クロス集計クエリウィザード>が起動します。

> **Memo**
>
> **クロス集計クエリウィザード**
>
> デザインビューでもクロス集計クエリを作成できますが、<クロス集計クエリウィザード>を利用したほうがかんたんです。

2 クロス集計クエリを作成する

1 <テーブル>がオンになっていることを確認して、

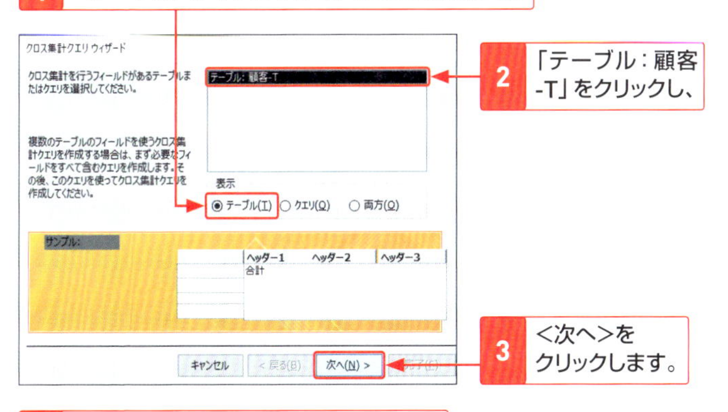

2 「テーブル：顧客-T」をクリックし、

3 <次へ>をクリックします。

4 行見出しに設定するフィールド（ここでは「都道府県」）をクリックして、

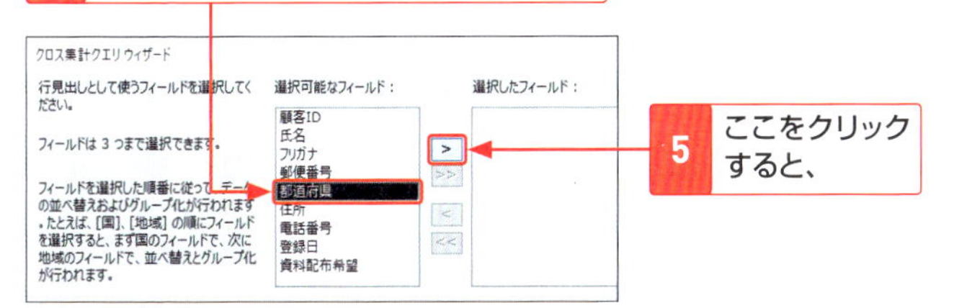

5 ここをクリックすると、

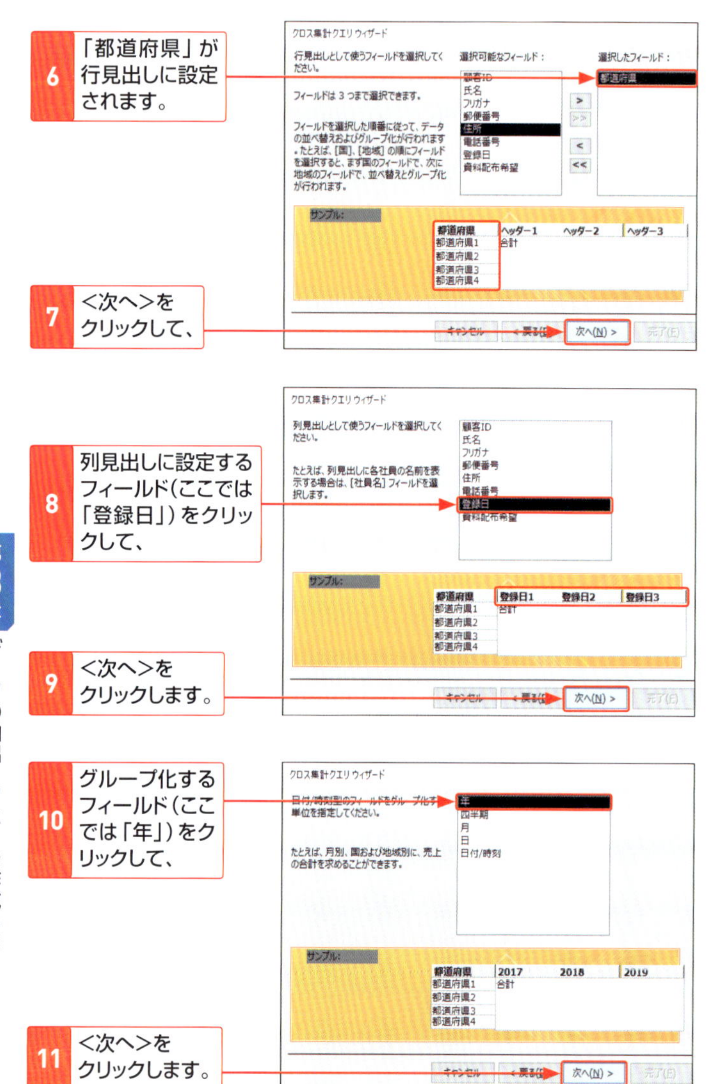

Memo

選択したフィールドの確認

サンプル欄には、行見出しや列見出しとして選択したフィールドが表示されます。

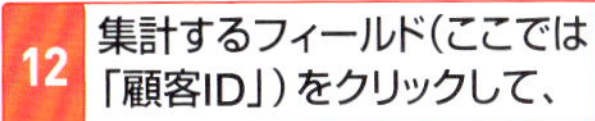

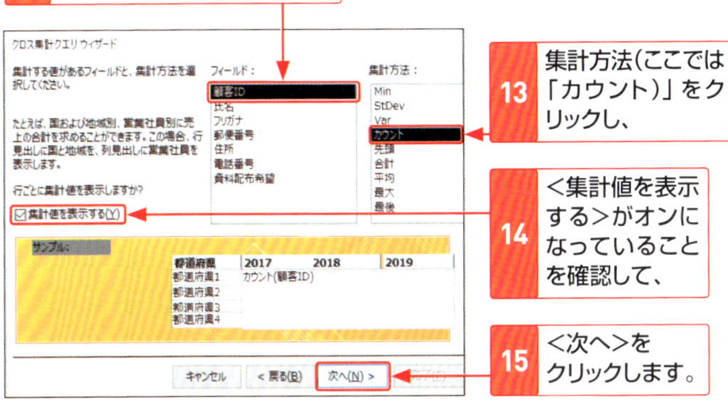

13 集計方法(ここでは「カウント)」をクリックし、

14 <集計値を表示する>がオンになっていることを確認して、

15 <次へ>をクリックします。

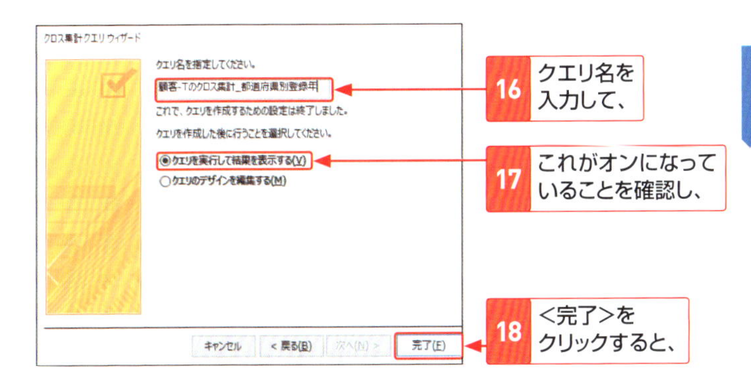

19 クロス集計クエリが作成され、データシートビューで表示されます。

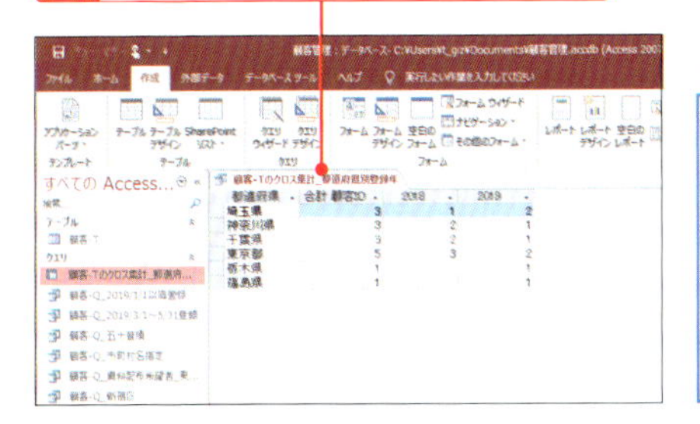

Hint

集計値の表示/非表示

手順14で<集計値を表示する>をオンにすると、行ごとの集計値を表示できます。

同じ条件のデータを集めてテーブルを作ろう

指定した条件に一致したデータを抽出して、新しいテーブルを作成するには、**テーブル作成クエリ**を利用します。はじめに選択クエリを作成して、その結果をテーブルとして保存します。

テーブル作成クエリ

テーブル作成クエリは、条件に一致したデータを抽出して、新しいテーブルを作成するアクションクエリの一種です。ここでは、テーブル「顧客-T」から「登録日」が2018/12/31以前のデータを抽出して、新しいテーブルを作成します。

1 「顧客-T」から「登録日」が2018/12/31以前のデータを抽出して、

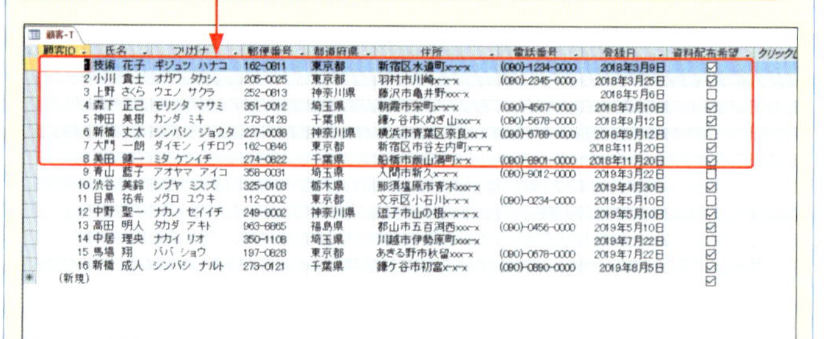

顧客-T

顧客ID	氏名	フリガナ	郵便番号	都道府県	住所	電話番号	登録日	資料配布希望	クリックし
1	技術 花子	ギジュツ ハナコ	162-0811	東京都	新宿区水道町x-x-x	(090)-1234-0000	2018年3月9日	☑	
2	小川 貴士	オガワ タカシ	205-0025	東京都	羽村市川崎x-x-x	(090)-2345-0000	2018年3月25日	☑	
3	上野 さくら	ウエノ サクラ	252-0813	神奈川県	藤沢市亀井野xxx-x		2018年5月6日	☐	
4	森下 正己	モリシタ マサミ	351-0012	埼玉県	朝霞市栄町x-x-x	(090)-4567-0000	2018年7月10日	☑	
5	神田 美樹	カンダ ミキ	273-0128	千葉県	鎌ヶ谷市くぬぎ山xxx-x	(090)-5678-0000	2018年9月12日	☑	
6	新橋 丈太	シンバシ ジョウタ	227-0038	神奈川県	横浜市青葉区奈良xx-x	(090)-6789-0000	2018年9月12日	☐	
7	大門 一朗	ダイモン イチロウ	162-0846	東京都	新宿区市谷左内町x-x-x		2018年11月20日	☑	
8	美田 健一	ミタ ケンイチ	274-0822	千葉県	船橋市飯山満町x-x	(090)-8901-0000	2018年11月20日	☑	
9	青山 藍子	アオヤマ アイコ	358-0031	埼玉県	入間市新久x-x-x	(090)-9012-0000	2019年3月22日	☐	
10	渋谷 美鈴	シブヤ ミスズ	325-0103	栃木県	那須塩原市青木xxx-x		2019年4月30日	☑	
11	目黒 祐希	メグロ ユウキ	112-0002	東京都	文京区小石川x-x-x	(090)-0234-0000	2019年5月10日	☐	
12	中野 聖一	ナカノ セイイチ	249-0002	神奈川県	逗子市山の根x-x-x-x		2019年5月10日	☑	
13	高田 明人	タカダ アキト	963-8865	福島県	郡山市五百淵西xxx-x	(090)-0456-0000	2019年5月10日	☑	
14	中居 理央	ナカイ リオ	350-1108	埼玉県	川越市伊勢原町xxx-x		2019年7月22日	☐	
15	馬場 翔	ババ ショウ	197-0828	東京都	あきる野市秋留xxx-x	(090)-0678-0000	2019年7月22日	☑	
16	新橋 成人	シンバシ ナルト	273-0121	千葉県	鎌ケ谷市初富x-x-x	(090)-0890-0000	2019年8月5日	☑	
(新規)								☑	

2 新しいテーブルを作成します。

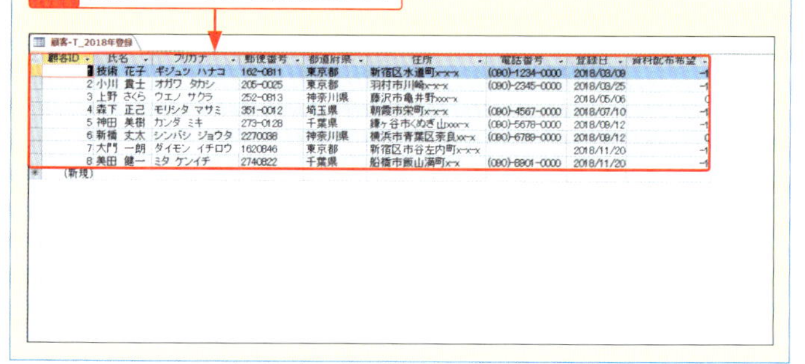

顧客-T_2018年登録

顧客ID	氏名	フリガナ	郵便番号	都道府県	住所	電話番号	登録日	資料配布希望
1	技術 花子	ギジュツ ハナコ	162-0811	東京都	新宿区水道町x-x-x	(090)-1234-0000	2018/03/09	-1
2	小川 貴士	オガワ タカシ	205-0025	東京都	羽村市川崎x-x-x	(090)-2345-0000	2018/03/25	-1
3	上野 さくら	ウエノ サクラ	252-0813	神奈川県	藤沢市亀井野xxx-x		2018/05/06	0
4	森下 正己	モリシタ マサミ	351-0012	埼玉県	朝霞市栄町x-x-x	(090)-4567-0000	2018/07/10	-1
5	神田 美樹	カンダ ミキ	273-0128	千葉県	鎌ヶ谷市くぬぎ山xxx-x	(090)-5678-0000	2018/09/12	-1
6	新橋 丈太	シンバシ ジョウタ	2270038	神奈川県	横浜市青葉区奈良xx-x	(090)-6789-0000	2018/09/12	0
7	大門 一朗	ダイモン イチロウ	1620846	東京都	新宿区市谷左内町x-x-x		2018/11/20	-1
8	美田 健一	ミタ ケンイチ	2740822	千葉県	船橋市飯山満町x-x	(090)-8901-0000	2018/11/20	-1
(新規)								

1 選択クエリを作成する

1 テーブル「顧客-T」をフィールドリストに追加して、すべてのフィールドをデザイングリッドに追加します（Sec.26参照）。

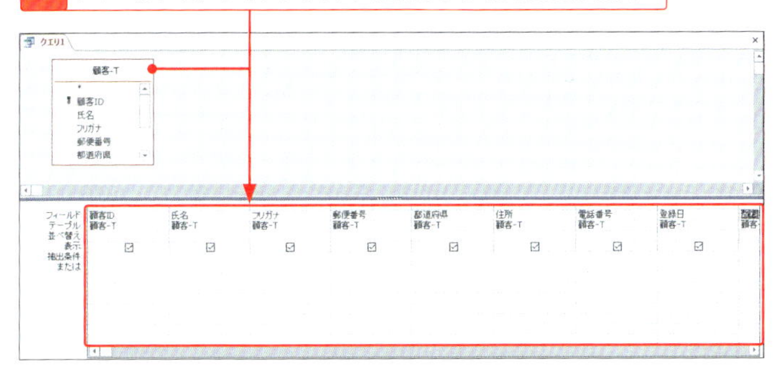

2 「登録日」フィールドの＜抽出条件＞欄をクリックして「<2018/12/31」と入力し、Enter を押します。

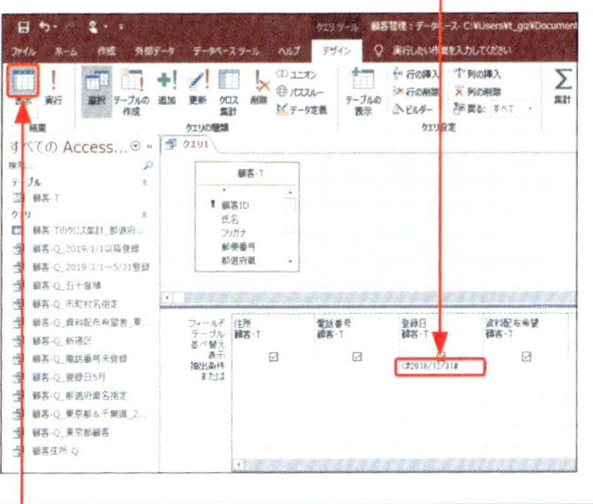

3 ＜デザイン＞タブの＜表示＞をクリックして、

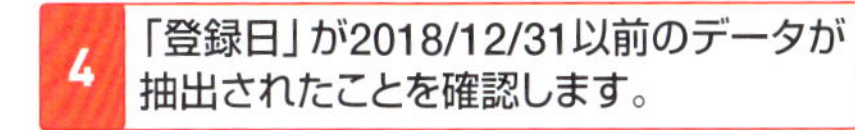

4 「登録日」が2018/12/31以前のデータが抽出されたことを確認します。

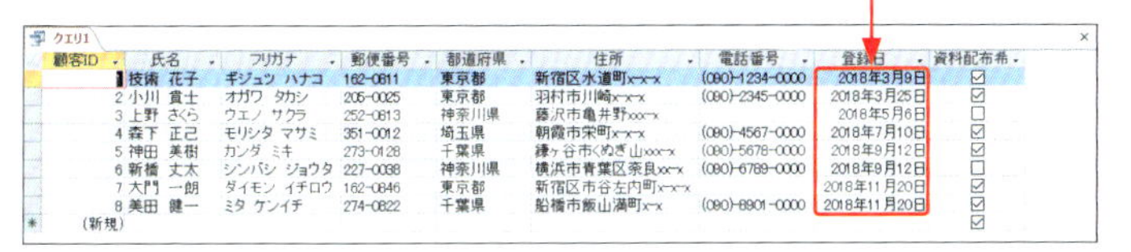

顧客ID	氏名	フリガナ	郵便番号	都道府県	住所	電話番号	登録日	資料配布希
1	技術 花子	ギジュツ ハナコ	162-0811	東京都	新宿区水道町x-x-x	(090)-1234-0000	2018年3月9日	☑
2	小川 貴士	オガワ タカシ	205-0025	東京都	羽村市川崎x-x-x	(090)-2345-0000	2018年3月25日	☑
3	上野 さくら	ウエノ サクラ	252-0813	神奈川県	藤沢市亀井野xxx-x		2018年5月6日	☐
4	森下 正己	モリシタ マサミ	351-0012	埼玉県	朝霞市栄町x-x-x	(090)-4567-0000	2018年7月10日	☑
5	神田 美樹	カンダ ミキ	273-0128	千葉県	鎌ケ谷市くぬぎ山xxx-x	(090)-5678-0000	2018年9月12日	☑
6	新橋 丈太	シンバシ ジョウタ	227-0038	神奈川県	横浜市青葉区奈良xx-x	(090)-6789-0000	2018年9月12日	☐
7	大門 一朗	ダイモン イチロウ	162-0846	東京都	新宿区市谷左内町x-x-x		2018年11月20日	☑
8	美田 健一	ミタ ケンイチ	274-0822	千葉県	船橋市飯山満町x-x	(090)-8901-0000	2018年11月20日	☑
(新規)								☑

Memo

選択クエリの実行

手順3では、＜実行＞をクリックしても確認できますが、アクションクエリは、一度実行するともとには戻せません。間違えて操作しないように、＜表示＞で実行結果を確認し、＜実行＞でアクションクエリを実行します。

2 クエリをテーブル作成クエリに変換する

1 <ホーム>タブの<表示>をクリックして、

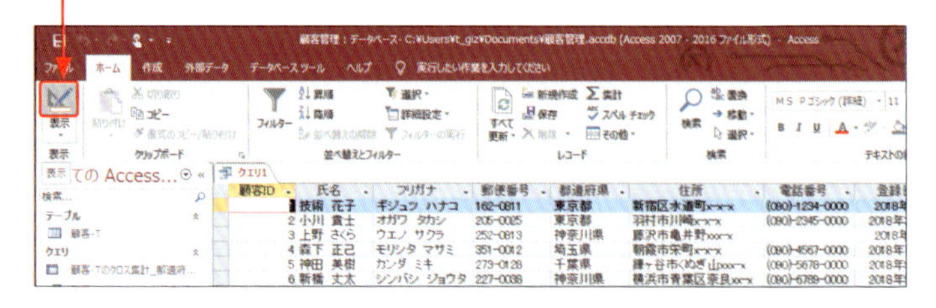

2 <デザイン>タブの<テーブルの作成>をクリックします。

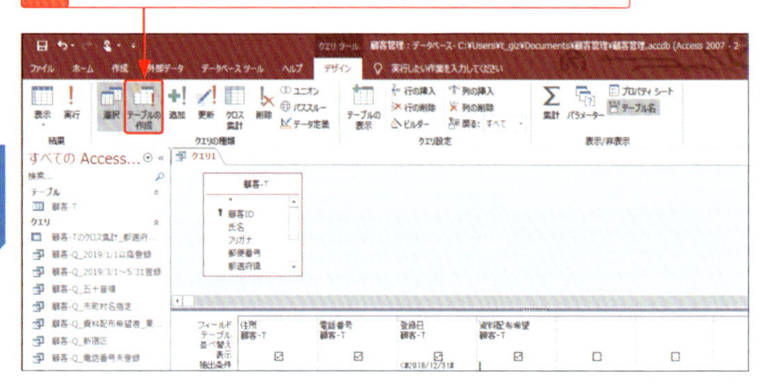

3 テーブルに付ける名前を入力して、

4 <カレントデータベース>がオンになっていることを確認し、

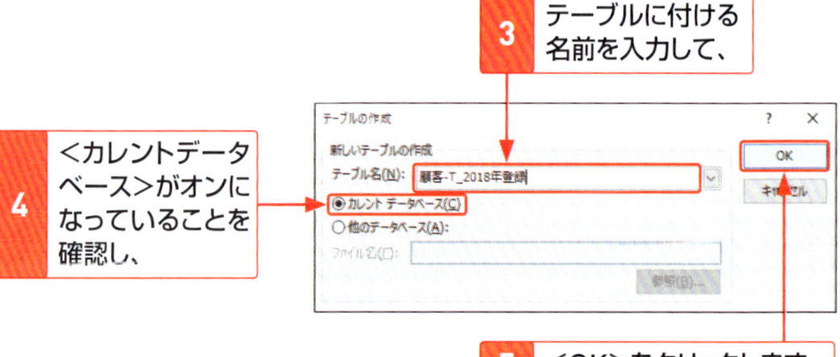

5 <OK>をクリックします。

Hint テーブルの作成先

手順**4**で<カレントデータベース>を選択すると、作業中のデータベースにテーブルが保存されます。

3 テーブル作成クエリを実行する

1 <デザイン>タブの<実行>をクリックすると、

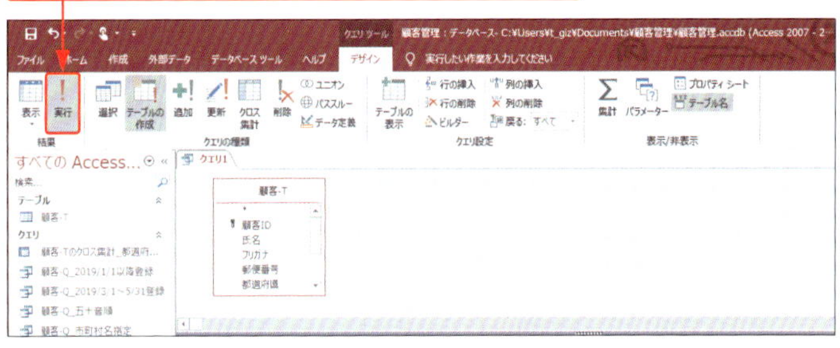

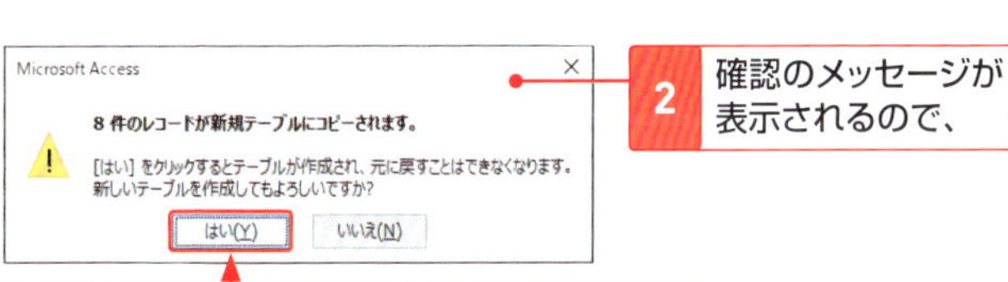

2 確認のメッセージが表示されるので、

3 <はい>をクリックすると、クエリの実行結果がテーブルとして保存されます。

4 ナビゲーションウィンドウで、作成したテーブルをダブルクリックすると、

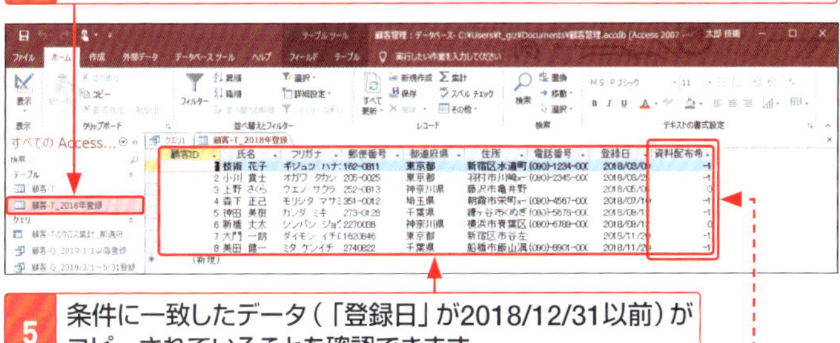

5 条件に一致したデータ(「登録日」が2018/12/31以前)がコピーされていることを確認できます。

Yes/No型のフィールドは、Yesが「-1」、Noが「0」と表示されます。

Memo

テーブル作成クエリの保存

P.125で作成した、テーブル作成クエリに変換する前のクエリを選択クエリのまま残しておきたい場合は、名前を付けて保存します。

データをまとめて更新しよう

テーブルのデータをまとめて更新する場合は、**更新クエリ**を利用すると便利です。更新クエリを利用すると、指定した条件に一致するデータをまとめて更新できます。

更新クエリ

更新クエリは、条件に一致するテーブルのデータをまとめて変更するクエリです。ここでは、テーブル「顧客_T」の「資料配布希望」がオフのデータをオンに切り替えます。

1 「顧客-T」の「資料配布希望」フィールドがオフのレコードを、

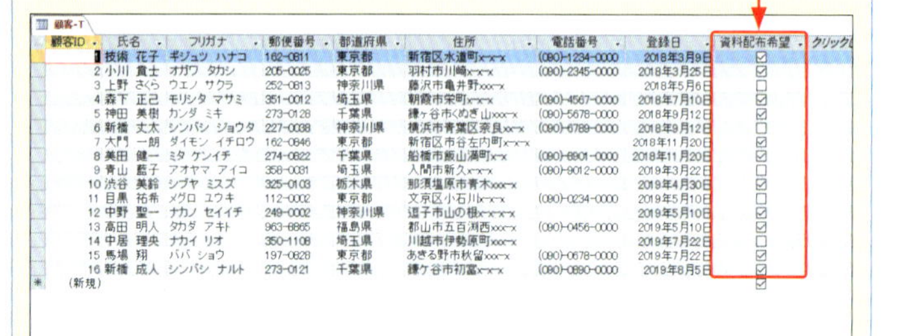

顧客-T

顧客ID	氏名	フリガナ	郵便番号	都道府県	住所	電話番号	登録日	資料配布希望	クリック
1	技術 花子	ギジュツ ハナコ	162-0811	東京都	新宿区水道町x-x-x	(080)-1234-0000	2018年3月9日	☑	
2	小川 貴士	オガワ タカシ	205-0025	東京都	羽村市川崎x-x-x	(080)-2345-0000	2018年3月25日	☑	
3	上野 さくら	ウエノ サクラ	252-0813	神奈川県	藤沢市亀井野xxx-x		2018年5月6日	☐	
4	森下 正己	モリシタ マサミ	351-0012	埼玉県	朝霞市栄町x-x-x	(080)-4567-0000	2018年7月10日	☑	
5	神田 美樹	カンダ ミキ	273-0128	千葉県	鎌ヶ谷市くぬぎ山xxx-x	(080)-5678-0000	2018年9月12日	☑	
6	新橋 丈太	シンバシ ジョウタ	227-0038	神奈川県	横浜市青葉区奈良xx-x	(080)-6789-0000	2018年9月12日	☐	
7	大門 一朗	ダイモン イチロウ	162-0846	東京都	新宿区市谷左内町x-x-x		2018年11月20日	☑	
8	美田 健一	ミタ ケンイチ	274-0822	千葉県	船橋市飯山満町x-x	(080)-8901-0000	2018年11月20日	☑	
9	青山 藍子	アオヤマ アイコ	358-0031	埼玉県	入間市新久x-x-x	(080)-9012-0000	2019年3月22日	☐	
10	渋谷 美鈴	シブヤ ミスズ	325-0103	栃木県	那須塩原市青木xxx-x		2019年4月30日	☑	
11	目黒 祐希	メグロ ユウキ	112-0002	東京都	文京区小石川x-x-x	(080)-0234-0000	2019年5月10日	☐	
12	中野 聖一	ナカノ セイイチ	249-0002	神奈川県	逗子市山の根x-x-x-x		2019年5月10日	☑	
13	高田 明人	タカダ アキト	963-8865	福島県	郡山市五百淵西xxx-x	(080)-0456-0000	2019年5月10日	☑	
14	中居 理央	ナカイ リオ	350-1108	埼玉県	川越市伊勢原町xxx-x		2019年7月22日	☐	
15	馬場 翔	ババ ショウ	197-0828	東京都	あきる野市秋留xxx-x	(080)-0678-0000	2019年7月22日	☑	
16	新橋 成人	シンバシ ナルト	273-0121	千葉県	鎌ケ谷市初富x-x-x	(080)-0890-0000	2019年8月5日	☑	
（新規）								☑	

2 まとめてオンに切り替えます。

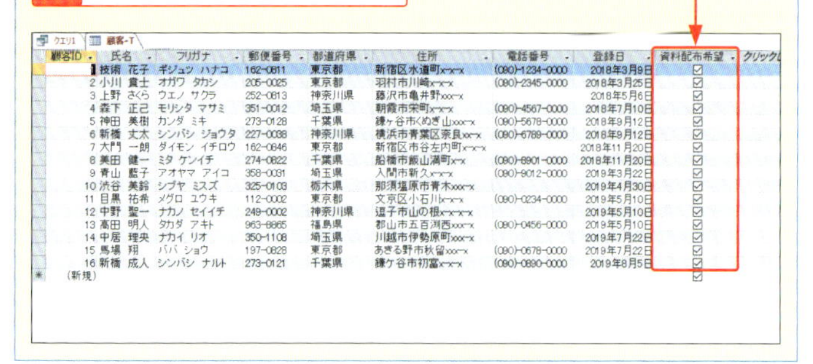

クエリ1　顧客-T

顧客ID	氏名	フリガナ	郵便番号	都道府県	住所	電話番号	登録日	資料配布希望	クリック
1	技術 花子	ギジュツ ハナコ	162-0811	東京都	新宿区水道町x-x-x	(080)-1234-0000	2018年3月9日	☑	
2	小川 貴士	オガワ タカシ	205-0025	東京都	羽村市川崎x-x-x	(080)-2345-0000	2018年3月25日	☑	
3	上野 さくら	ウエノ サクラ	252-0813	神奈川県	藤沢市亀井野xxx-x		2018年5月6日	☑	
4	森下 正己	モリシタ マサミ	351-0012	埼玉県	朝霞市栄町x-x-x	(080)-4567-0000	2018年7月10日	☑	
5	神田 美樹	カンダ ミキ	273-0128	千葉県	鎌ヶ谷市くぬぎ山xxx-x	(080)-5678-0000	2018年9月12日	☑	
6	新橋 丈太	シンバシ ジョウタ	227-0038	神奈川県	横浜市青葉区奈良xx-x	(080)-6789-0000	2018年9月12日	☑	
7	大門 一朗	ダイモン イチロウ	162-0846	東京都	新宿区市谷左内町x-x-x		2018年11月20日	☑	
8	美田 健一	ミタ ケンイチ	274-0822	千葉県	船橋市飯山満町x-x	(080)-8901-0000	2018年11月20日	☑	
9	青山 藍子	アオヤマ アイコ	358-0031	埼玉県	入間市新久x-x-x	(080)-9012-0000	2019年3月22日	☑	
10	渋谷 美鈴	シブヤ ミスズ	325-0103	栃木県	那須塩原市青木xxx-x		2019年4月30日	☑	
11	目黒 祐希	メグロ ユウキ	112-0002	東京都	文京区小石川x-x-x	(080)-0234-0000	2019年5月10日	☑	
12	中野 聖一	ナカノ セイイチ	249-0002	神奈川県	逗子市山の根x-x-x-x		2019年5月10日	☑	
13	高田 明人	タカダ アキト	963-8865	福島県	郡山市五百淵西xxx-x	(080)-0456-0000	2019年5月10日	☑	
14	中居 理央	ナカイ リオ	350-1108	埼玉県	川越市伊勢原町xxx-x		2019年7月22日	☑	
15	馬場 翔	ババ ショウ	197-0828	東京都	あきる野市秋留xxx-x	(080)-0678-0000	2019年7月22日	☑	
16	新橋 成人	シンバシ ナルト	273-0121	千葉県	鎌ケ谷市初富x-x-x	(080)-0890-0000	2019年8月5日	☑	
（新規）								☑	

1 選択クエリを作成する

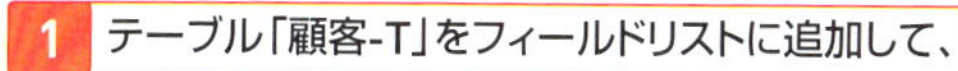

1 テーブル「顧客-T」をフィールドリストに追加して、

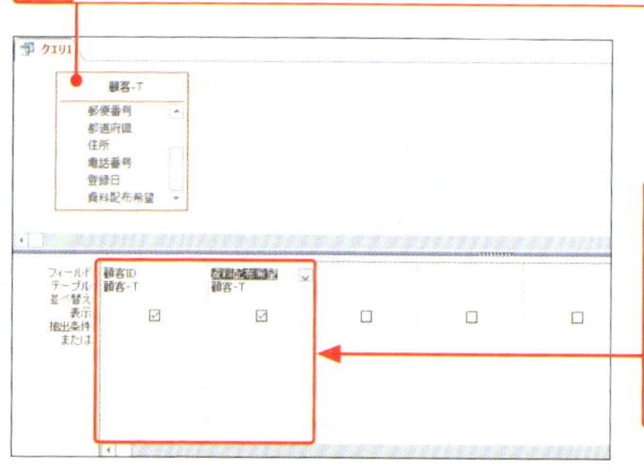

2 「顧客ID」フィールドと「資料配布希望」フィールドだけをデザイングリッドに追加します（Sec.25参照）。

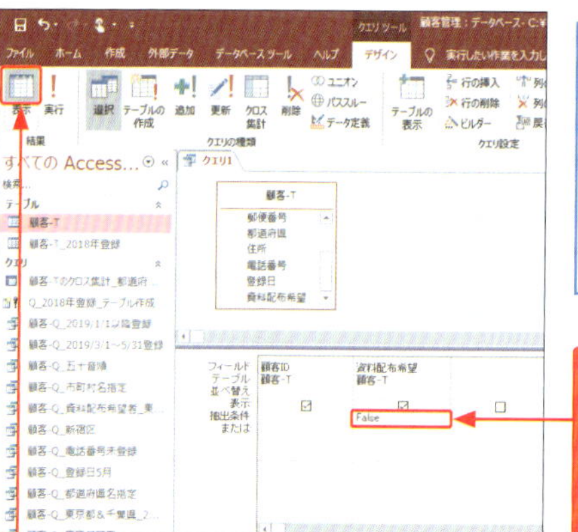

Memo

抽出条件の入力

<抽出条件>には、「資料配布希望」フィールドのデータがオフのレコードだけを抽出するために「False」と入力しています。

3 「資料配布希望」フィールドの<抽出条件>欄をクリックして、「False」と入力します。

4 <デザイン>タブの<表示>をクリックして、

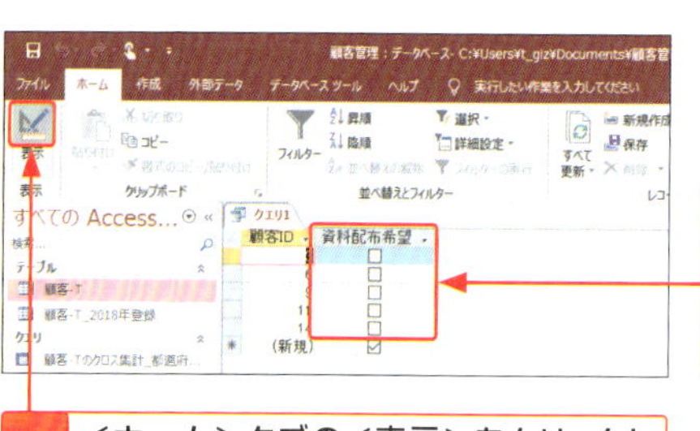

5 「資料配布希望」がオフのデータが抽出されたことを確認します。

6 <ホーム>タブの<表示>をクリックして、デザインビューに切り替えます。

2 選択クエリを更新クエリに変換する

1 <デザイン>タブの<更新>をクリックすると、

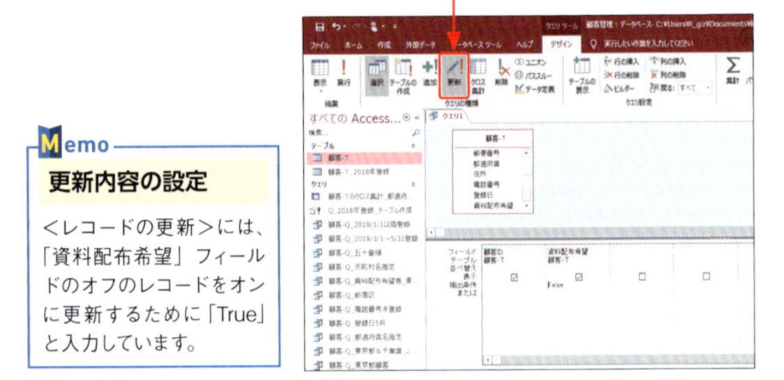

Memo

更新内容の設定

<レコードの更新>には、「資料配布希望」フィールドのオフのレコードをオンに更新するために「True」と入力しています。

2 <レコードの更新>行が表示されるので、

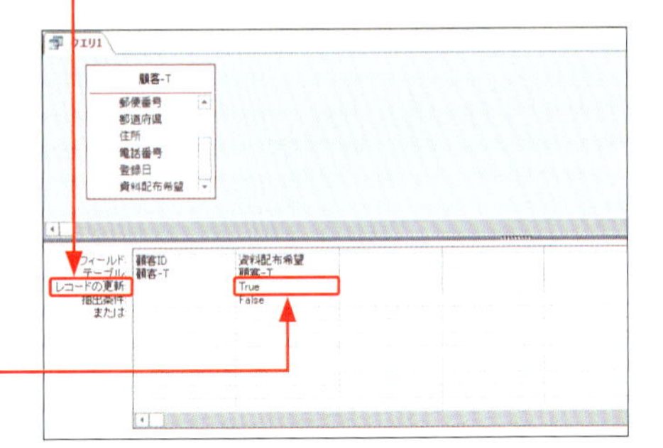

3 「True」と入力します。

Hint

バックアップを作成しておく

更新クエリや削除クエリなどのアクションクエリで変更したデータは、もとに戻すことができません。これらのクエリを実行する前に、テーブルのバックアップを取っておきましょう。ナビゲーションウィンドウでテーブルをクリックして、<ホーム>タブの<コピー>をクリックします。続いて<貼り付け>をクリックし、表示されるダイアログボックスでテーブル名を入力して、<OK>をクリックします。

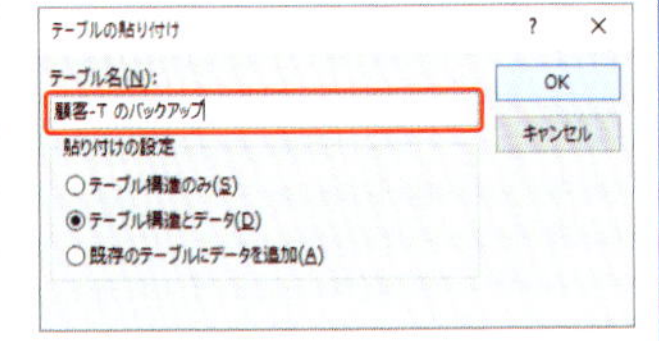

3 更新クエリを実行する

1 <デザイン>タブの<実行>をクリックすると、

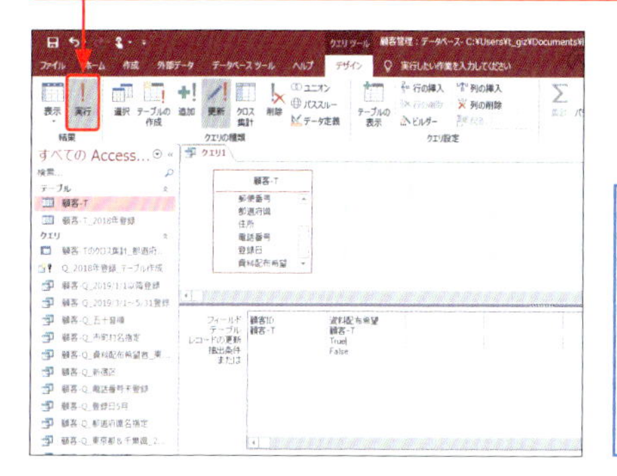

> **Memo**
>
> **更新クエリの保存**
>
> P.129で作成した、更新クエリに変換する前のクエリを選択クエリのまま残しておきたい場合は、名前を付けて保存します。

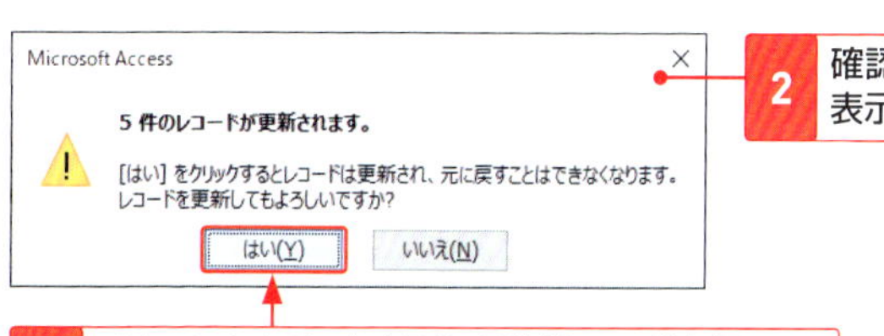

2 確認のメッセージが表示されるので、

3 <はい>をクリックすると、更新クエリが実行され、テーブルのデータが更新されます。

4 ナビゲーションウィンドウの「顧客-T」をダブルクリックすると、

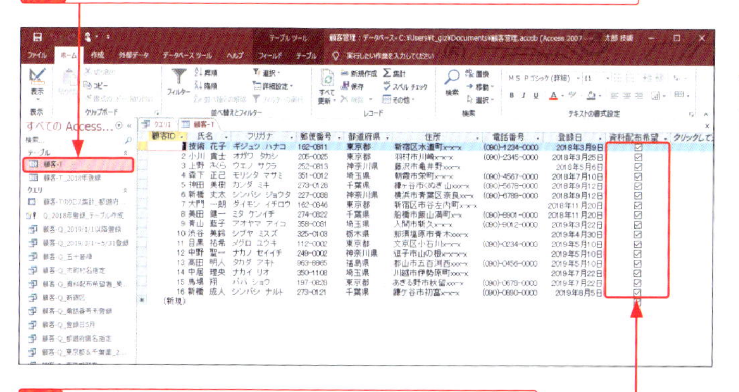

5 「資料配布希望」フィールドのデータが更新されて、すべてオンになっていることを確認できます。

不要なデータをまとめて削除しよう

指定した条件に一致するレコードをテーブルからまとめて削除するには、**削除クエリ**を利用します。削除クエリで削除したレコードはもとに戻せないので、注意が必要です。

■削除クエリ

削除クエリは、条件に一致したレコードをテーブルからまとめて削除するクエリです。ここでは、テーブル「顧客-T」の「登録日」が2018年3/31以前のデータを削除します。

「顧客-T」の「登録日」が2018年3/31以前のデータを削除します。

顧客-T

顧客ID	氏名	フリガナ	郵便番号	都道府県	住所	電話番号	登録日	資料配布希望	クリックして追加
1	技術 花子	ギジュツ ハナコ	162-0811	東京都	新宿区水道町x-x-x	(090)-1234-0000	2018年3月9日	☑	
2	小川 貴士	オガワ タカシ	205-0025	東京都	羽村市川崎x-x-x	(090)-2345-0000	2018年3月25日	☑	
3	上野 さくら	ウエノ サクラ	[illegible]	神奈川県	藤沢市亀井野xxx-x		[illegible]	☑	
4	森下 正己	モリシタ マサミ	351-0012	埼玉県	朝霞市栄町x-x-x	(090)-4567-0000	2018年7月10日	☑	
5	神田 美樹	カンダ ミキ	273-0128	千葉県	鎌ヶ谷市くぬぎ山xxx-x	(090)-5678-0000	2018年9月12日	☑	
6	新橋 丈太	シンバシ ジョウタ	227-0038	神奈川県	横浜市青葉区奈良xx-x	(090)-6789-0000	2018年9月12日	☑	
7	大門 一朗	ダイモン イチロウ	162-0846	東京都	新宿区市谷左内町x-x-x		2018年11月20日	☑	
8	美田 健一	ミタ ケンイチ	274-0822	千葉県	船橋市飯山満町x-x	(090)-8901-0000	2018年11月20日	☑	
9	青山 藍子	アオヤマ アイコ	358-0031	埼玉県	入間市新久x-x-x	(090)-9012-0000	2019年3月22日	☑	
10	渋谷 美鈴	シブヤ ミスズ	325-0103	栃木県	那須塩原市青木xxx-x		2019年4月30日	☑	
11	目黒 祐希	メグロ ユウキ	112-0002	東京都	文京区小石川x-x-x	(090)-0234-0000	2019年5月10日	☑	
12	中野 聖一	ナカノ セイイチ	249-0002	神奈川県	逗子市山の根x-x-x-x		2019年5月10日	☑	
13	高田 明人	タカダ アキト	963-8865	福島県	郡山市五百渕西xxx-x	(090)-0456-0000	2019年5月10日	☑	
14	中居 理央	ナカイ リオ	350-1108	埼玉県	川越市伊勢原町xxx-x		2019年7月22日	☑	
15	馬場 翔	ババ ショウ	197-0828	東京都	あきる野市秋留xxx-x	(090)-0678-0000	2019年7月22日	☑	
16	新橋 成人	シンバシ ナルト	273-0121	千葉県	鎌ケ谷市初富x-x-x	(090)-0890-0000	2019年8月5日	☑	
(新規)								☑	

1 選択クエリを作成する

1 テーブル「顧客-T」をフィールドリストに追加して、すべてのフィールドをデザイングリッドに追加します（Sec.26参照）。

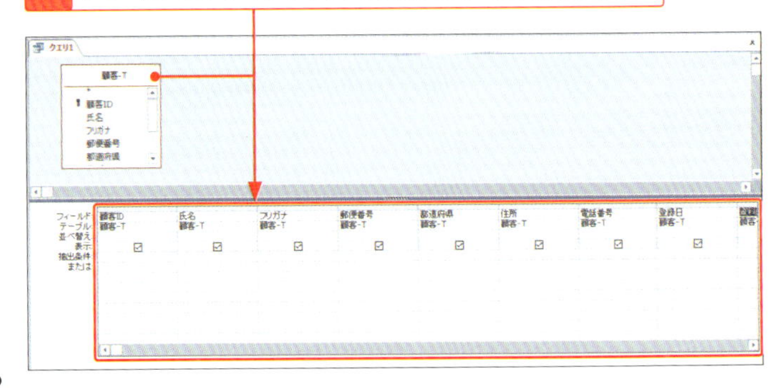

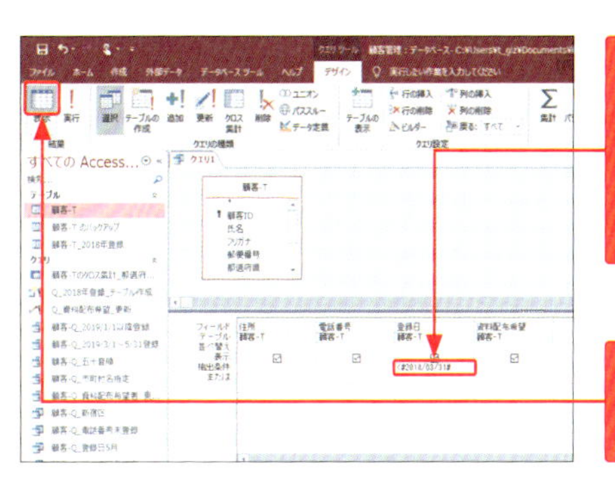

2 「登録日」フィールドの<抽出条件>欄をクリックして「<2018/3/31」と入力し、Enterを押します。

3 <デザイン>タブの<表示>をクリックして、

4 「登録日」が2018/3/31以前のデータが抽出されたことを確認します。

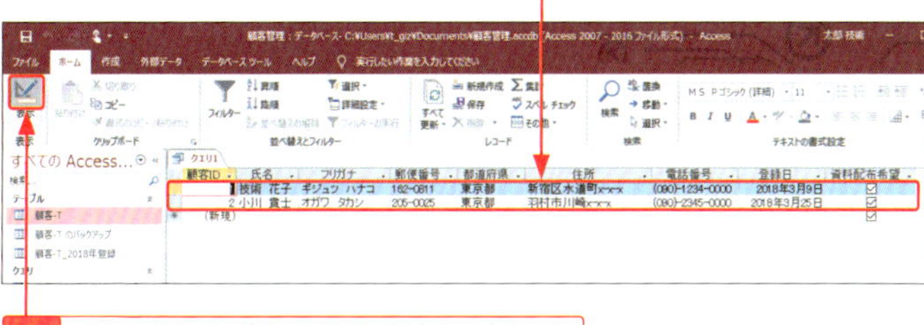

5 <ホーム>タブの<表示>をクリックして、デザインビューに切り替えます。

2 クエリを削除クエリに変換して実行する

1 <デザイン>タブの<削除>をクリックすると、

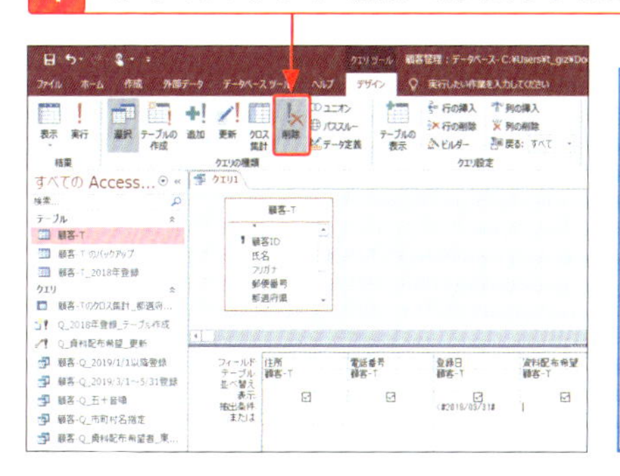

Hint

バックアップを作成しておく

削除クエリで削除したデータはもとに戻すことができません。削除クエリを実行する前に、テーブルのバックアップを取っておきましょう（P.130のHint参照）。

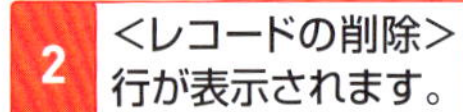

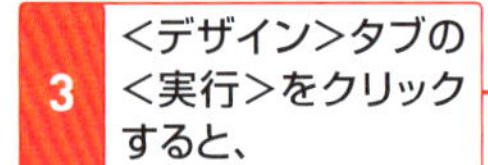

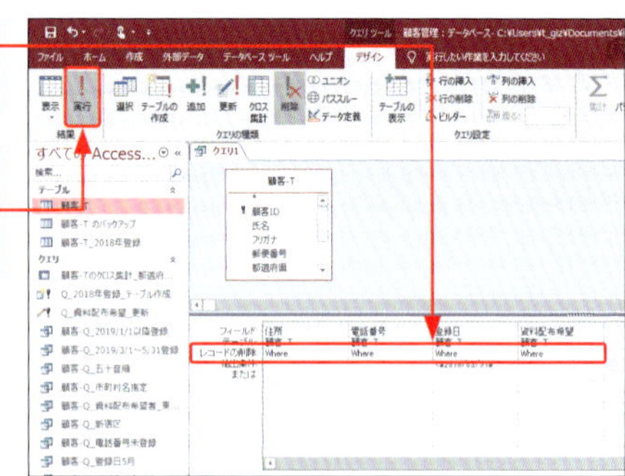

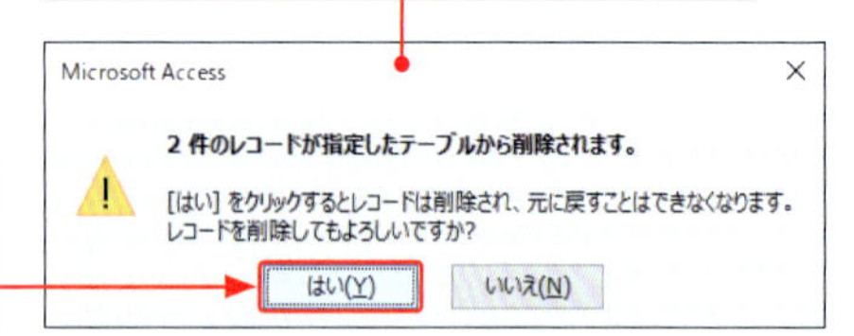

5 <はい>をクリックすると、削除クエリが実行されます。

6 テーブル「顧客-T」をダブルクリックすると、

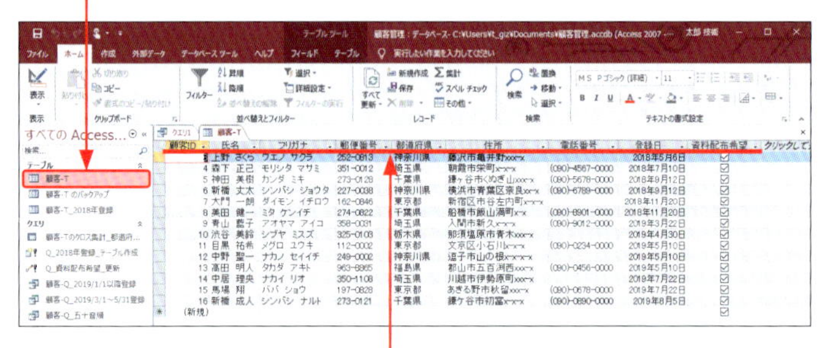

7 条件に一致したデータ(「登録日」が2018/3/31以前)が削除されていることを確認できます。

Hint

オートナンバー型の数値の欠番

オートナンバー型のフィールドがあるレコードを削除すると、そのフィールドの数値は欠番になってしまいます。番号を振り直して欠番を埋める方法については、次ページのStepUpを参照してください。

StepUp

オートナンバー型の欠番を埋める

オートナンバー型のフィールドがあるレコードを削除すると、そのフィールドの数値が欠番になってしまいます。この場合は、テーブルをデザインビューで表示して、以下の手順で操作すると番号が振り直され、欠番がなくなります。

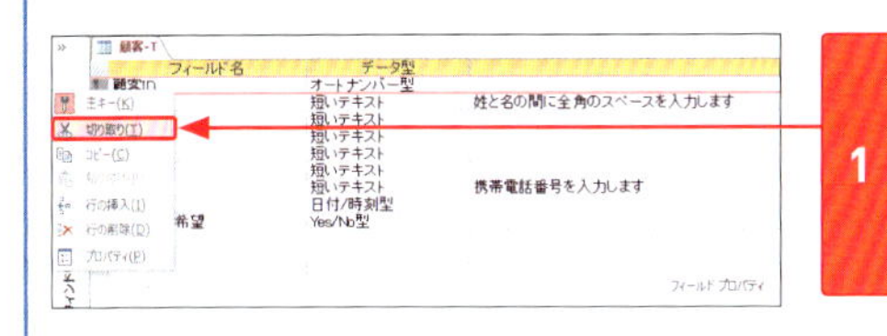

1 オートナンバー型の行セレクターを右クリックして、<切り取り>をクリックし、

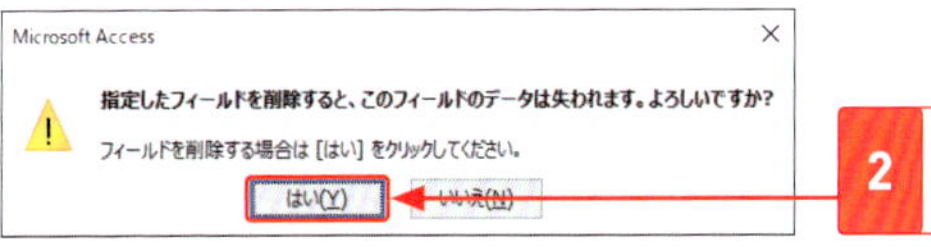

2 <はい>をクリックして、

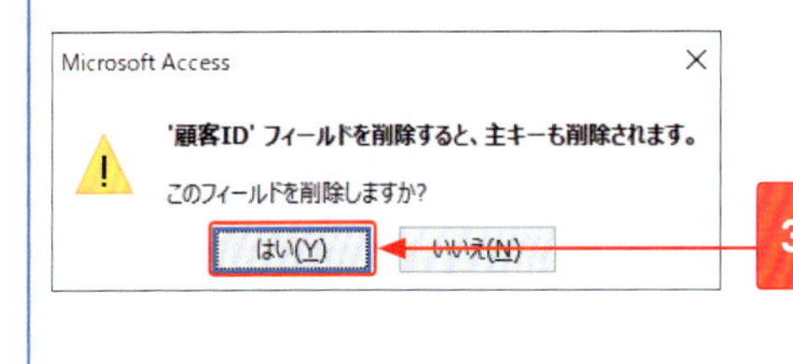

3 <はい>をクリックします。

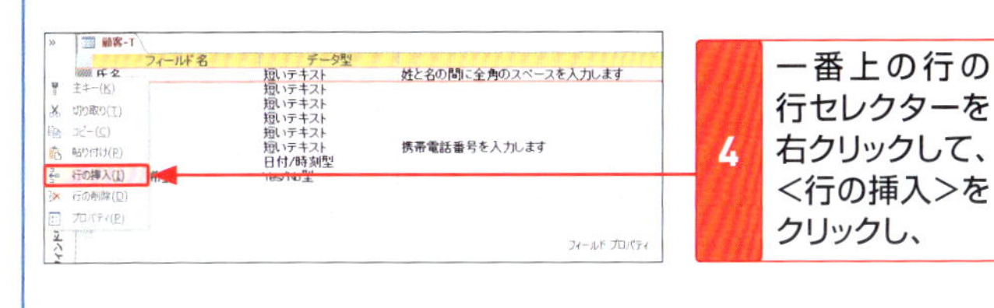

4 一番上の行の行セレクターを右クリックして、<行の挿入>をクリックし、

5 新しく挿入された行の行セレクターを右クリックして、<貼り付け>をクリックします。

クエリでデータを検索・置換しよう

テーブルと同様に、クエリでも検索と置換を利用できます。クエリで置換したデータは、テーブルやほかのクエリにも反映されます。**クエリのデータシートビュー**を表示して実行します。

1 データを検索する

ここでは、レコードを検索してデータを置換します。

1 クエリ「顧客住所-Q」をダブルクリックすると、

2 クエリがデータシートビューで表示されます。

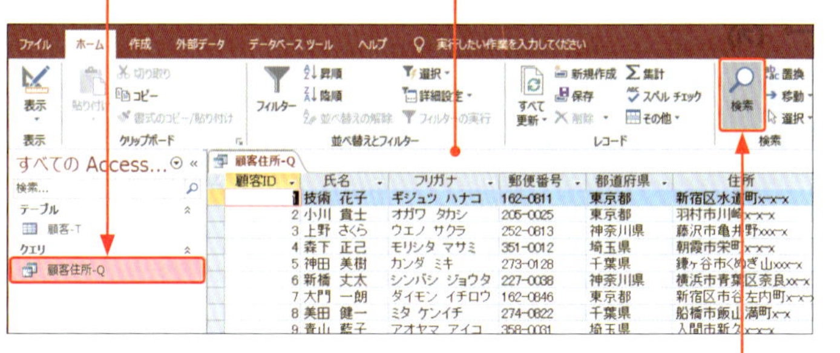

3 <ホーム>タブの<検索>をクリックして、

4 検索する文字を入力します。

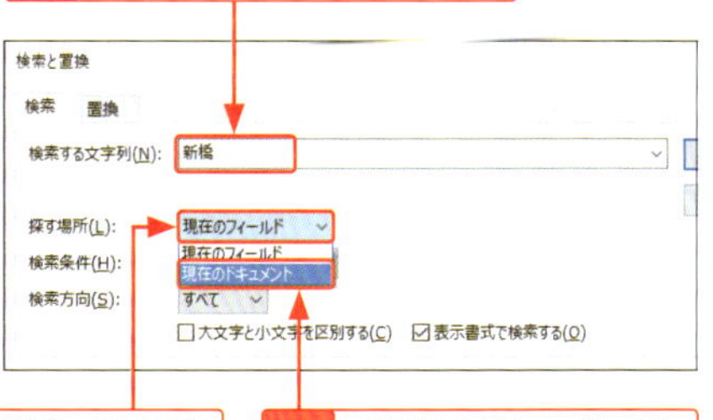

5 <探す場所>のここをクリックして、

6 <現在のドキュメント>をクリックします。

Hint <探す場所>を指定して検索する

<探す場所>で<現在のフィールド>を選択した場合は、現在カーソルがあるフィールド内で検索が行われます。

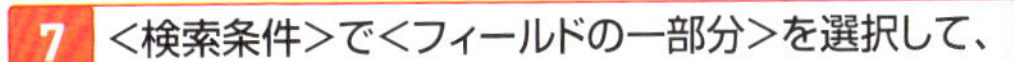

7 <検索条件>で<フィールドの一部分>を選択して、

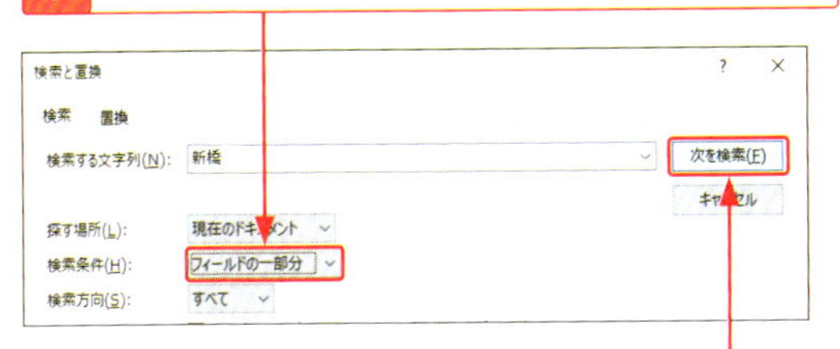

8 <次を検索>をクリックすると、

9 一致する文字列が検索されます。

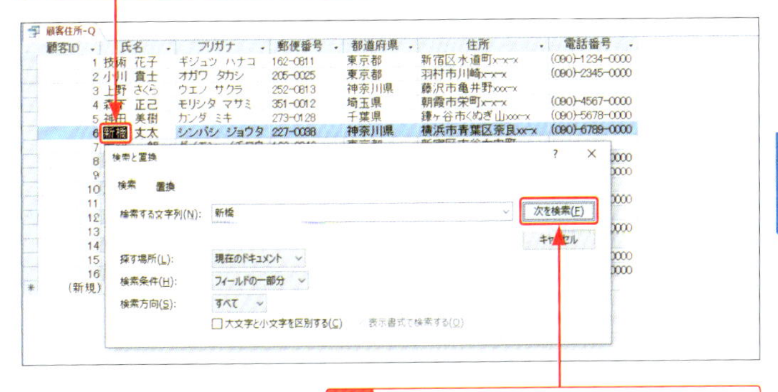

10 さらに、<次を検索>をクリックすると、

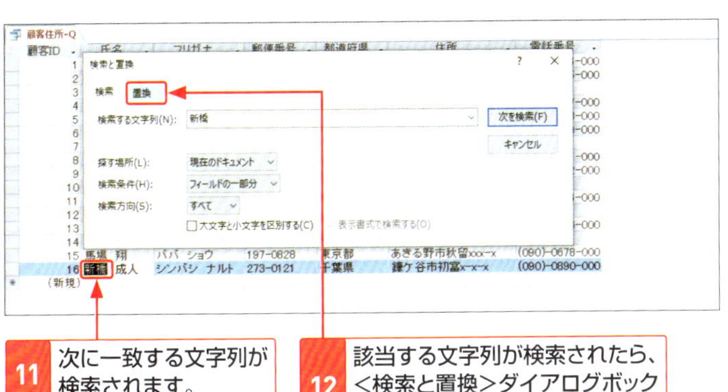

11 次に一致する文字列が検索されます。

12 該当する文字列が検索されたら、<検索と置換>ダイアログボックスの<置換>をクリックします。

2 データを置換する

1 <置換後の文字列>に置換後の文字を入力して、

2 <置換>をクリックすると、

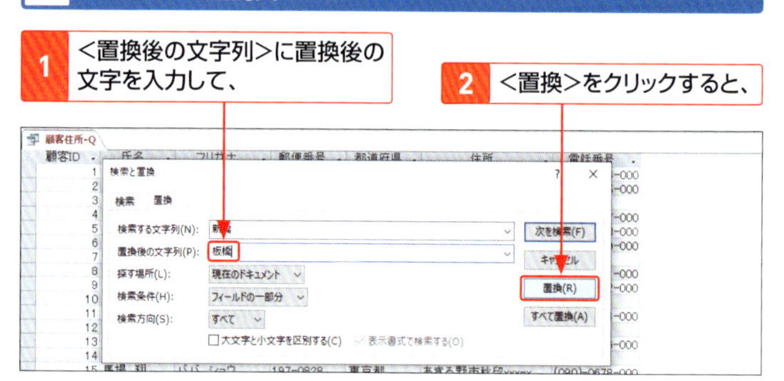

3 指定した文字に置き換えられます。

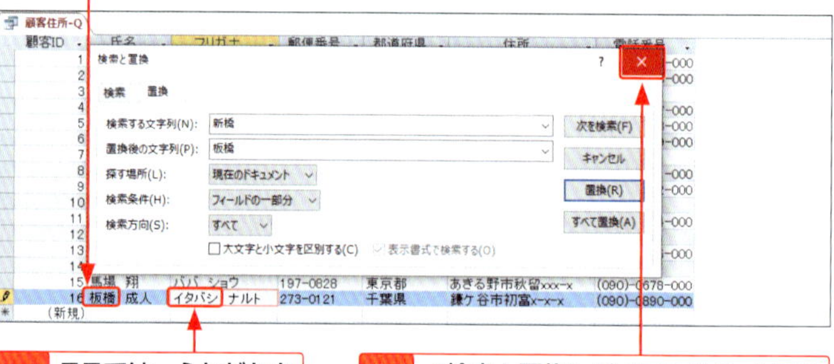

4 ここでは、ふりがなを変更して、

5 <検索と置換>ダイアログボックスの<閉じる>をクリックします。

6 クエリ「顧客住所-Q」を閉じて、テーブル「顧客-T」を表示すると、

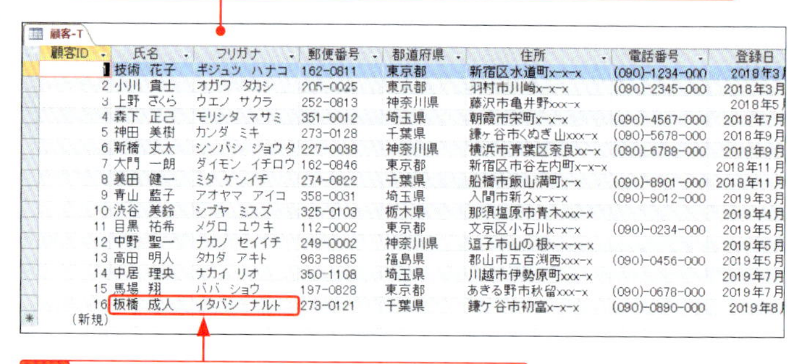

顧客-T

顧客ID	氏名	フリガナ	郵便番号	都道府県	住所	電話番号	登録日
1	技術 花子	ギジュツ ハナコ	162-0811	東京都	新宿区水道町x-x-x	(090)-1234-000	2018年3
2	小川 貴士	オガワ タカシ	205-0025	東京都	羽村市川崎x-x-x	(090)-2345-000	2018年3月
3	上野 さくら	ウエノ サクラ	252-0813	神奈川県	藤沢市亀井野xxx-x		2018年5
4	森下 正己	モリシタ マサミ	351-0012	埼玉県	朝霞市栄町x-x-x	(090)-4567-000	2018年7月
5	神田 美樹	カンダ ミキ	273-0128	千葉県	鎌ケ谷市くぬぎ山xxx-x	(090)-5678-000	2018年9月
6	新橋 丈太	シンバシ ジョウタ	227-0038	神奈川県	横浜市青葉区奈良xx-x	(090)-6789-000	2018年9月
7	大門 一朗	ダイモン イチロウ	162-0846	東京都	新宿区市谷左内町x-x-x		2018年11月
8	美田 健一	ミタ ケンイチ	274-0822	千葉県	船橋市飯山満町x-x	(090)-8901-000	2018年11月
9	青山 藍子	アオヤマ アイコ	358-0031	埼玉県	入間市新久x-x-x	(090)-9012-000	2019年3月
10	渋谷 美鈴	シブヤ ミスズ	325-0103	栃木県	那須塩原市青木xxx-x		2019年4月
11	目黒 祐希	メグロ ユウキ	112-0002	東京都	文京区小石川x-x-x	(090)-0234-000	2019年5月
12	中野 聖一	ナカノ セイイチ	249-0002	神奈川県	逗子市山の根x-x-x-x		2019年5月
13	高田 明人	タカダ アキト	963-8865	福島県	郡山市五百渕西xxx-x	(090)-0456-000	2019年5月
14	中居 理央	ナカイ リオ	350-1108	埼玉県	川越市伊勢原町xxx-x		2019年7月
15	馬場 翔	ババ ショウ	197-0828	東京都	あきる野市秋留xxx-x	(090)-0678-000	2019年7月
16	板橋 成人	イタバシ ナルト	273-0121	千葉県	鎌ケ谷市初富x-x-x	(090)-0890-000	2019年8
(新規)							

7 変更が反映されていることが確認できます。

第3章 データの抽出～クエリを作成しよう

第4章

データの印刷
～レポートを作成しよう

レポートのしくみを知ろう

レポートは、テーブルやクエリのレコードを見やすくレイアウトして、印刷するためのオブジェクトです。フィールドを自由にレイアウトでき、宛名ラベルなどの印刷もかんたんにできます。

1 レポートの役割

レポートは、テーブルのデータを一覧で印刷したり、クエリで抽出したレコードを印刷したりするためのオブジェクトです。単純な一覧表だけではなく、宛名ラベルや請求書、納品書、はがきの宛名なども作成することができます。

クエリ

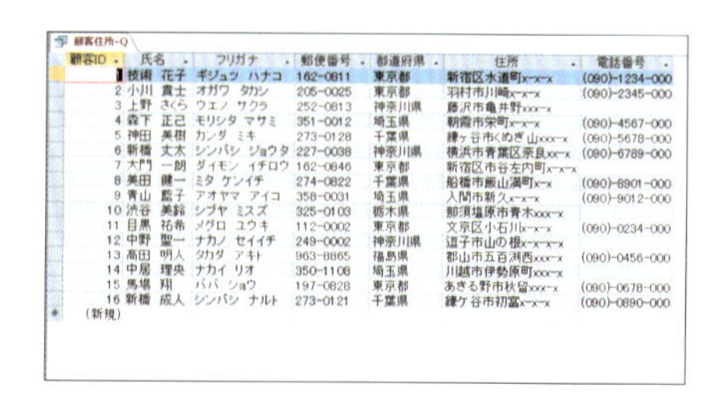

顧客住所-Q

顧客ID	氏名	フリガナ	郵便番号	都道府県	住所	電話番号
1	技術 花子	ギジュツ ハナコ	162-0811	東京都	新宿区水道町x-x-x	(090)-1234-000
2	小川 貴士	オガワ タカシ	205-0025	東京都	羽村市川崎x-x-x	(090)-2345-000
3	上野 さくら	ウエノ サクラ	252-0813	神奈川県	藤沢市亀井野xxx-x	
4	森下 正己	モリシタ マサミ	351-0012	埼玉県	朝霞市栄町x-x-x	(090)-4567-000
5	神田 美樹	カンダ ミキ	273-0128	千葉県	鎌ヶ谷市くぬぎ山xxx-x	(090)-5678-000
6	新橋 丈太	シンバシ ジョウタ	227-0038	神奈川県	横浜市青葉区奈良xx-x	(090)-6789-000
7	大門 一朗	ダイモン イチロウ	162-0846	東京都	新宿区市谷左内町x-x-x	
8	美田 健一	ミタ ケンイチ	274-0822	千葉県	船橋市飯山満町x-x	(090)-8901-000
9	青山 藍子	アオヤマ アイコ	358-0031	埼玉県	入間市新久x-x-x	(090)-9012-000
10	渋谷 美鈴	シブヤ ミスズ	325-0103	栃木県	那須塩原市青木xxx-x	
11	目黒 祐希	メグロ ユウキ	112-0002	東京都	文京区小石川x-x-x	(090)-0234-000
12	中野 聖一	ナカノ セイイチ	249-0002	神奈川県	逗子市山の根x-x-x-x	
13	高田 明人	タカダ アキト	963-8865	福島県	郡山市五百渕西xxx-x	(090)-0456-000
14	中尾 理央	ナカイ リオ	350-1108	埼玉県	川越市伊勢原町xxx-x	
15	馬場 翔	ババ ショウ	197-0828	東京都	あきる野市秋留xxx-x	(090)-0678-000
16	新橋 成人	シンバシ ナルト	273-0121	千葉県	鎌ケ谷市初富x-x-x	(090)-0890-000
(新規)						

レポート

テーブルやクエリをもとにしてレポートを作成し、レイアウトを整えて印刷します。

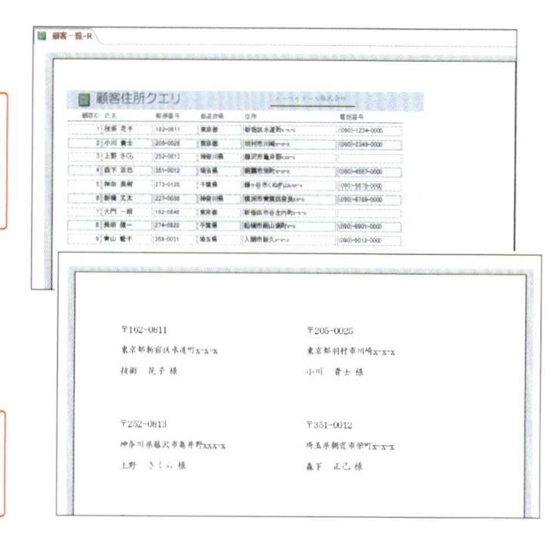

はがきや封筒などに貼る宛名ラベルを作成することもできます。

2 レポートの構成

レポートには、レポートビュー、レイアウトビュー、デザインビュー、印刷プレビューの 4 つの表示方法（ビュー）が用意されています。

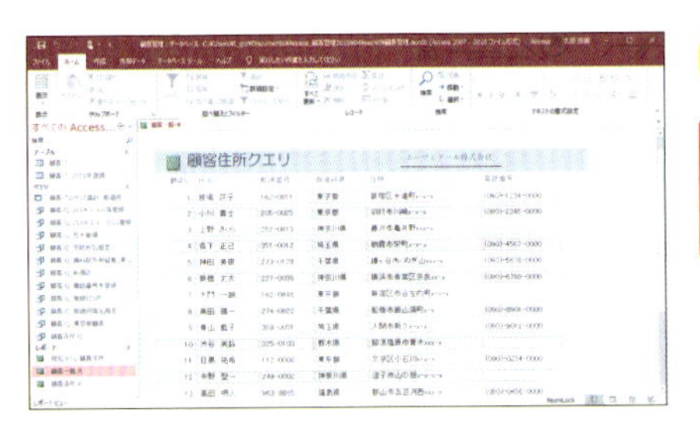

レポートビュー

作成したレポートを表示して、テーブルやクエリのデータを確認します。

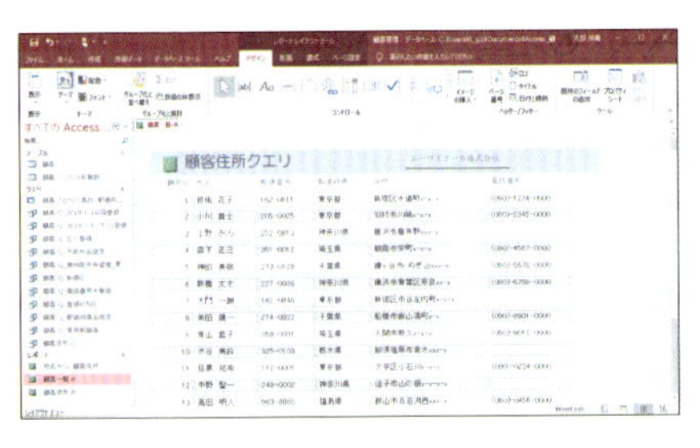

レイアウトビュー

実際のデータを表示しながら、レポートのデザインやレイアウトを編集します。

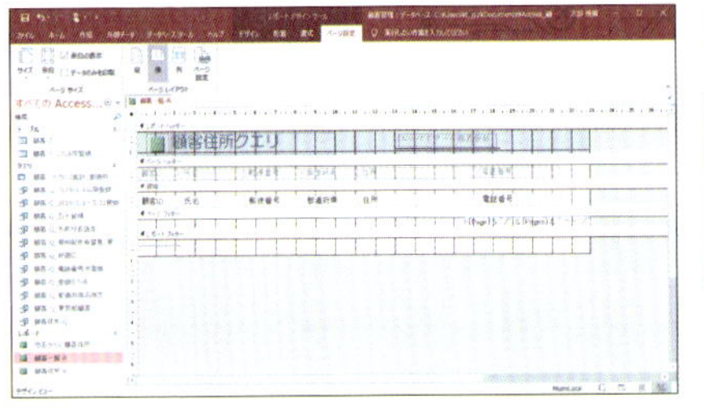

デザインビュー

フィールドの追加や位置調整、ラベルの追加など、レイアウトを細かく編集できます。

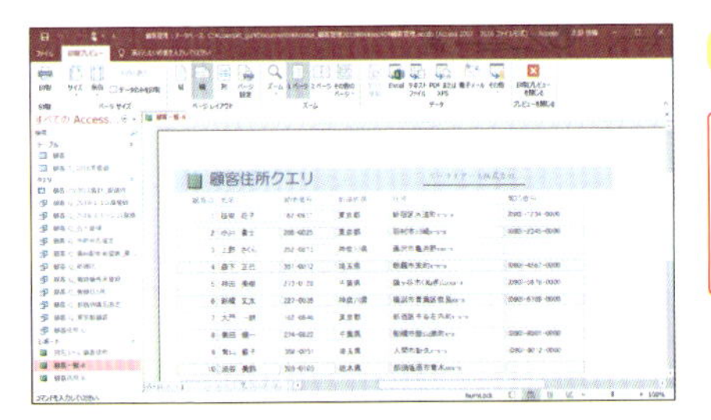

印刷プレビュー

印刷を行う前に、実際のデータがどのように印刷されるのかを画面上で確認できます。

レポートを作成しよう

レポートのもとになるテーブルまたはクエリを選択し、<作成>タブの<レポート>グループの<レポート>をクリックするだけで、レポートをかんたんに作成できます。

1 レポートを作成する

1 「顧客管理」データベースファイルを開きます（P.35参照）。

2 レポートのもとになるテーブルまたはクエリ（ここではクエリ「顧客住所-Q」）をクリックして、

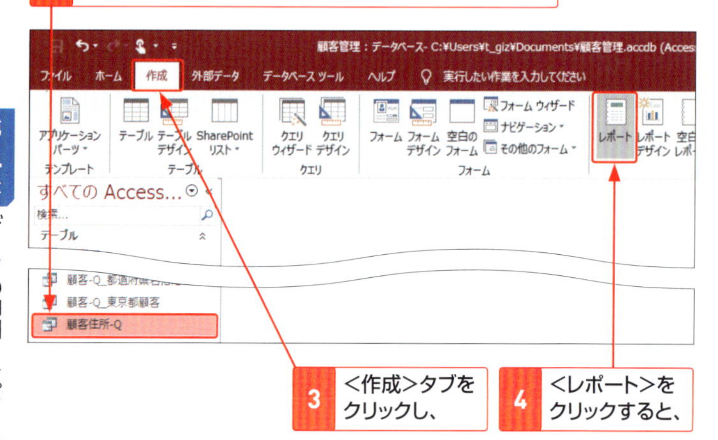

3 <作成>タブをクリックし、

4 <レポート>をクリックすると、

5 レポートが作成されて、レイアウトビューで表示されます。

顧客住所-Q

顧客ID	氏名	フリガナ	郵便番号
1	技術 花子	ギジュツ ハナコ	162-0811
2	小川 貴士	オガワ タカシ	205-0025
3	上野 さくら	ウエノ サクラ	252-0813
4	森下 正己	モリシタ マサミ	351-0012
5	神田 美樹	カンダ ミキ	273-0128
6	新橋 丈太	シンバシ ジョウタ	227-0038
7	大門 一朗	ダイモン イチロウ	162-0846
8	美田 健一	ミタ ケンイチ	274-0822
9	青山 藍子	アオヤマ アイコ	358-0031
10	渋谷 美鈴	シブヤ ミスズ	325-0103
11	目黒 祐希	メグロ ユウキ	112-0002

2 レポートを保存する

1 ＜上書き保存＞をクリックします。

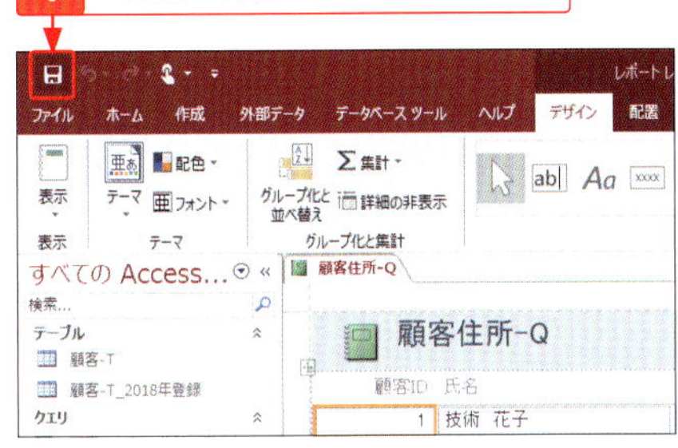

Memo レポートの保存方法

レポートのタブを右クリックして＜上書き保存＞をクリックしても、同様に名前を付けて保存できます。

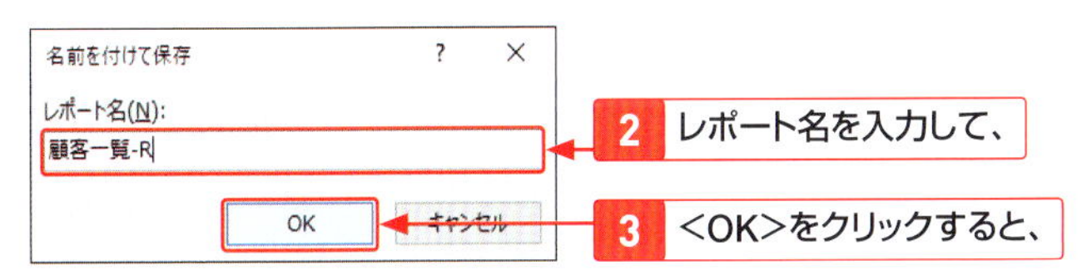

2 レポート名を入力して、

3 ＜OK＞をクリックすると、

4 レポートが保存され、ナビゲーションウィンドウにレポート名が表示されます。

5 ここをクリックすると、レポートが閉じます。

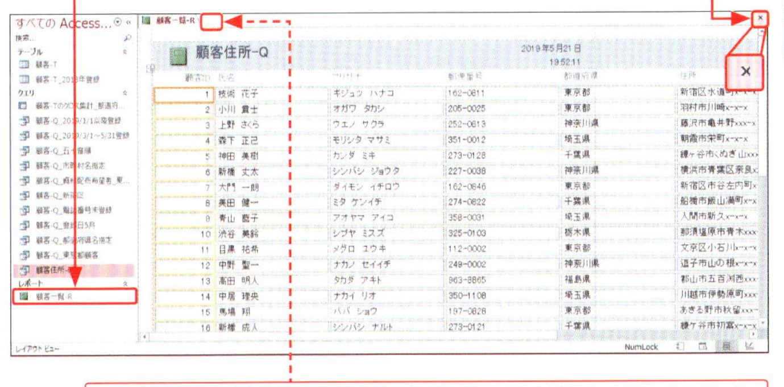

Office 365の場合は、手順**5**でタブの右にある × をクリックします。

Hint フィールドはあとから削除できる

＜作成＞タブの＜レポート＞をクリックしてレポートを作成すると、もとのテーブルやクエリのすべてのフィールドが表示されます。不要なフィールドはあとから削除することができます（P.150参照）。

レポートを編集する画面を表示しよう

レポートを編集するには、デザインビューかレイアウトビューに切り替えて操作します。どちらのビューでも編集はできますが、本書ではデザインビューで編集します。

1 デザインビューに切り替える

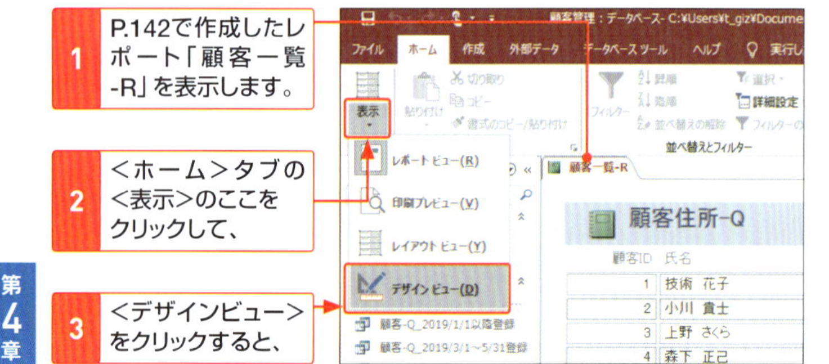

4 デザインビューに切り替わります。

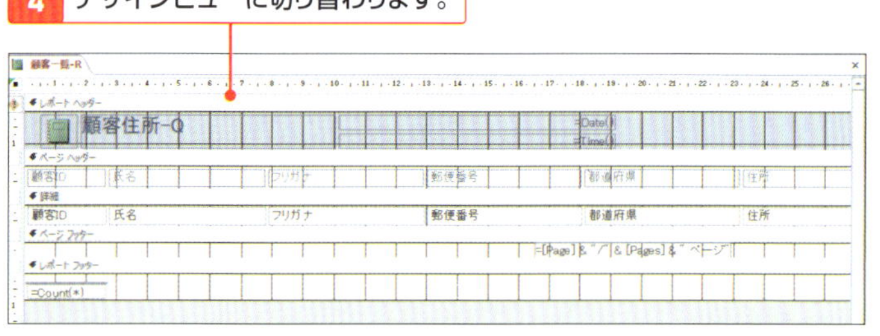

Memo レポートをデザインビューで表示する

レポートが閉じているときは、ナビゲーションウィンドウでレポートを右クリックして、表示されたメニューの<デザインビュー>をクリックします。

2 デザインビューの画面構成

レポートのセクション

レポートのデザインビューは、以下のようなセクションで構成されています。「詳細」セクションには、テーブルやクエリのフィールドが表示されています。これらのセクションごとに編集ができます。

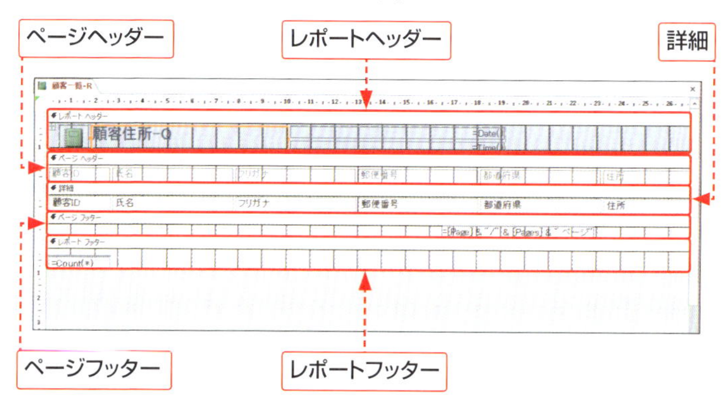

コントロール

レポートのレイアウトを変更するときは、コントロールを操作します。コントロールとは、レポートを構成している「ラベル」や「テキストボックス」などの部品のことです。ラベルにはレポートのタイトルやフィールド名が、テキストボックスにはフィールドのデータが表示されます。コントロールのサイズを変更したり、配置を変更したりして、レイアウトを調整します。

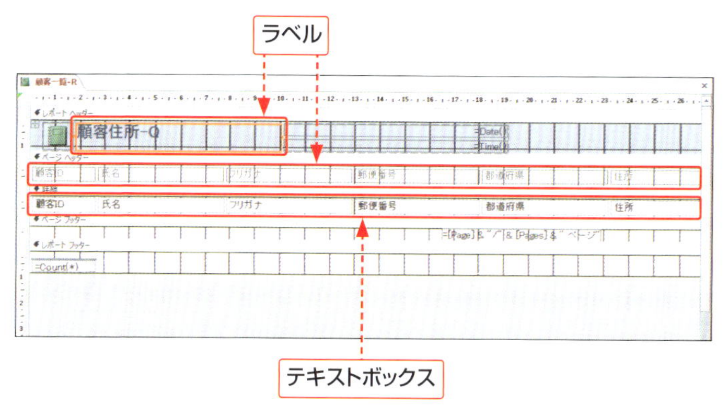

レポートのタイトルやラベル名を変更しよう

レポートを作成した直後は、レポートのタイトルにはテーブルやクエリの名前が、ラベルにはフィールド名がそのまま表示されます。タイトルやラベル名は自由に変更することができます。

1 タイトルを変更する

1 レポート「顧客一覧-R」をデザインビューで表示します（P.144参照）。

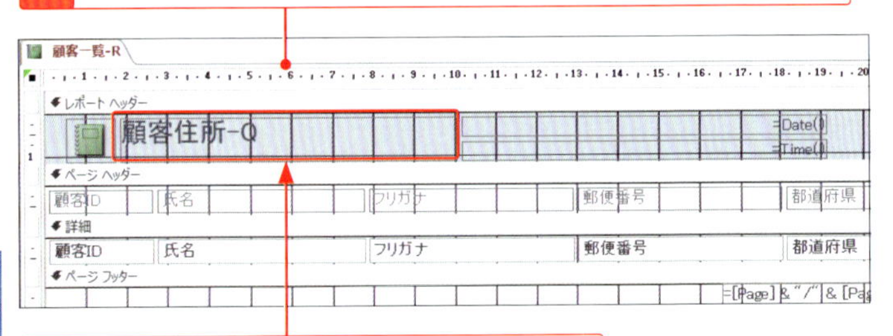

2 レポートヘッダーのタイトルをクリックすると、

3 タイトルが選択され、オレンジ色の枠が表示されます。

4 枠の中をクリックすると、

Hint コントロールの選択を解除するには

コントロールを選択すると、オレンジ色の枠が表示されます。選択を解除するには、レポートの何もないところをクリックします。

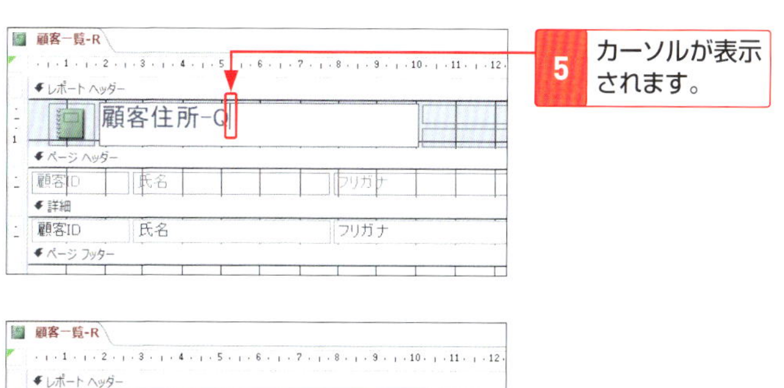

5 カーソルが表示されます。

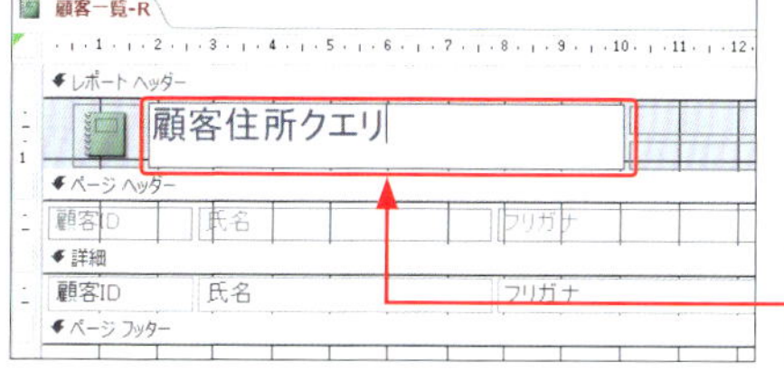

6 タイトルを変更して、Enter を押すと、

7 タイトルが変更されます。

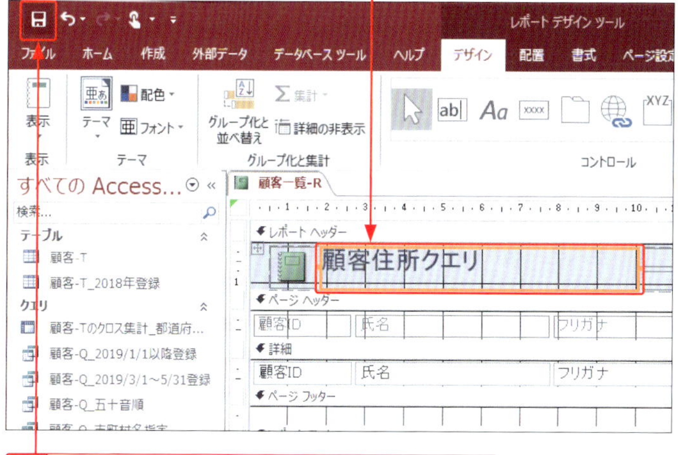

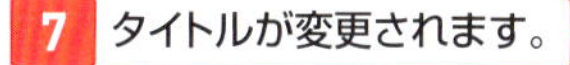

8 <上書き保存>をクリックして、変更を保存します。

Memo

ラベル名を変更する

ここではタイトルを変更していますが、ラベル名も同様の方法で変更することができます。

ラベルやテキストボックスを編集しよう

ラベルやテキストボックスのサイズは、任意に変更することができます。実際のデータの文字に合わせて調整しましょう。また、不要なラベルやテキストボックスがある場合は、削除します。

1 テキストボックスのサイズを変更する

1 レポート「顧客一覧-R」をデザインビューで表示します(P.144参照)。

2 「詳細」セクションにある「顧客ID」のテキストボックスをクリックします。

3 サイズ変更ハンドルにマウスポインターを合わせ、ポインターの形が↔に変わった状態で、

4 左方向にドラッグすると、

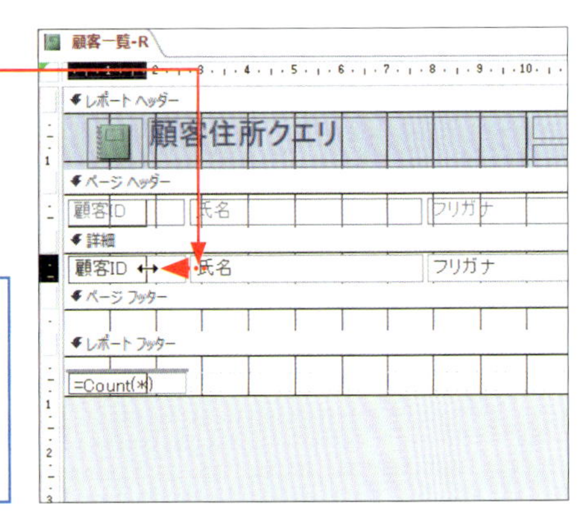

Memo ラベルとの連動

テキストボックスのサイズを変更すると、対応するラベルのサイズも連動して変更されます。

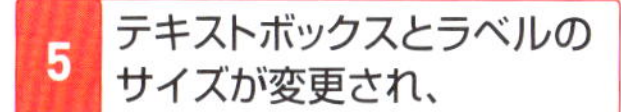

5 テキストボックスとラベルのサイズが変更され、

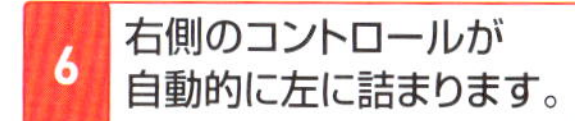

6 右側のコントロールが自動的に左に詰まります。

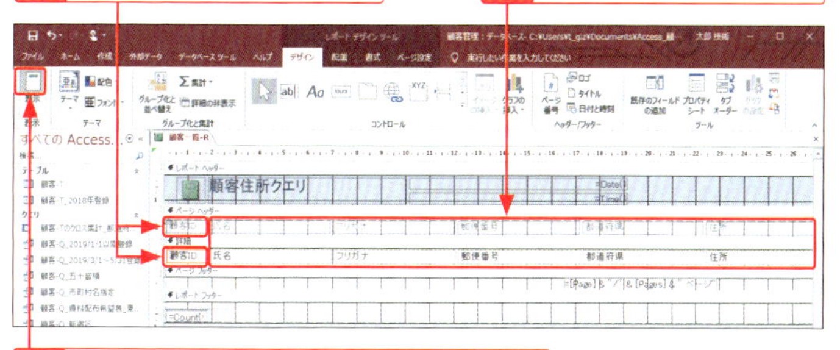

7 <デザイン>タブの<表示>をクリックして、

8 レポートビューに切り替え、データがすべて表示されていることを確認します。

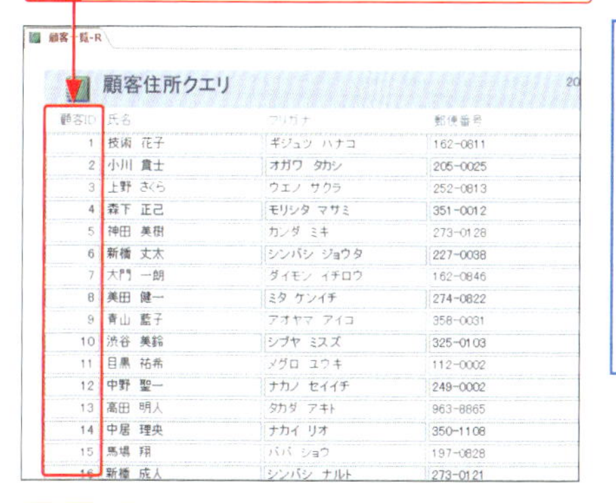

Hint
レポートの横幅を変更するには

レポート全体の横幅を変更するには、レポートの右端にマウスポインターを合わせ、ポインターの形が✛に変わった状態で左右にドラッグします。

9 同様の操作で、ほかのテキストボックスのサイズも適宜変更します。

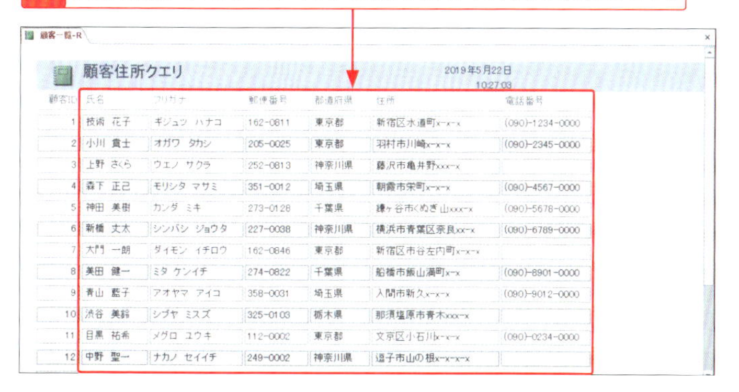

2 不要なコントロールを削除する

ここでは、「フリガナ」のコントロールを削除します。

1 デザインビューに切り替えて、ページヘッダーの「フリガナ」のラベルをクリックし、

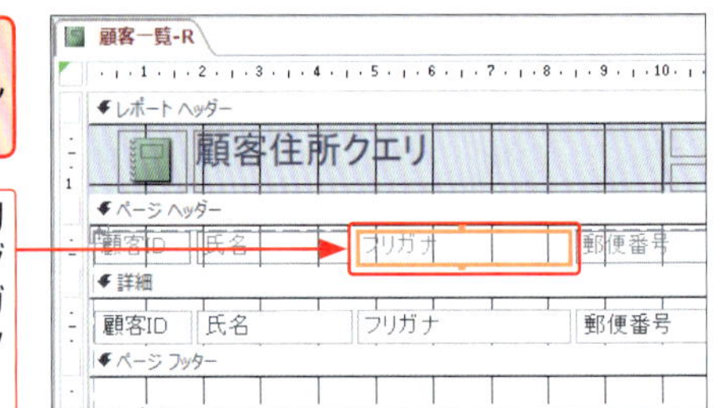

2 Delete を押すと、

3 ラベルが削除されます。

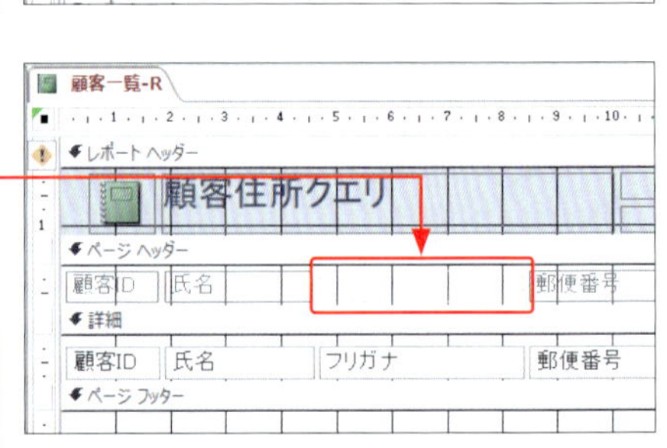

Hint

間違えて削除した場合は

間違えて削除してしまった場合は、クイックアクセスツールバーの＜元に戻す＞をクリックします。

4 「詳細」セクションの「フリガナ」のテキストボックスをクリックして、

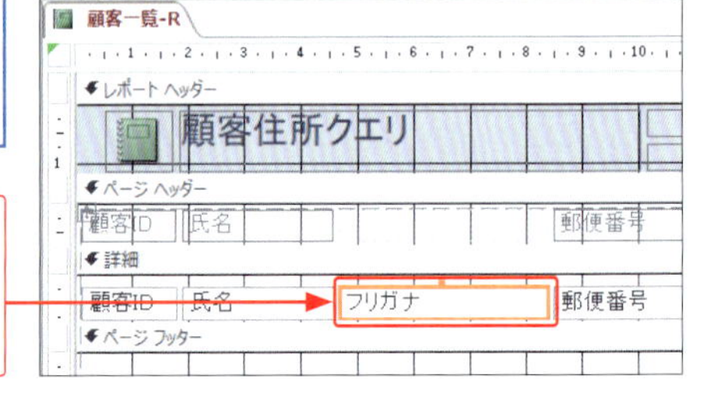

5 Delete を押すと、

6 テキストボックスが削除されます。

このままでは、2つのコントロールの領域が残ったままです。

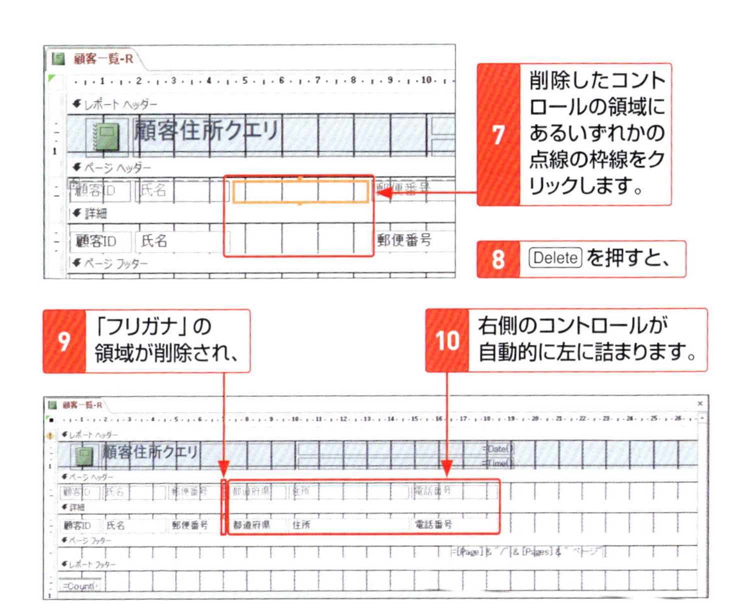

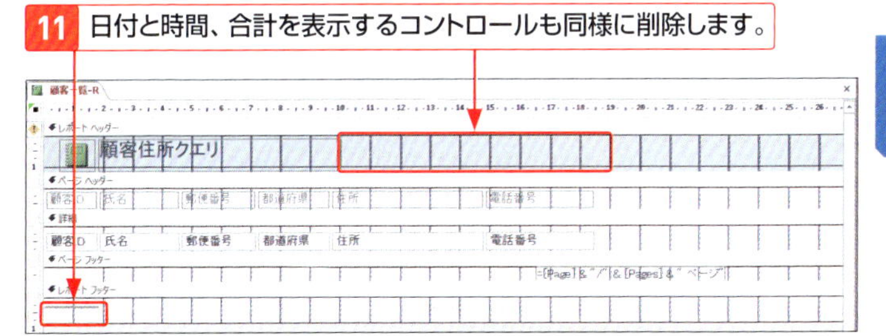

11 日付と時間、合計を表示するコントロールも同様に削除します。

12 <上書き保存>をクリックして、変更を保存します。

Hint

セクションの高さを広げるには

セクションの高さを広げたいときは、セクションの下側にマウスポインターを合わせ、ポインターの形が ✛ に変わった状態で下方向にドラッグします。

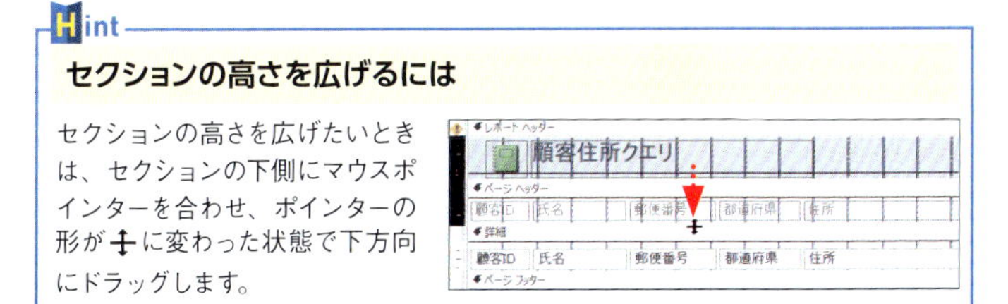

ラベルや罫線を追加しよう

作成したレポートには、必要に応じてラベルを追加したり、罫線を引いたりすることができます。<デザイン>タブの<コントロール>グループから、目的のコントロールを選択して配置します。

1 ラベルを追加する

ここでは、レポートヘッダーに会社名を表示するラベルを追加します。

1 レポート「顧客一覧-R」をデザインビューで表示します（P.144参照）。

2 <デザイン>タブをクリックして、

3 <ラベル>をクリックします。

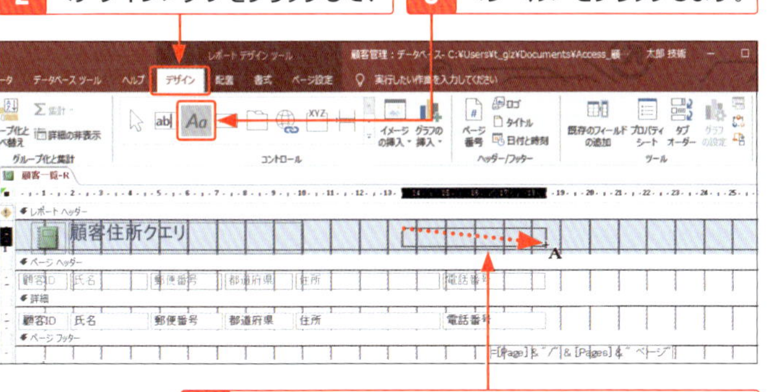

4 ラベルを表示する位置で対角線上にドラッグすると、

5 ラベルが追加されます。

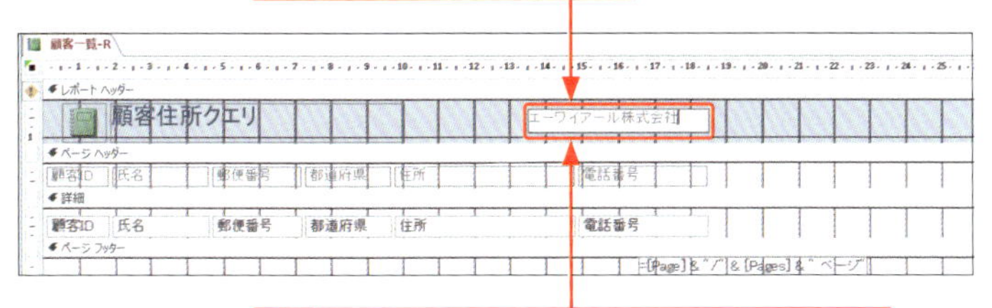

6 ラベルに文字を入力して、Enter を押します。

2 罫線を追加する

1 <デザイン>タブのここをクリックし、

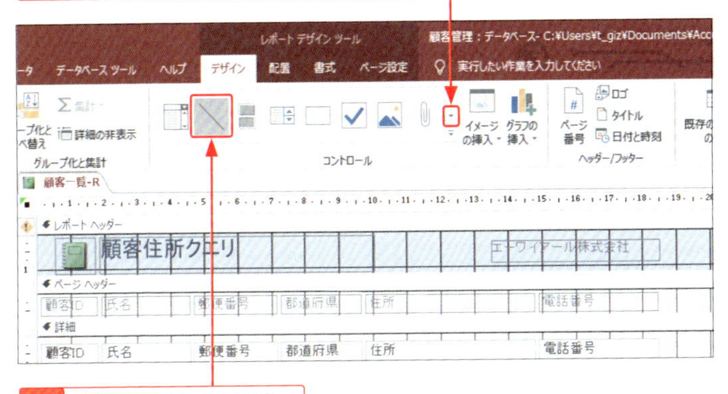

2 <線>をクリックします。

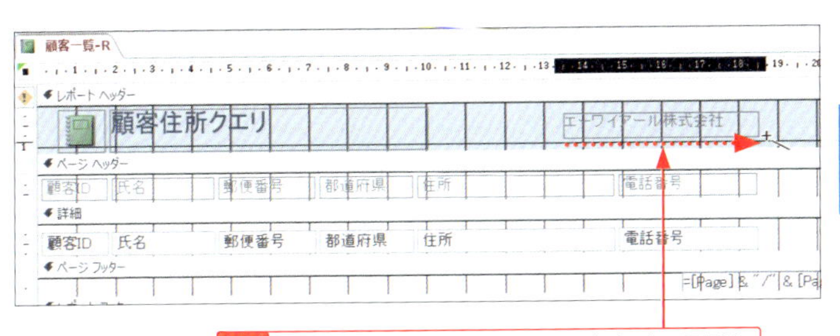

3 Shift を押しながら、ラベルの文字列の下側をドラッグして、直線を引きます。

4 <デザイン>タブの<表示>をクリックしてレポートビューに切り替え、編集結果を確認します。

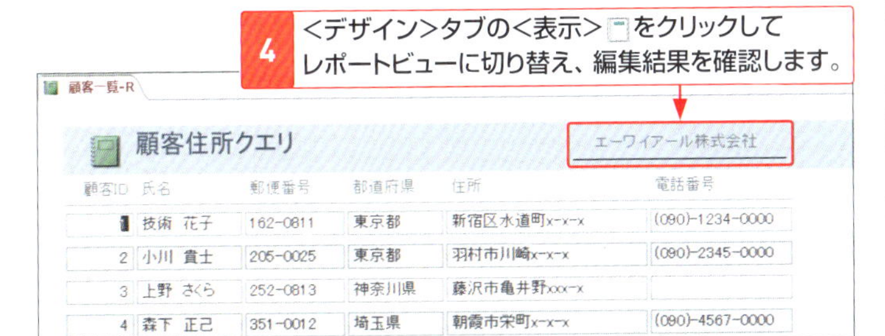

顧客ID	氏名	郵便番号	都道府県	住所	電話番号
1	技術 花子	162-0811	東京都	新宿区水道町x-x-x	(090)-1234-0000
2	小川 貴士	205-0025	東京都	羽村市川崎x-x-x	(090)-2345-0000
3	上野 さくら	252-0813	神奈川県	藤沢市亀井野xxx-x	
4	森下 正己	351-0012	埼玉県	朝霞市栄町x-x-x	(090)-4567-0000

5 <上書き保存>をクリックして、変更を保存します。

ラベルやテキストボックスの書式を変更しよう

ラベルやテキストボックスの文字は、通常の文章と同じように文字サイズやフォント、文字色などを変更することができます。ここでは、タイトルの文字フォントと文字サイズを変更しましょう。

1 文字サイズとフォントを変更する

1 レポート「顧客一覧-R」をデザインビューで表示して(P.144参照)、

2 タイトルをクリックします。

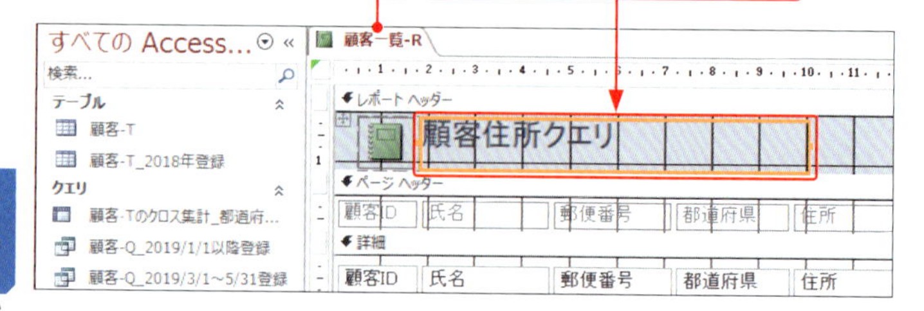

3 <書式>タブをクリックして、

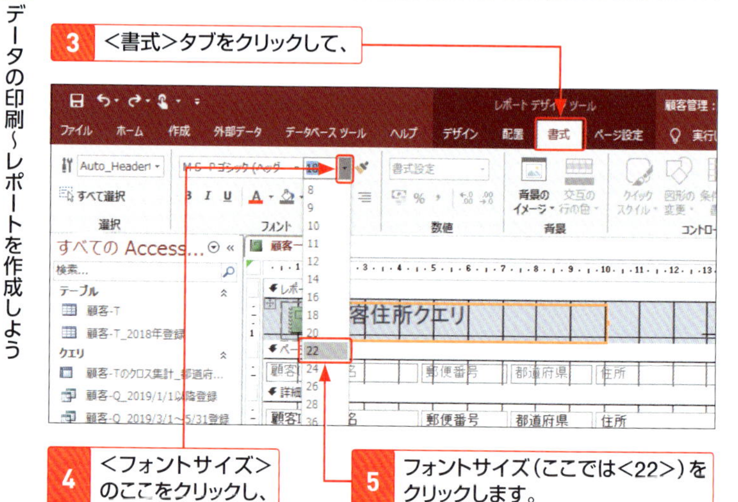

4 <フォントサイズ>のここをクリックし、

5 フォントサイズ(ここでは<22>)をクリックします。

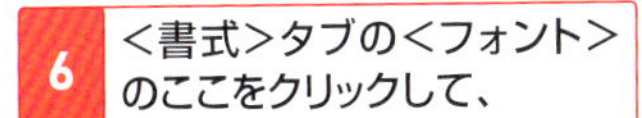

6 <書式>タブの<フォント>のここをクリックして、

7 フォント(ここでは<HG丸ゴシック-PRO>)をクリックします。

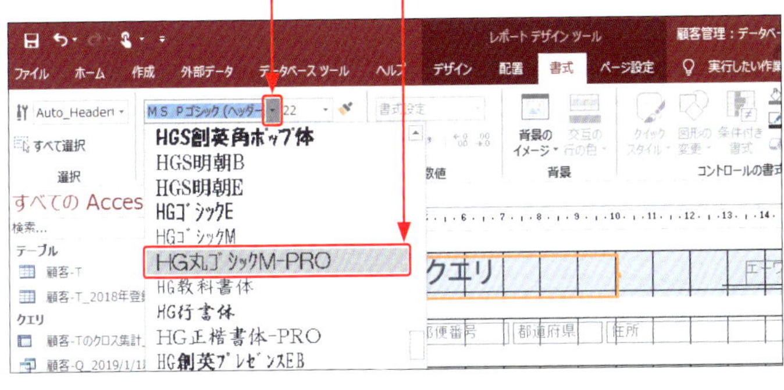

8 タイトルの文字サイズとフォントが変更されます。

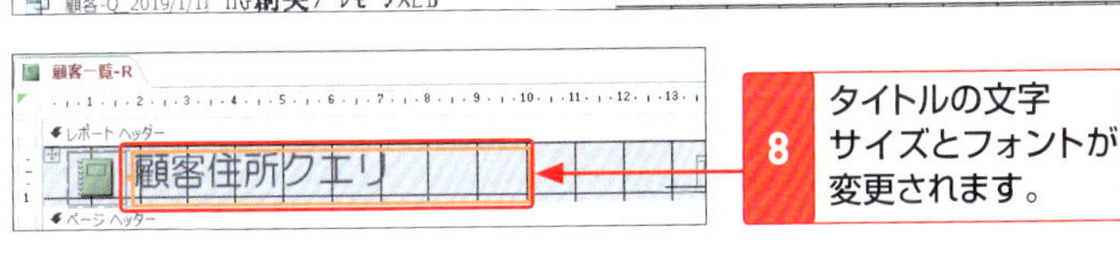

9 同様に操作して、Sec.45で追加したラベルの文字サイズを「12」に、フォントを「HG正楷書体-PRO」に変更します。

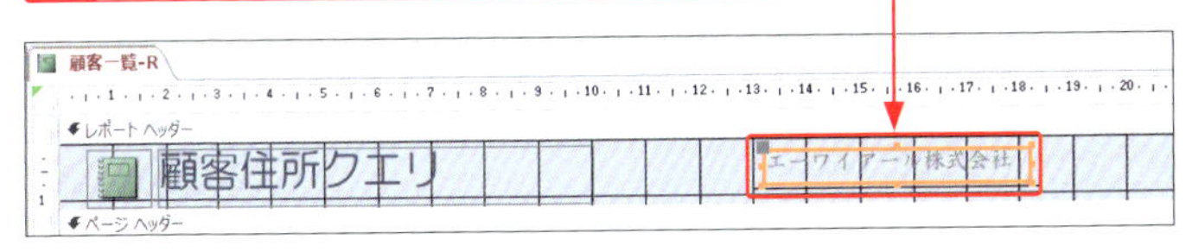

10 <上書き保存>をクリックして、変更を保存します。

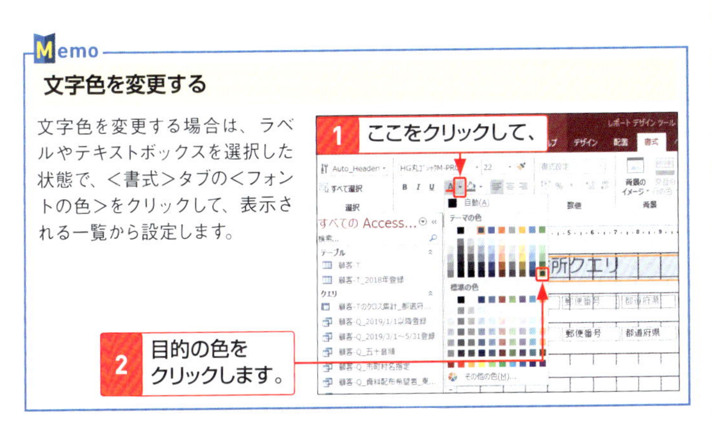

Memo

文字色を変更する

文字色を変更する場合は、ラベルやテキストボックスを選択した状態で、<書式>タブの<フォントの色>をクリックして、表示される一覧から設定します。

レポートを印刷しよう

レポートを印刷する前に、**印刷プレビュー**で実際に印刷したときの**イメージを確認**します。印刷プレビューで印刷結果を確認しながら、**用紙サイズや印刷の向き、余白**などを設定します。

1 印刷イメージを確認する

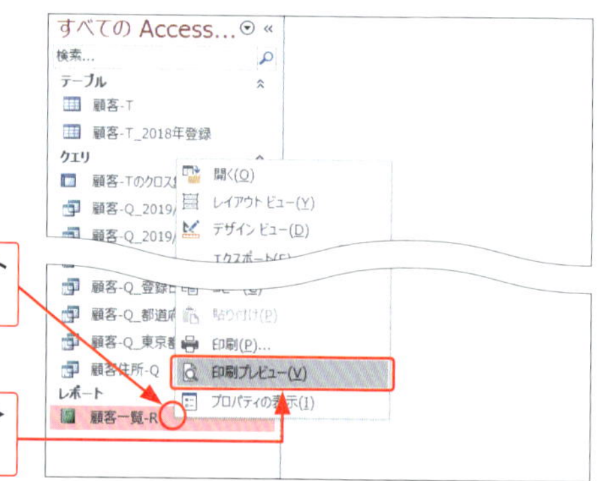

1 印刷したいレポートを右クリックして、

2 <印刷プレビュー>をクリックすると、

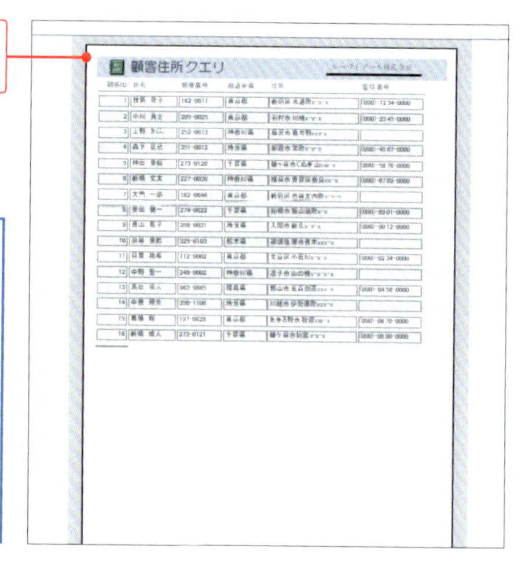

3 印刷プレビューが表示されます。

Hint

プレビューを拡大するには

印刷プレビュー画面にマウスポインターを移動し、ポインターの形が🔍に変わった状態でクリックすると、画面が拡大します。再度クリックすると縮小します。

2 ページの設定をする

1 ＜印刷プレビュー＞タブの＜横＞をクリックすると、

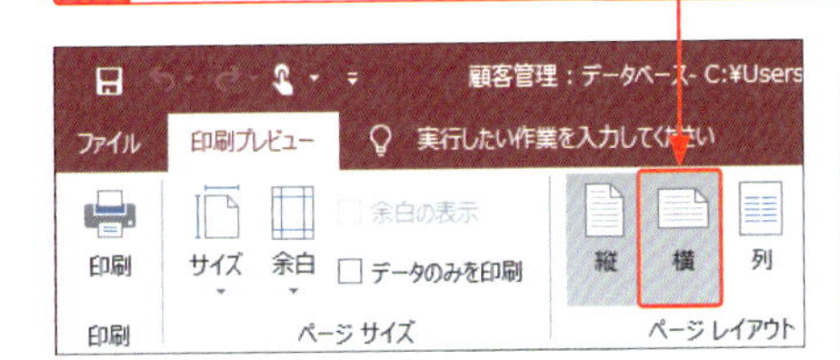

Memo

初期状態の設定

Accessの初期状態では、A4サイズの縦置きに設定されています。

2 用紙サイズが横に設定されます。

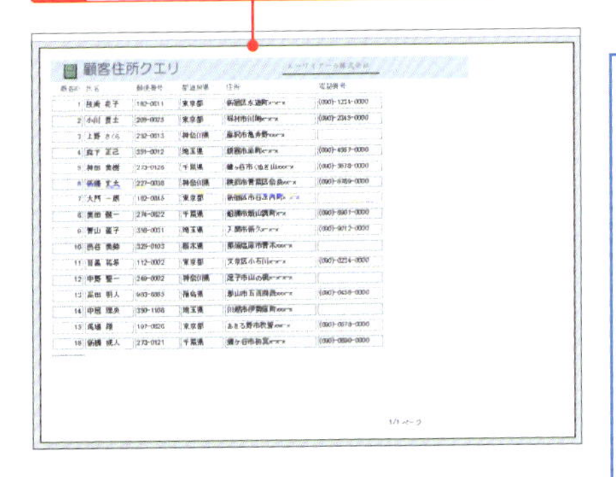

Hint

メッセージが表示された場合は

手順**1**のあとに「セクションの幅がページ幅よりも～」というメッセージが表示された場合は、印刷プレビューを閉じてデザインビューで表示し、レポートの横幅をドラッグして調整します（P.149のHint参照）。

3 ＜サイズ＞をクリックして、

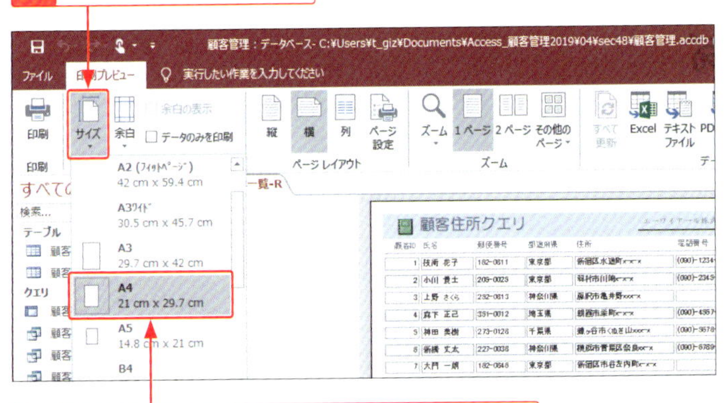

4 用紙サイズを選択すると（ここでは＜A4＞のまま）、

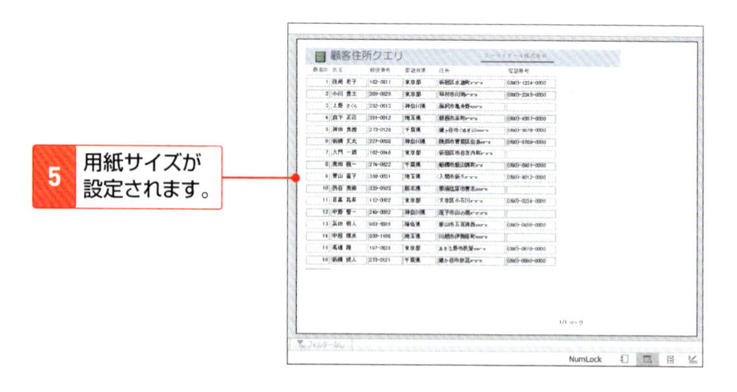

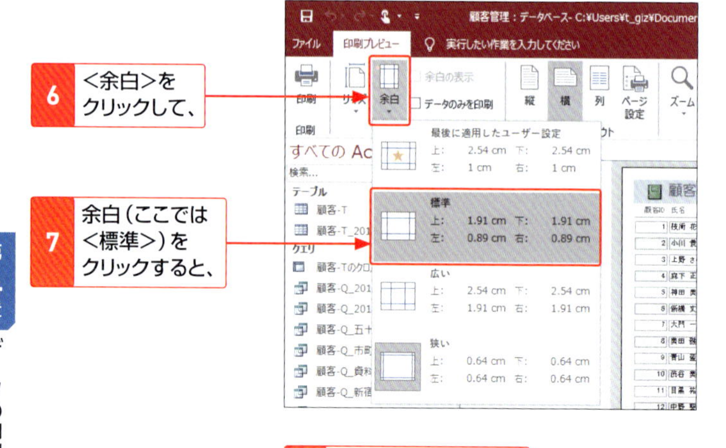

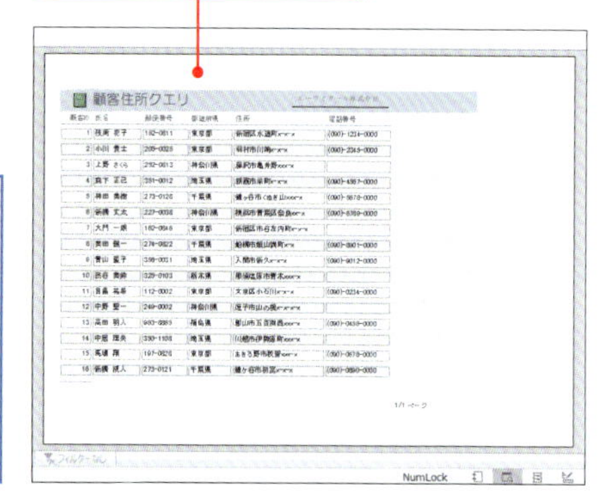

Memo

ページの設定

ページの設定は、<印刷プレビュー>タブの<ページ設定>をクリックすると表示される<ページ設定>ダイアログボックスでもできます。

3 印刷を実行する

印刷プレビューから印刷を実行します。

1 ＜印刷プレビュー＞タブの＜印刷＞をクリックします。

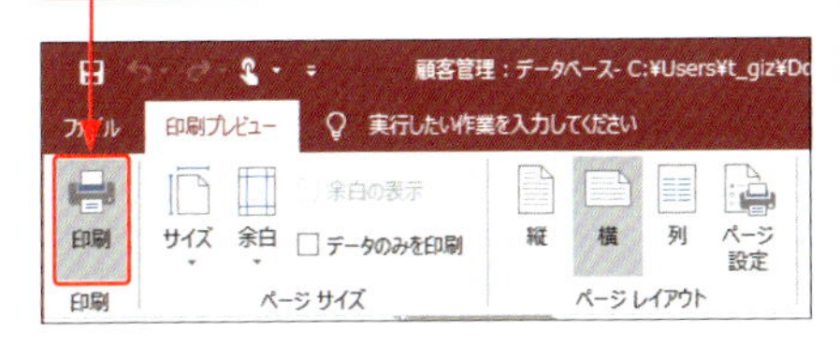

Memo

印刷の実行

左の手順のほかに、印刷したいオブジェクトを表示して＜ファイル＞タブ→＜印刷＞→＜印刷＞の順にクリックしても、印刷ができます。

2 使用するプリンターを選択して、

3 印刷範囲を指定します。

4 印刷部数を指定して、

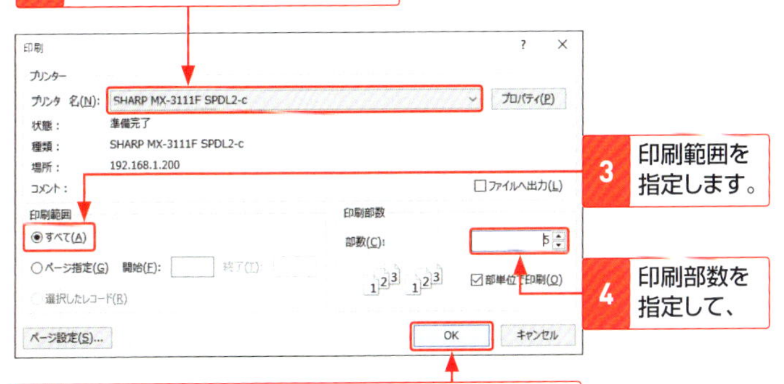

5 ＜OK＞をクリックすると、レポートが印刷されます。

6 ＜印刷プレビューを閉じる＞をクリックすると、プレビューが閉じます。

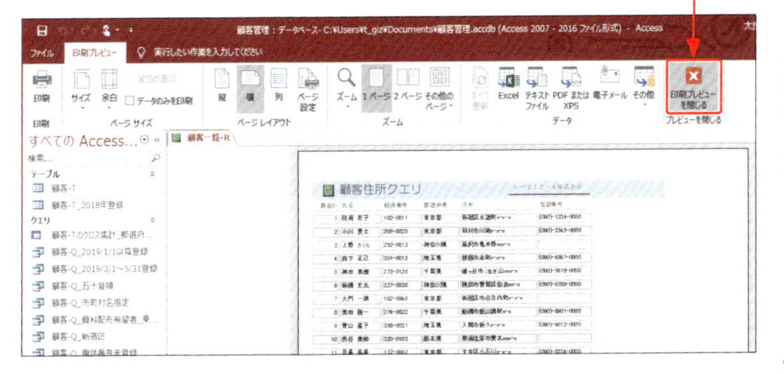

レポートをPDFファイルにしよう

作成したレポートは、PDF形式で保存することができます。PDF形式にすると、Microsoft Edgeや「リーダー」アプリ、Adobe Acrobat Reader DCを使ってAccessのレポートを表示できます。

1 レポートをPDF形式でエクスポートする

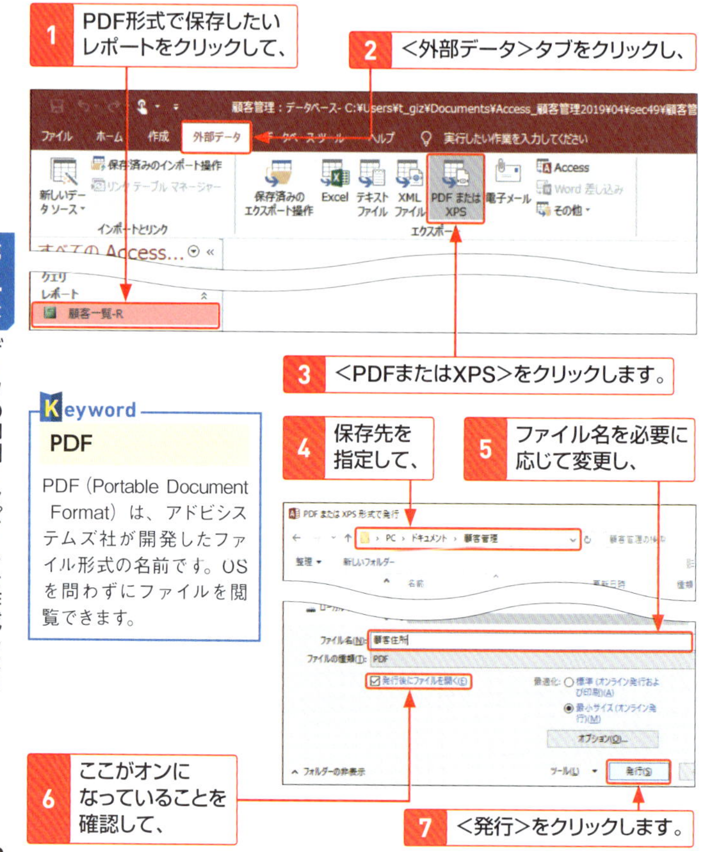

Keyword

PDF

PDF（Portable Document Format）は、アドビシステムズ社が開発したファイル形式の名前です。OSを問わずにファイルを閲覧できます。

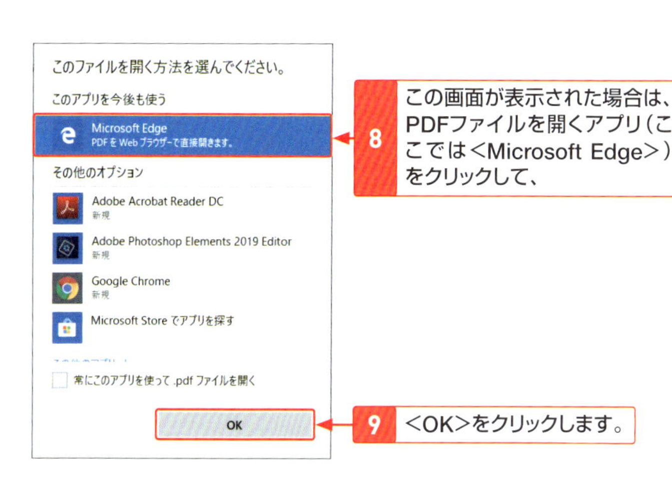

8 この画面が表示された場合は、PDFファイルを開くアプリ（ここでは<Microsoft Edge>）をクリックして、

9 <OK>をクリックします。

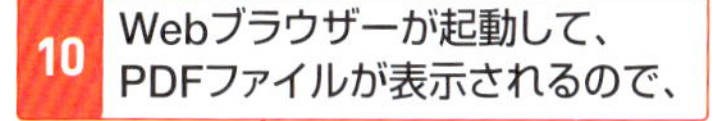

10 Webブラウザーが起動して、PDFファイルが表示されるので、

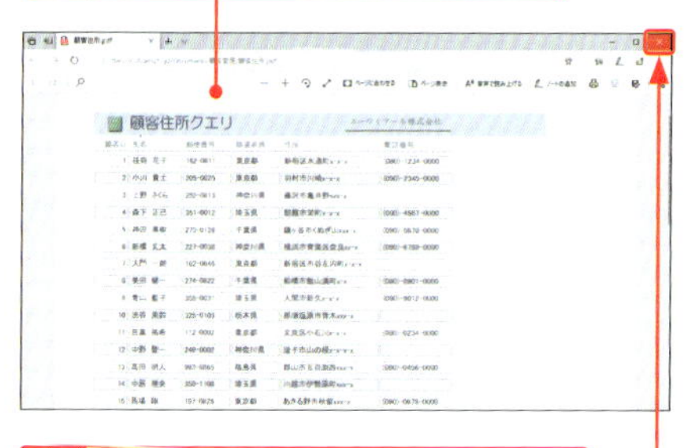

11 確認して、<閉じる>をクリックし、

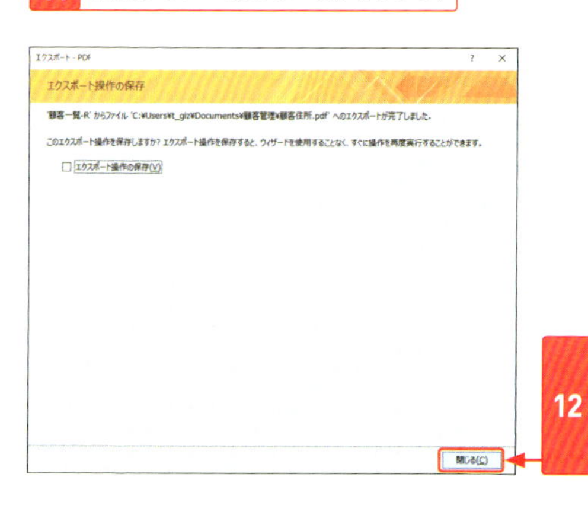

12 表示されたウィンドウの<閉じる>をクリックします。

Memo

Windows 8.1の場合

Windows 8.1の場合は、手順**10**で「リーダー」アプリが起動して、PDFファイルが表示されます。

はがきや封筒に貼る宛名ラベルを作成しよう

宛名ラベルウィザードを利用すると、**市販のラベル用紙に合わせた宛名ラベル**をかんたんに作成することができます。宛名ラベルに印刷するフィールドは、テーブルやクエリから選択します。

1 ＜宛名ラベルウィザード＞を起動する

1 「顧客管理」データベースファイルを開きます（P.35参照）。

すべての Access...
検索...
テーブル
顧客-T
顧客-T_2018年登録
クエリ
顧客-Tのクロス集計_都道府...
2019/1/1以降登録
顧客-Q_登録日5月
顧客-Q_都道府県名指定
顧客-Q_東京都顧客
顧客住所-Q
レポート
顧客一覧-R

2 宛名ラベルのもとになるテーブルまたはクエリをクリックします。

3 ＜作成＞タブをクリックして、

4 ＜宛名ラベル＞をクリックすると、

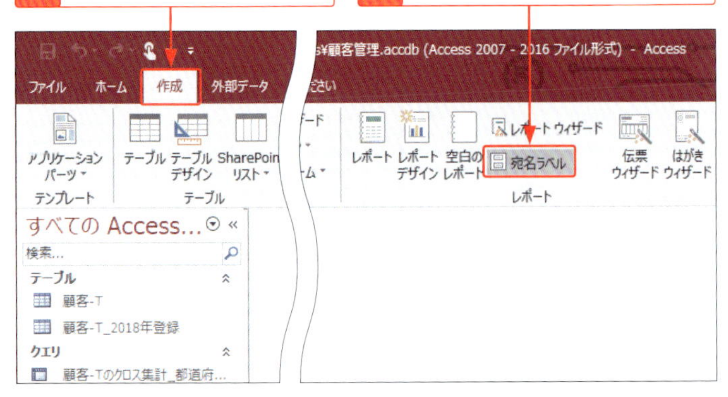

5 ＜宛名ラベルウィザード＞が起動します。

2 宛名ラベルを設定する

1 ラベルのメーカーを選択して、

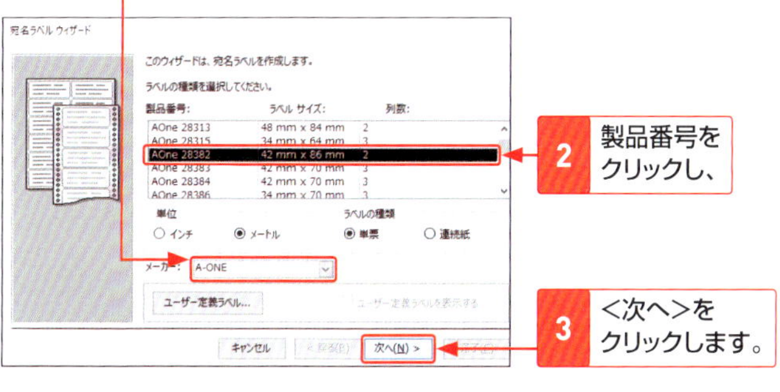

2 製品番号をクリックし、

3 <次へ>をクリックします。

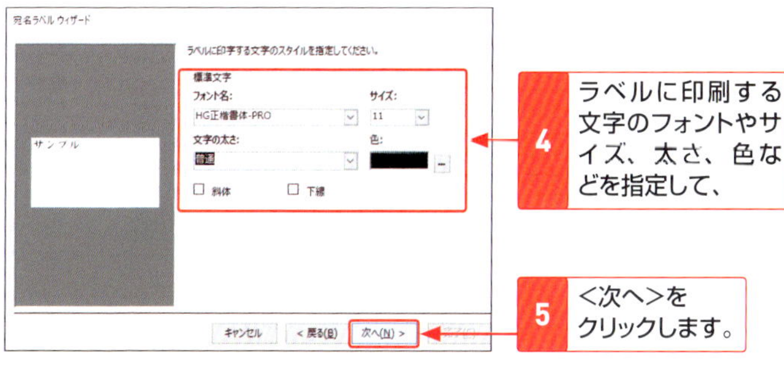

4 ラベルに印刷する文字のフォントやサイズ、太さ、色などを指定して、

5 <次へ>をクリックします。

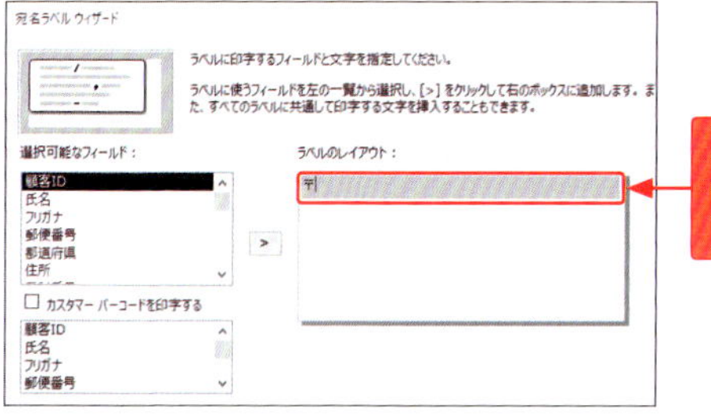

6 <ラベルのレイアウト>に「〒」と入力します。

Hint

目的のラベルが見つからない場合は

ラベルの種類の一覧に目的のラベルが見つからない場合は、手順**1**の画面で<ユーザー定義ラベル>をクリックして<新規>をクリックし、ラベルのサイズを指定します。

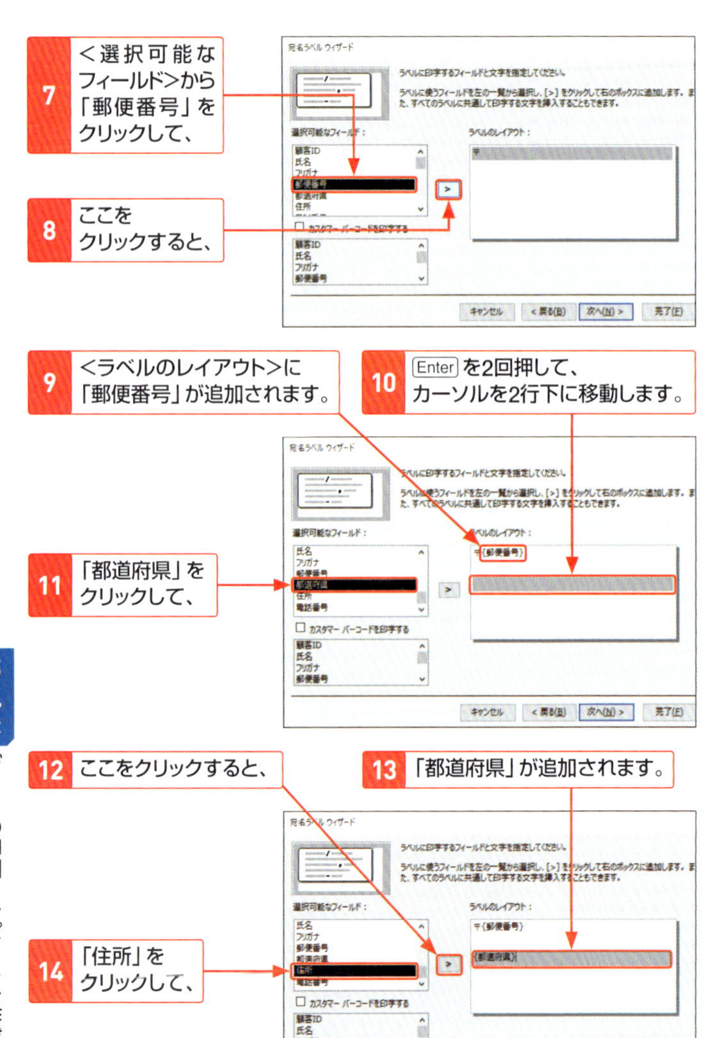

Memo

すべてのラベルに印字するものは直接入力する

「〒」や「様」のように、すべてのラベルに共通して印字するものは、<ラベルのレイアウト>に直接入力します。

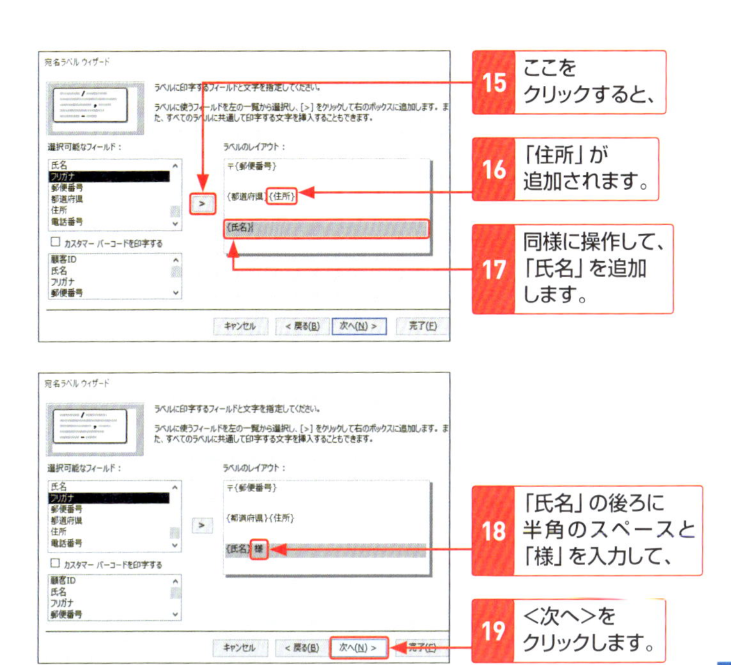

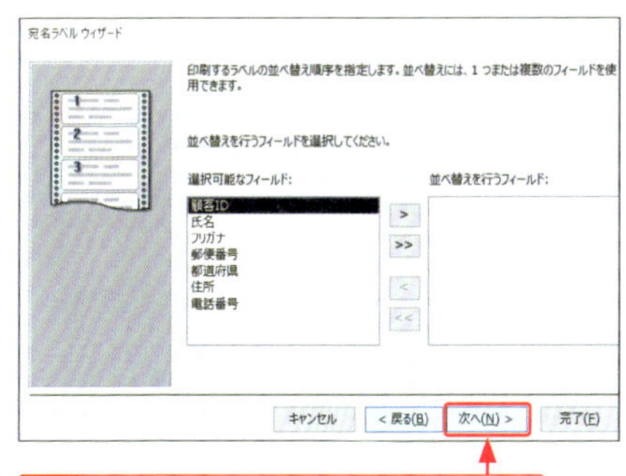

20 ここでは並べ替え順を指定せずに、<次へ>をクリックします。

Memo

ラベルの並べ替え順序

手順**20**で並べ替えを行うフィールドを指定すると、指定したフィールドの順に宛名ラベルが作成されます。

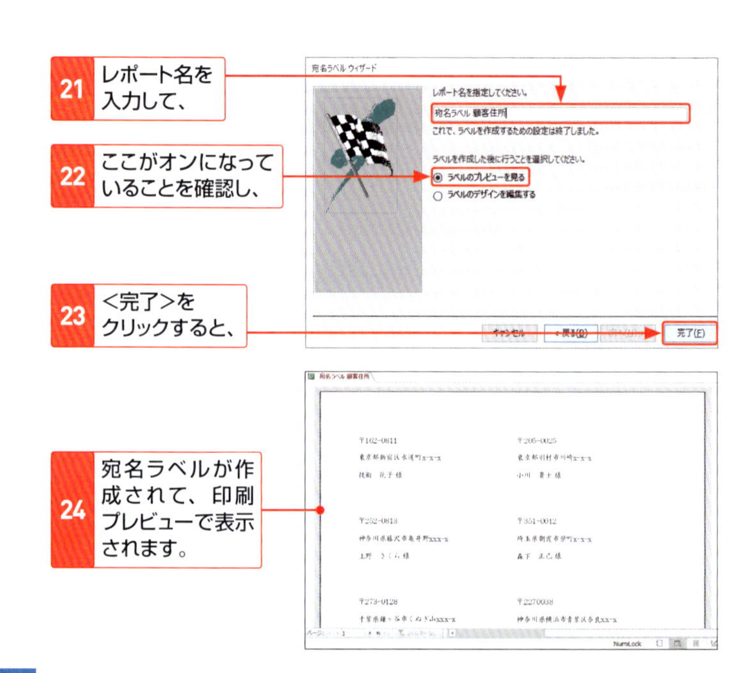

StepUp

氏名の文字サイズだけを大きくするには

<宛名ラベルウィザード>の中では、特定のフィールドの文字サイズを変更することはできません。氏名の文字サイズだけを変更したい場合は、手順24の印刷プレビューを閉じて、宛名ラベルのレポートをデザインビューで表示します。続いて、氏名のテキストボックスをクリックして、<書式>タブをクリックし、<フォントサイズ>でサイズを指定します。

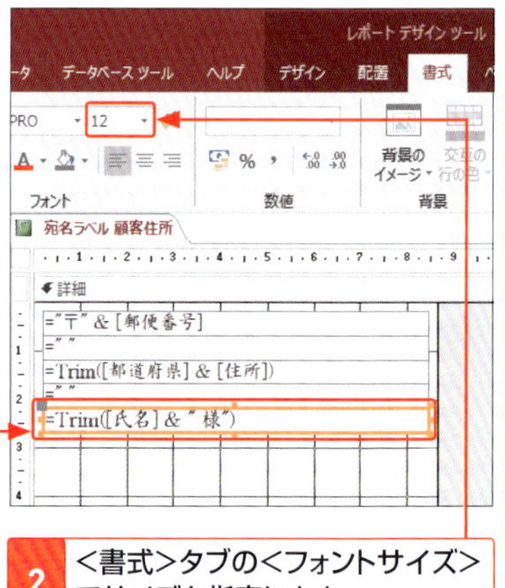

1 氏名のテキストボックスをクリックして、

2 <書式>タブの<フォントサイズ>でサイズを指定します。

第5章

オリジナルの入力画面～フォームを作成しよう

フォームのしくみを知ろう

フォームは、テーブルやクエリのデータを見やすく出力し、データの入力や編集を行うためのオブジェクトです。フォーム上のコントロールを操作して、自由にレイアウトすることができます。

1 フォームの役割

フォームは、テーブルやクエリのデータを見やすく出力したり、データの入力や編集を行うためのオブジェクトで、テーブルまたはクエリをもとに作成します。データの入力は、テーブルのデータシートビューからもできますが、カード形式のフォームを利用して入力することもできます。フォームから入力したデータは、テーブルに保存されます。

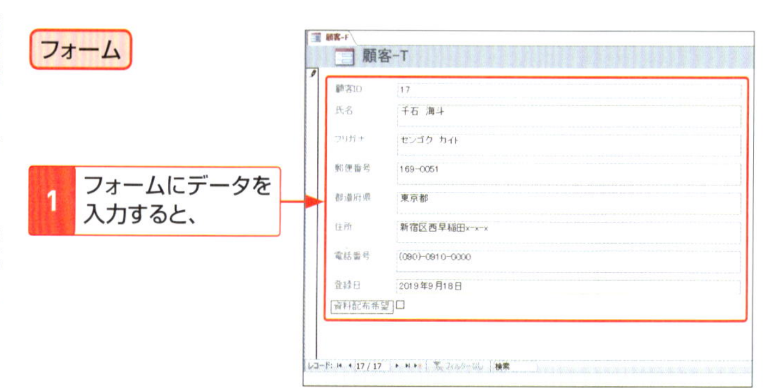

テーブル

2 フォームのもとになったテーブルにデータが保存されます。

顧客ID	氏名	フリガナ	郵便番号	都道府県	住所	電話番号	登録日	資料配布希望
1	技術 花子	ギジュツ ハナコ	162-0811	東京都	新宿区水道町x-x-x	(090)-1234-000	2018年3月9日	☑
2	小川 貴士	オガワ タカシ	205-0025	東京都	羽村市川崎x-x-x	(090)-2345-000	2018年3月25日	☑
3	上野 さくら	ウエノ サクラ	252-0813	神奈川県	藤沢市亀井野xxx-x		2018年5月6日	☐
4	森下 正己	モリシタ マサミ	351-0012	埼玉県	朝霞市栄町x-x-x	(090)-4567-000	2018年7月10日	☑
5	神田 美樹	カンダ ミキ	273-0128	千葉県	鎌ヶ谷市くぬぎ山xxx-x	(090)-5678-000	2018年9月12日	☑
6	新橋 丈太	シンバシ ジョウタ	227-0038	神奈川県	横浜市青葉区奈良xx-x	(090)-6789-000	2018年9月12日	☐
7	大門 一朗	ダイモン イチロウ	162-0846	東京都	新宿区市谷左内町x-x-x		2018年11月20日	☑
8	美田 健一	ミタ ケンイチ	274-0822	千葉県	船橋市飯山満町x-x	(090)-8901-000	2018年11月20日	☑
9	青山 藍子	アオヤマ アイコ	358-0031	埼玉県	入間市新久x-x-x	(090)-9012-000	2019年3月22日	☐
10	渋谷 美鈴	シブヤ ミスズ	325-0103	栃木県	那須塩原市青木xxx-x		2019年4月30日	☑
11	目黒 祐希	メグロ ユウキ	112-0002	東京都	文京区小石川x-x-x	(090)-0234-000	2019年5月10日	☐
12	中野 聖一	ナカノ セイイチ	249-0002	神奈川県	逗子市山の根x-x-x-x		2019年5月10日	☑
13	高田 明人	タカダ アキト	963-8865	福島県	郡山市五百渕西xxx-x	(090)-0456-000	2019年5月10日	☑
14	中居 理央	ナカイ リオ	350-1108	埼玉県	川越市伊勢原町xxx-x		2019年7月22日	☐
15	馬場 翔	ババ ショウ	197-0828	東京都	あきる野市秋留xxx-x	(090)-0678-000	2019年7月22日	☑
16	新橋 成人	シンバシ ナルト	273-0121	千葉県	鎌ケ谷市初富x-x-x	(090)-0890-000	2019年8月5日	☑
17	千石 海斗	センゴク カイト	169-0051	東京都	新宿区西早稲田x-x-x	(090)-0910-000	2019年9月18日	☐

2 フォームの構成

フォームには、フォームビュー、レイアウトビュー、デザインビューの３つの表示方法（ビュー）が用意されています。

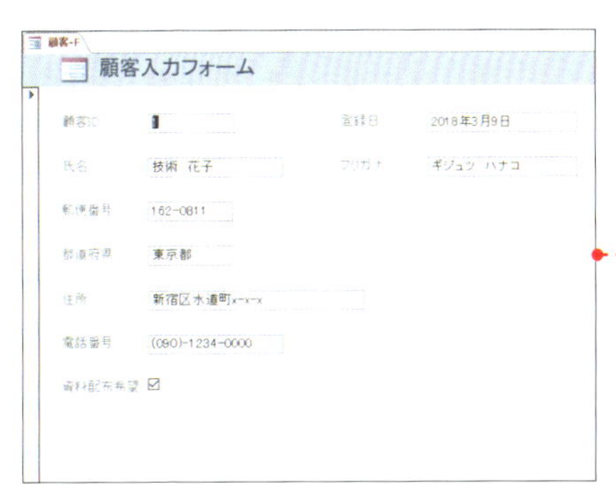

フォームビュー

データが1画面に1レコードずつ表示されます。データを1件ずつ出力したり、入力したりするのに便利です。

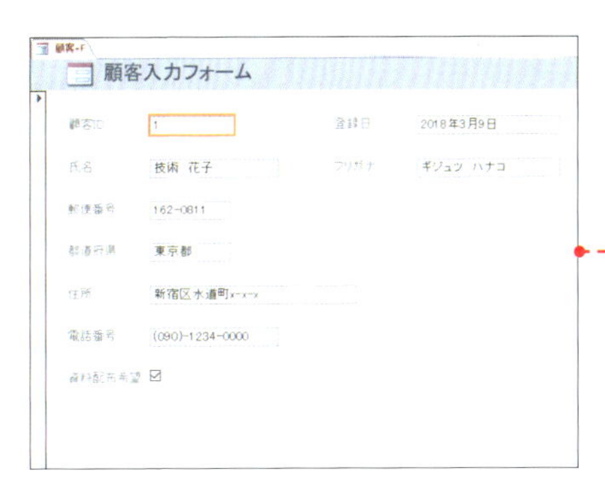

レイアウトビュー

実際のデータを表示しながらコントロール（フォームに配置される部品）のサイズや位置を変更したり、書式を設定したりできます。

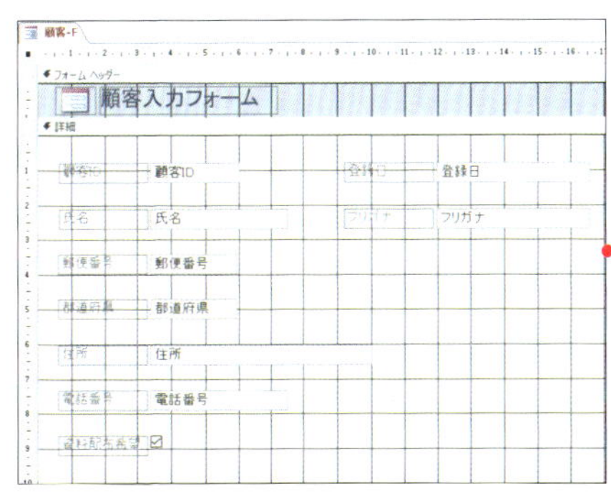

デザインビュー

ラベルやテキストボックスの位置調整、ラベルの追加など、フォームのレイアウトを細かく設定することができます。

フォームを作成しよう

フォームのもとになるテーブルまたはクエリを選択し、<作成>タブの<フォーム>グループの<フォーム>をクリックするだけで、フォームをかんたんに作成できます。

1 フォームを作成する

1 「顧客管理」データベースファイルを開きます（P.35参照）。

2 フォームのもとになるテーブルまたはクエリ（ここではテーブル「顧客-T」）をクリックして、

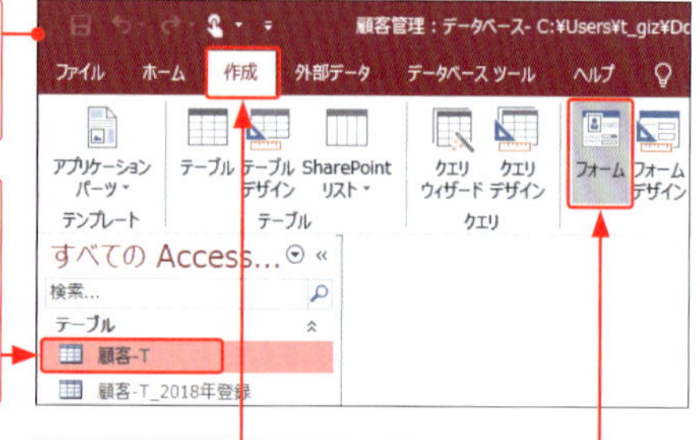

3 <作成>タブをクリックし、

4 <フォーム>をクリックすると、

5 フォームが作成されて、レイアウトビューで表示されます。

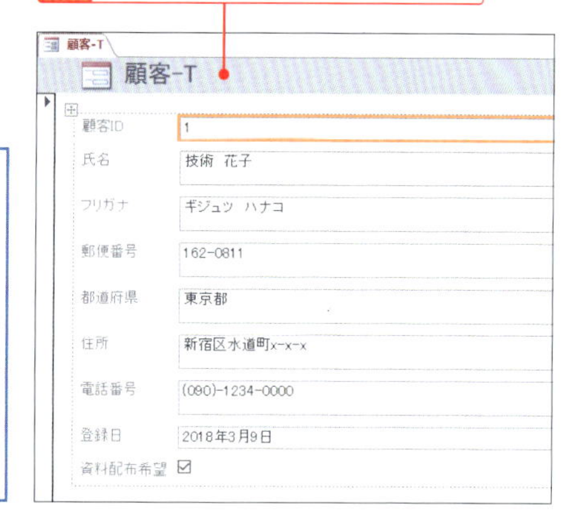

Hint

フィールドは あとから削除できる

右の方法でフォームを作成すると、もとのテーブルやクエリのすべてのフィールドが表示されます。フィールドはあとから削除することができます（P.185のHint参照）。

2 フォームを保存する

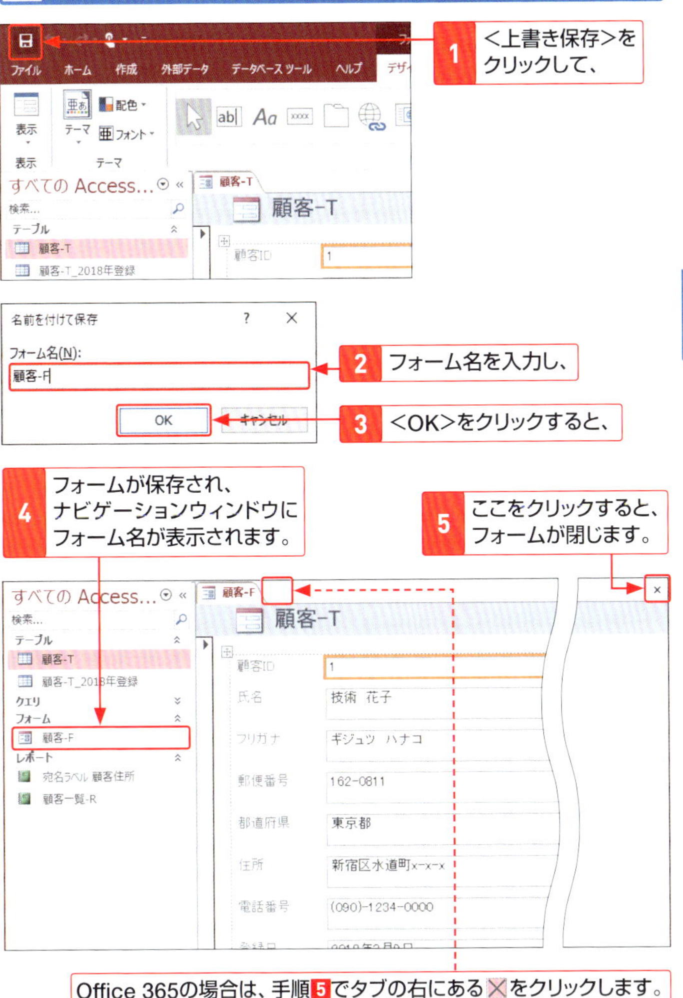

Memo フォームの保存方法

フォームのタブを右クリックして<上書き保存>をクリックしても、同様に名前を付けて保存できます。

フォームからデータを入力しよう

フォームを使って、カード形式で新しいデータを入力してみましょう。**フォームに入力したデータ**は、フォームのもとになる**テーブルにも自動的に追加**されます。

1 新しいレコードを表示してデータを入力する

1 P.170で作成したフォーム「顧客-F」をダブルクリックすると、

2 フォームがフォームビューで表示されます。

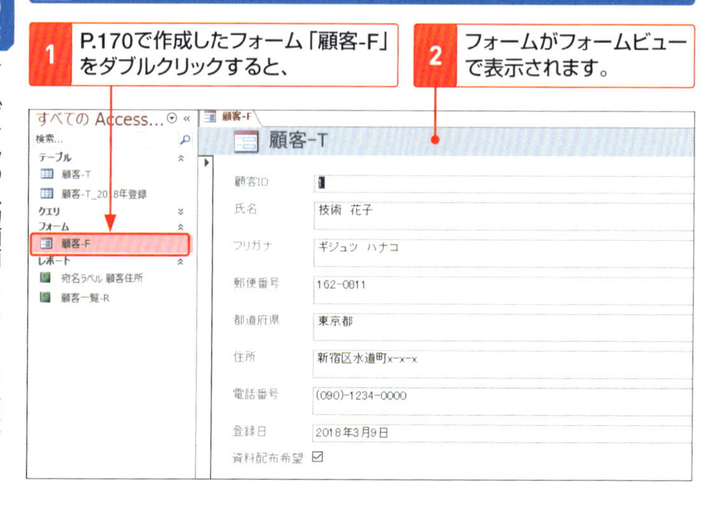

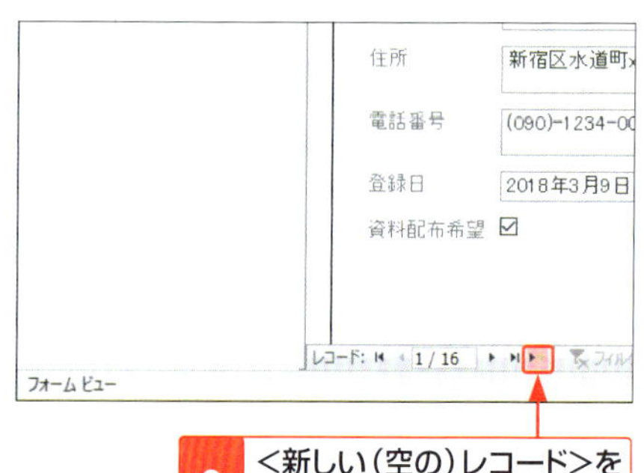

3 <新しい(空の)レコード>をクリックすると、

Memo

フィールド間の移動

次のフィールドにカーソルを移動するには、Tabや↓を押します。前のフィールドに移動する場合は、Shiftを押しながらTabを押すか、↑を押します。

4 白紙のカードが表示されるので、1件分のデータを入力します。

5 最後のフィールドで Tab あるいは Enter を押すと、

6 データが追加され、新しいカードが表示されます。

ここでレコード数を確認することができます。

Memo

データの保存

フォームに入力したデータは、自動的に保存されます。テーブルにも自動的にレコードが追加されます。

Hint

レコードを切り替えるには

フォームビューでレコードを切り替えるには、画面の左下に表示されるコマンドを使用します。<カレントレコード>には、データの総件数や現在選択されているレコードの番号が表示されます。

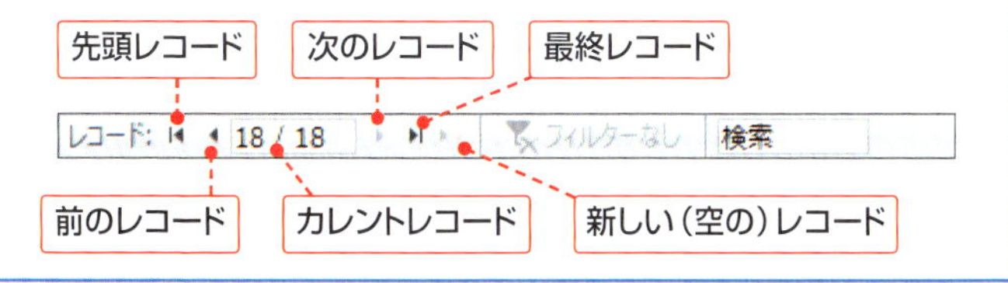

フォームを編集する画面を表示しよう

フォームを編集するには、**デザインビューかレイアウトビューに切り替えて操作**します。どちらのビューでも編集はできますが、本書ではデザインビューで編集します。

1 デザインビューに切り替える

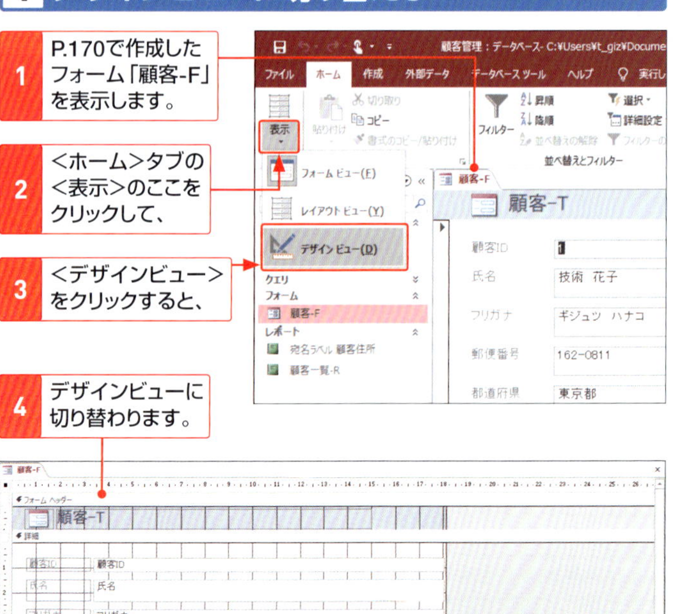

Memo フォームをデザインビューで表示する

フォームが閉じているときは、ナビゲーションウィンドウでフォームを右クリックして、表示されたメニューの<デザインビュー>をクリックします。

2 デザインビューの画面構成

フォームのセクション

フォームのデザインビューは、以下のように３つのセクションで構成されています。「詳細」セクションには、テーブルのフィールドが表示されています。これらのセクションごとに編集ができます。

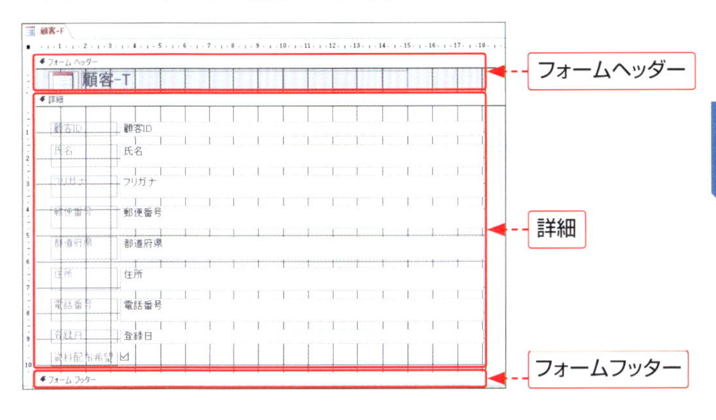

コントロール

フォームのレイアウトを変更するときは、コントロールを操作します。コントロールとは、フォームを構成している「ラベル」や「テキストボックス」などの部品のことです。ラベルにはフォームのタイトルやフィールド名が、テキストボックスにはフィールドのデータが表示されます。

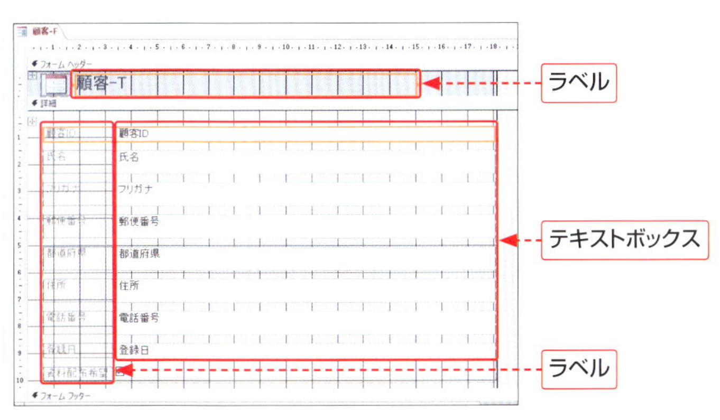

ラベルとテキストボックスのグループ化を解除しよう

<作成>タブの<フォーム>を利用して作成したフォームのコントロールは、あらかじめグループ化されています。**コントロールを個別に編集**するには、**グループ化を解除**する必要があります。

1 コントロールを選択する

1 フォーム「顧客-F」をデザインビューで表示します（P.174参照）。

タイトルを変更しています（Sec.43参照）。

2 いずれかのコントロールをクリックして、

3 ここをクリックすると、

4 詳細セクション内のすべてのコントロールが選択されます。

Memo すべてのコントロールの選択

手順2のあとに<配置>タブの<レイアウトの選択>をクリックしても、グループ化されたコントロールを選択できます。

2 グループ化を解除する

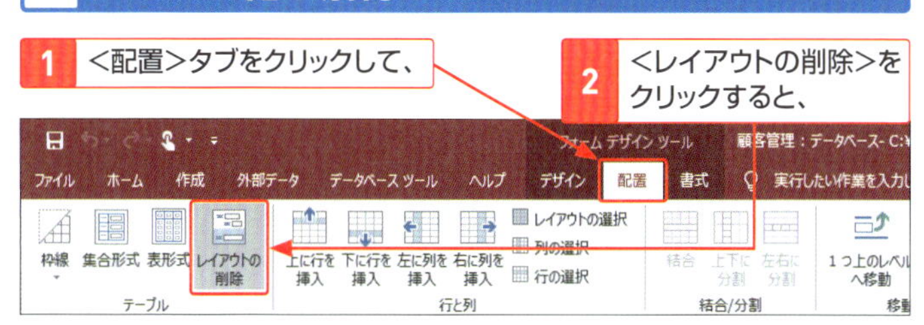

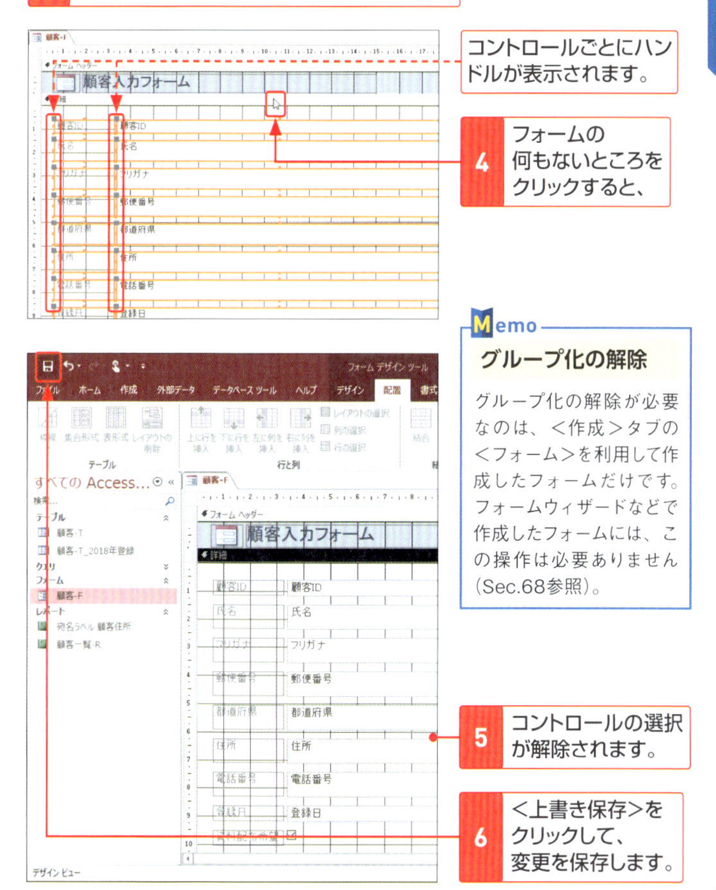

Memo

グループ化の解除

グループ化の解除が必要なのは、<作成>タブの<フォーム>を利用して作成したフォームだけです。フォームウィザードなどで作成したフォームには、この操作は必要ありません(Sec.68参照)。

テキストボックスのサイズを変更しよう

テキストボックスのサイズは、任意に変更することができます。ここでは、実際のデータの文字に合わせて、テキストボックスのサイズを調整しましょう。

1 テキストボックスのサイズを変える

1 フォーム「顧客-F」をデザインビューで表示します（P.174参照）。

2 テキストボックスをクリックして、

3 サイズ変更ハンドルにマウスポインターを合わせ、ポインターの形が ↔ に変わった状態で、

4 左方向にドラッグすると、

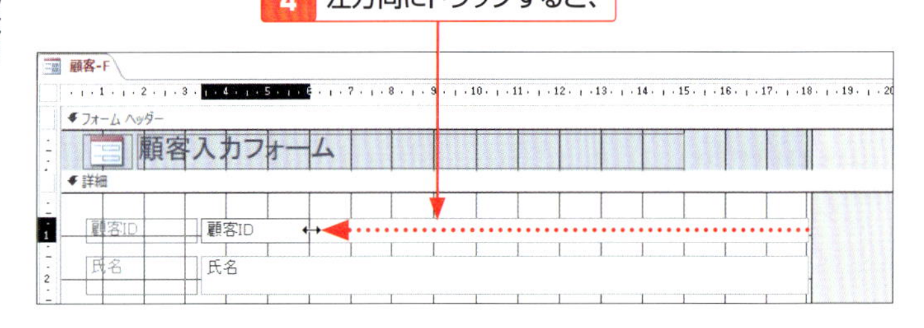

Memo サイズの変更方向

テキストボックスをクリックすると、周囲に8個のサイズ変更ハンドルが表示されます。どのハンドルをドラッグするかで、サイズを変更する方向が変わります。

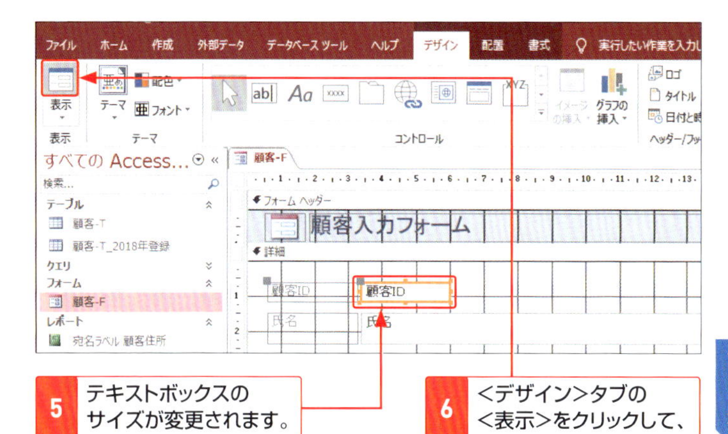

5 テキストボックスのサイズが変更されます。

6 <デザイン>タブの<表示>をクリックして、

7 フォームビューに切り替え、データが欠けていないことを確認します。

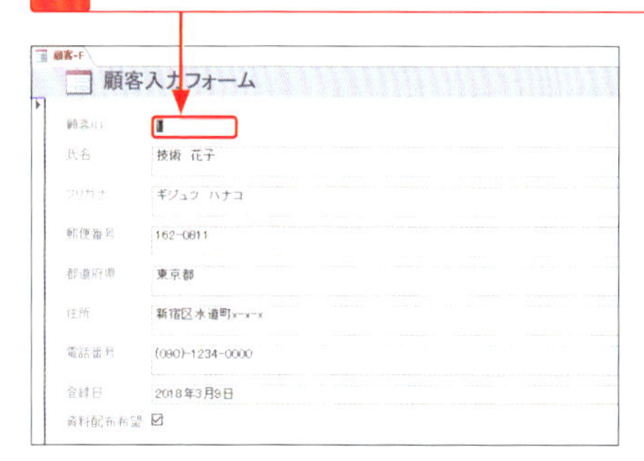

8 同様の操作で、ほかのテキストボックスのサイズも適宜変更して、上書き保存します。

Hint

フォームの横幅を変更するには

フォーム全体の横幅を変更するには、フォームの右端にマウスポインターを合わせ、ポインターの形が ✛ に変わった状態で左右にドラッグします。

ラベルやテキストボックスを移動しよう

ラベルやテキストボックスの位置は、自由に移動することができます。フォームでデータを入力しやすいように、ラベルとテキストボックスの位置を移動しましょう。

1 ラベルとテキストボックスを移動する

1 フォーム「顧客-F」をデザインビューで表示します（P.174参照）。

2 「フリガナ」のラベルあるいはテキストボックスをクリックして、外枠にマウスポインターを合わせます。

3 ポインターの形が に変わった状態で、移動先にドラッグすると、

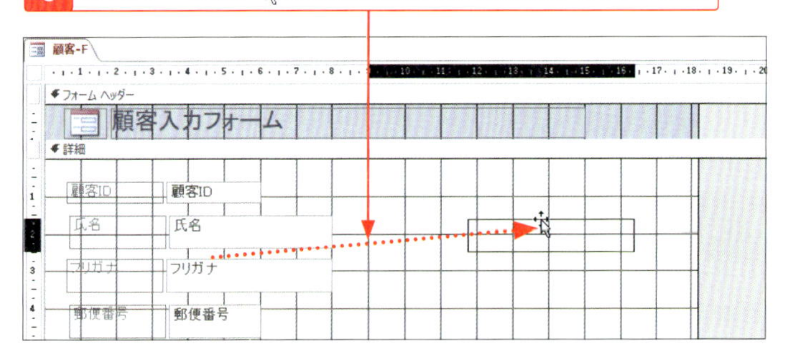

Memo ラベルとテキストボックスの移動

ラベルあるいはテキストボックスのどちらかを選択して、上記の方法で移動すると、ラベルとテキストボックスが同時に移動します。

4 ラベルとテキストボックスが同時に移動されます。

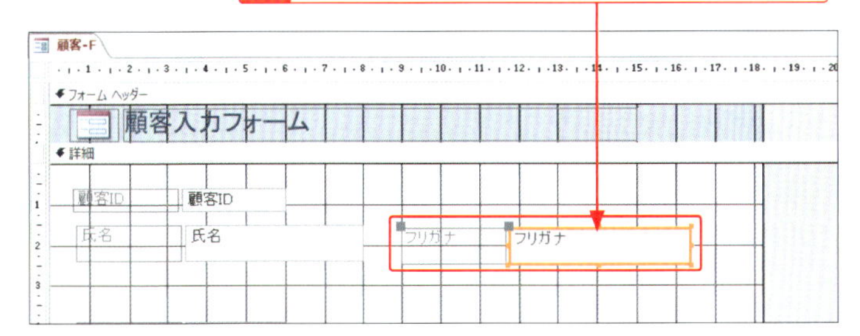

5 同様の操作で、「登録日」のラベルとテキストボックスを移動します。

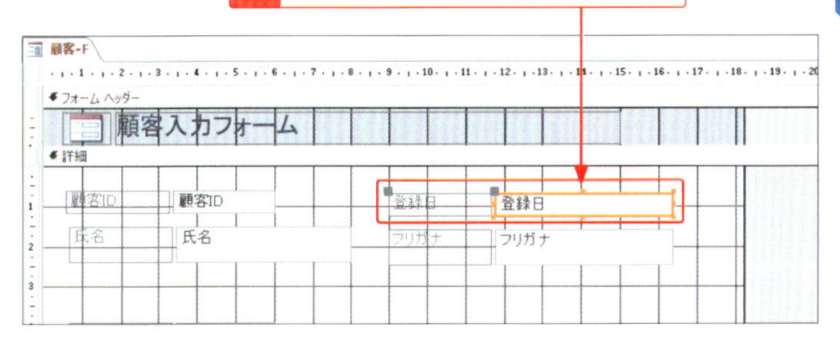

6 <上書き保存>をクリックして、変更を保存します。

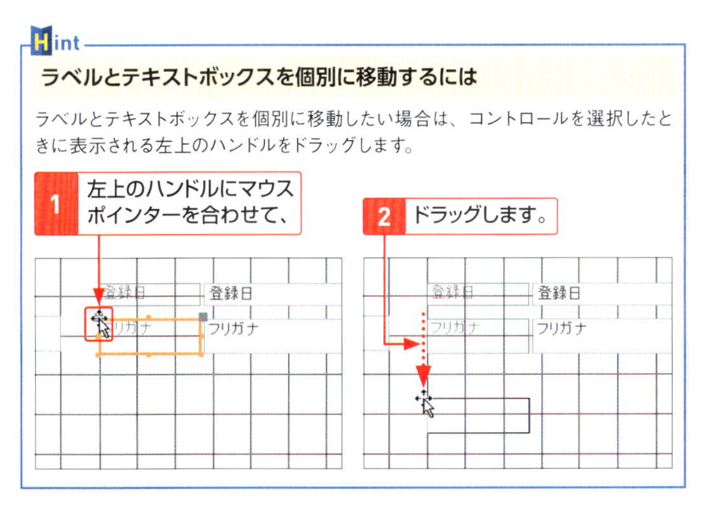

Hint

ラベルとテキストボックスを個別に移動するには

ラベルとテキストボックスを個別に移動したい場合は、コントロールを選択したときに表示される左上のハンドルをドラッグします。

1 左上のハンドルにマウスポインターを合わせて、

2 ドラッグします。

ラベルとテキストボックスの間隔やサイズを揃えよう

<配置>タブには、複数のコントロールどうしの上下や左右の間隔を揃えたり、コントロールのサイズを揃えたりする機能が用意されています。適宜利用して、フォームを見やすく調整しましょう。

1 コントロールの上下の間隔を揃える

1 フォーム「顧客-F」をデザインビューで表示します(P.174参照)。

2 何もないこの部分にマウスポインターを合わせて、

3 対角線上にドラッグすると、

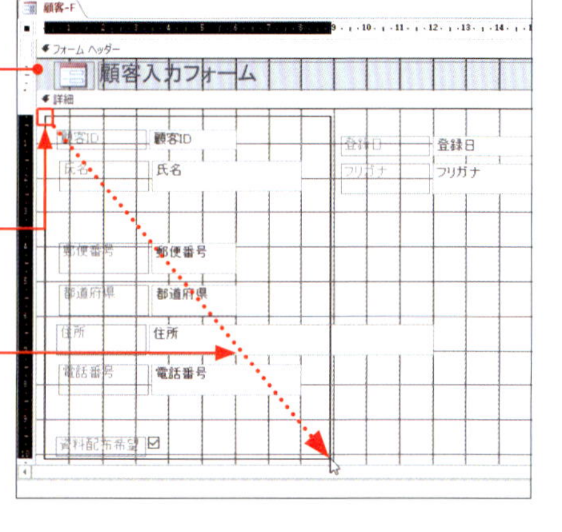

4 ドラッグした範囲に含まれるコントロールが選択されます。

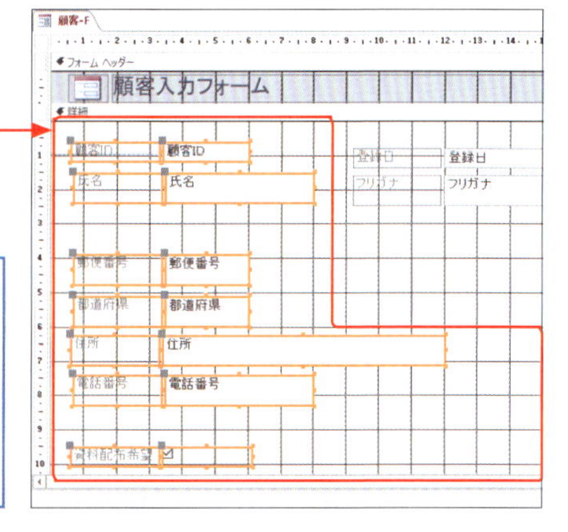

Memo

複数のコントロールの選択

Ctrlを押しながら各コントロールをクリックしても、複数のコントロールを選択できます。

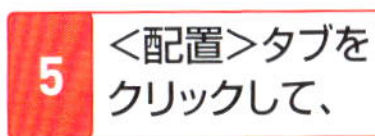

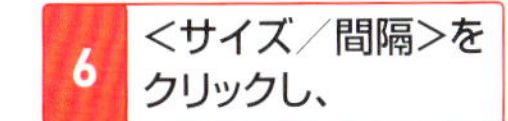

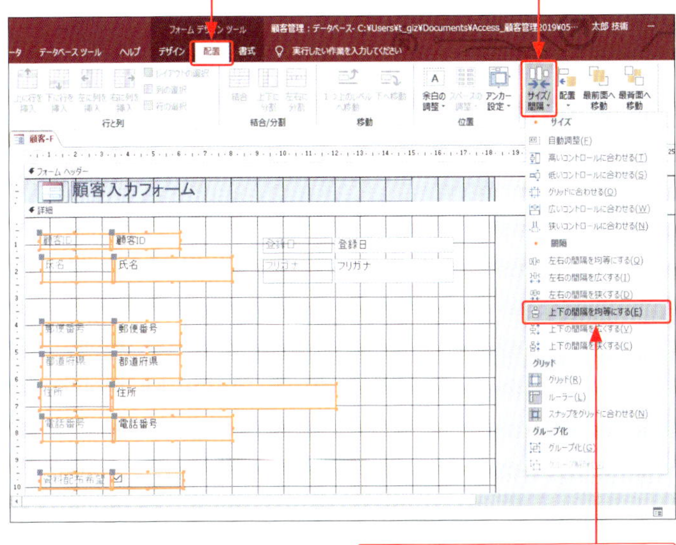

7 設定したい間隔（ここでは<上下の間隔を均等にする>）をクリックすると、

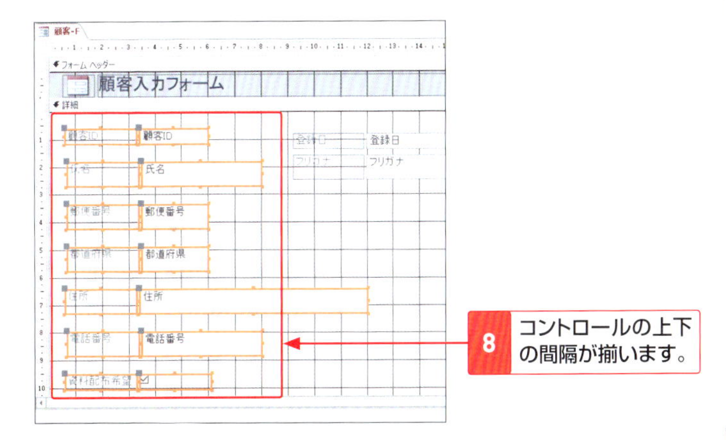

9 「顧客ID」と「登録日」のコントロールを Ctrl を押しながらクリックして、

10 <配置>をクリックし、

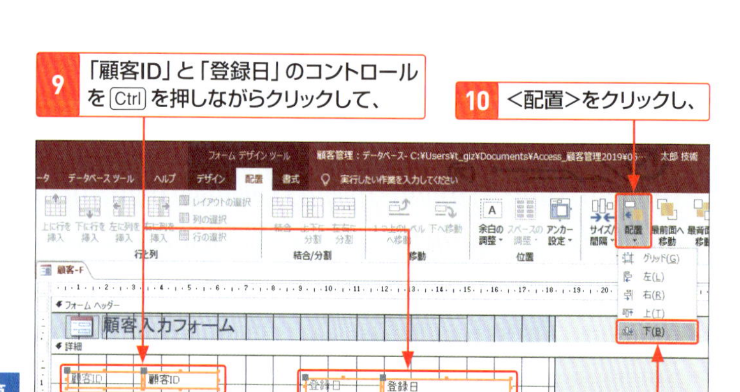

11 <下>をクリックすると、

12 コントロールの配置が下揃えになります。

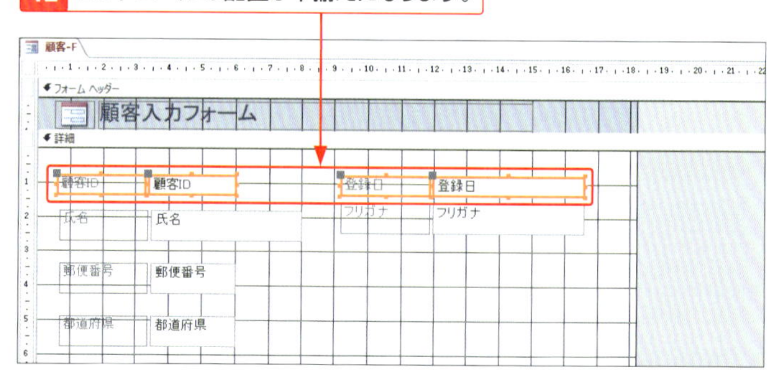

13 手順9～11と同様に操作して、「氏名」と「フリガナ」のコントロールの配置を揃えます。

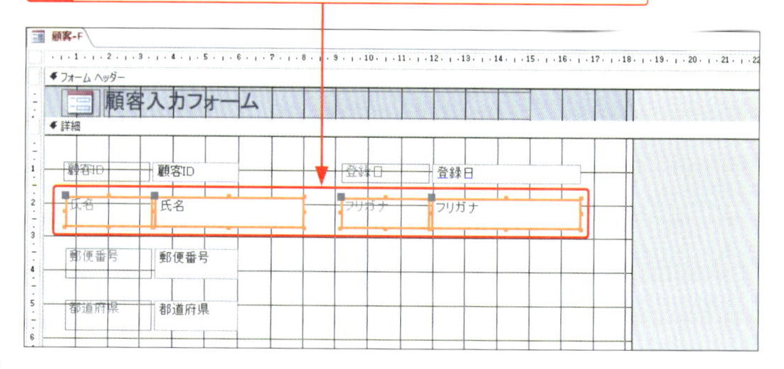

2 コントロールのサイズを揃える

1 サイズを揃えたいコントロールをすべて選択します（P.182参照）。

2 ＜配置＞タブの＜サイズ／間隔＞をクリックして、

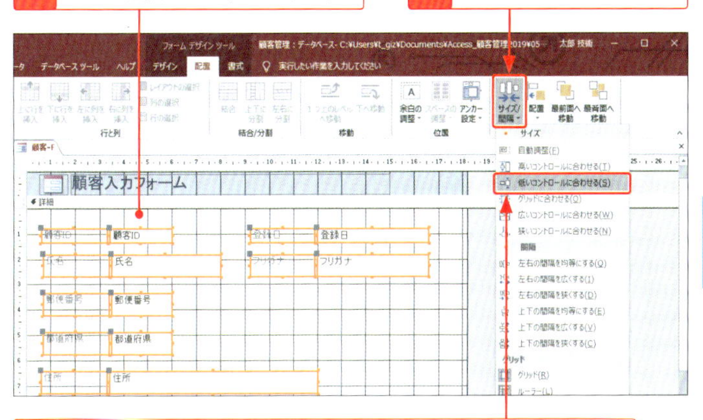

3 設定したいサイズ（ここでは＜低いコントロールに合わせる＞）をクリックすると、

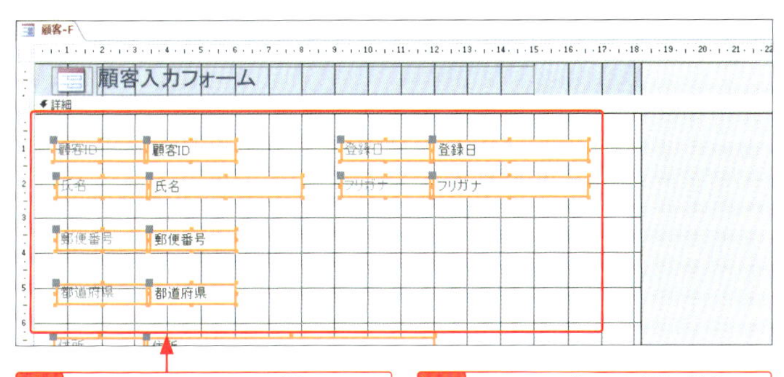

4 コントロールのサイズ（ここでは高さ）が揃います。

5 フォームビューに切り替えて、編集結果を確認します。

Hint

ラベルやテキストボックスを削除するには

テキストボックスをクリックして Delete を押すと、ラベルとテキストボックスを同時に削除できます。ラベルだけを削除する場合は、ラベルをクリックして Delete を押します。ただし、テキストボックスだけを削除することはできません。

レポートを印刷するボタンを配置しよう

フォームにボタンを配置して、ボタンをクリックすると、指定したレポートが印刷されるように設定しましょう。コマンドボタンウィザードを利用すると、かんたんに設定できます。

1 <コマンドボタンウィザード>を起動する

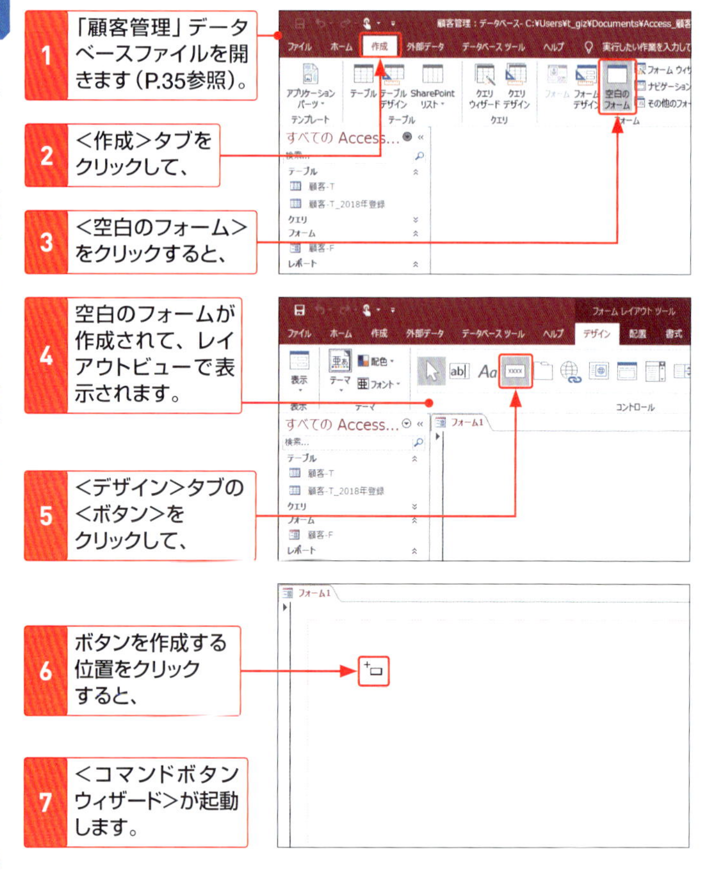

2 ボタンの動作を設定する

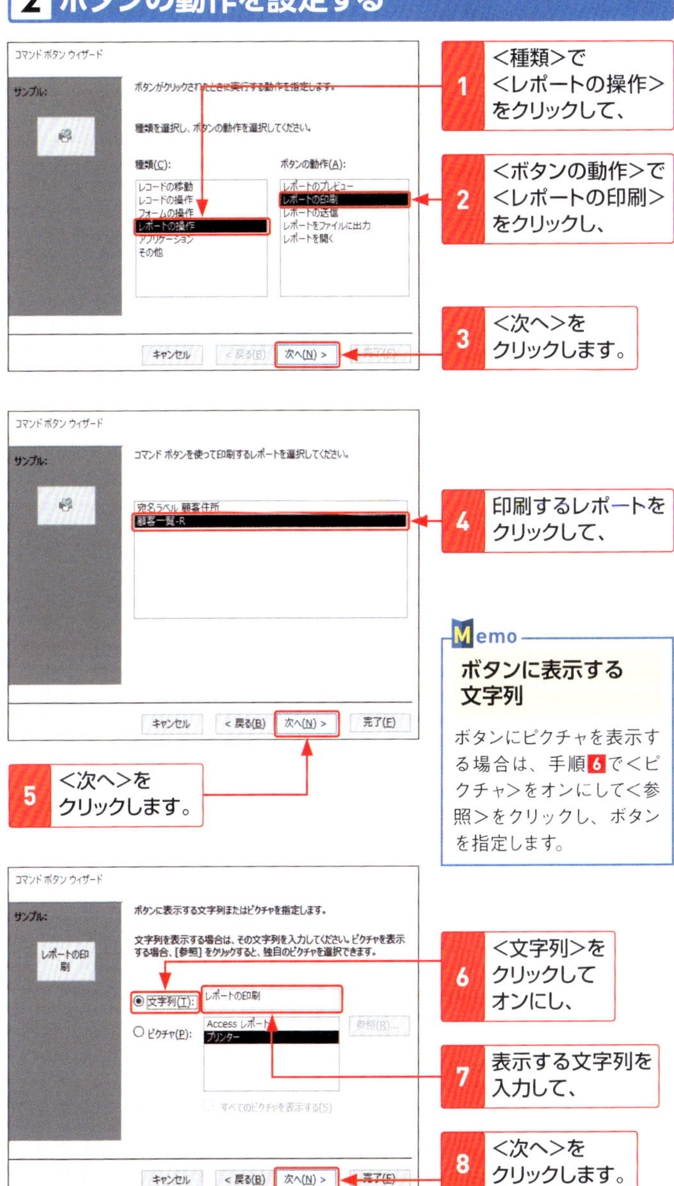

1 <種類>で<レポートの操作>をクリックして、

2 <ボタンの動作>で<レポートの印刷>をクリックし、

3 <次へ>をクリックします。

4 印刷するレポートをクリックして、

5 <次へ>をクリックします。

6 <文字列>をクリックしてオンにし、

7 表示する文字列を入力して、

8 <次へ>をクリックします。

Memo

ボタンに表示する文字列

ボタンにピクチャを表示する場合は、手順6で<ピクチャ>をオンにして<参照>をクリックし、ボタンを指定します。

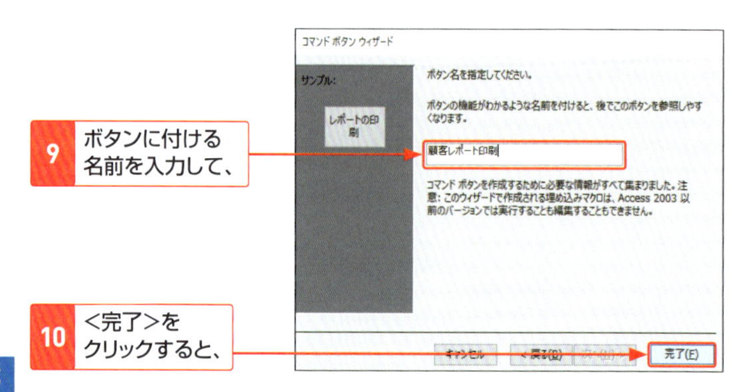

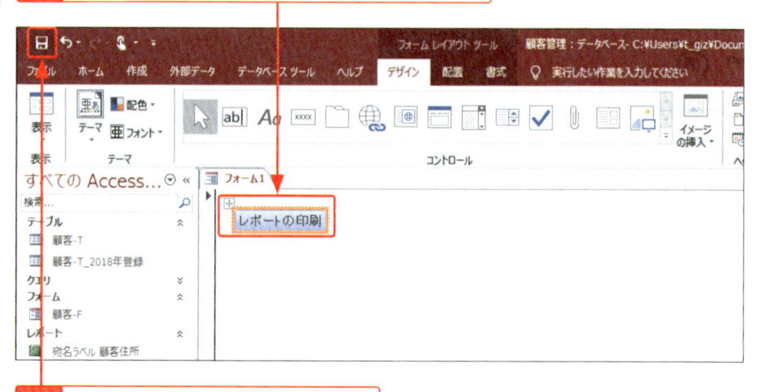

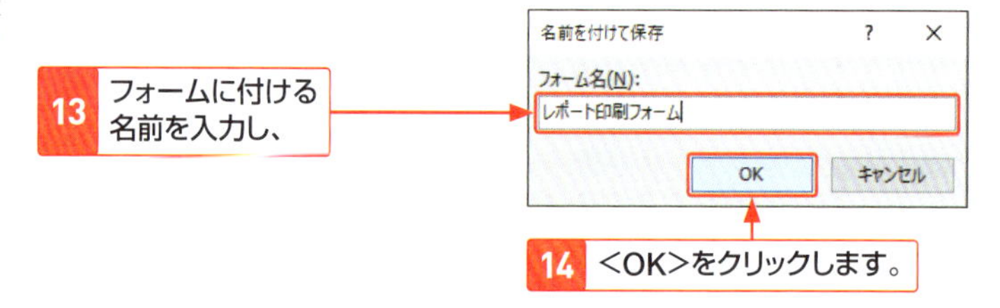

Memo

コマンドボタンウィザード

<コマンドボタンウィザード>では、ボタンをクリックしたときに、どのような動作をするのかを設定できます。

3 ボタンの動作を確認する

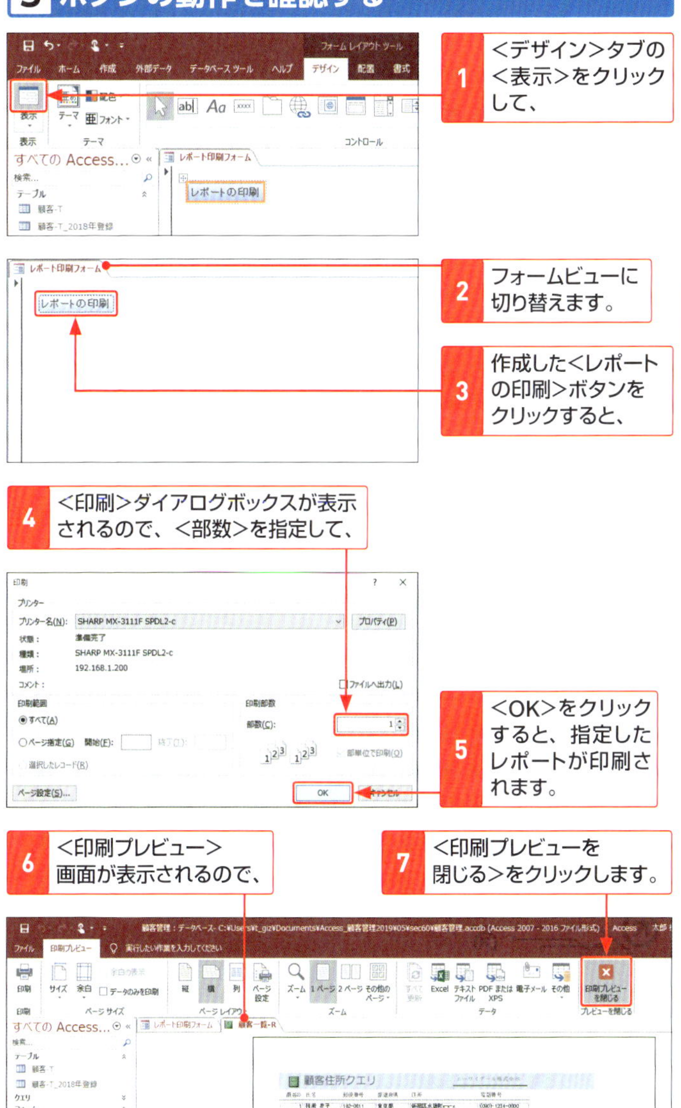

サブフォームにクエリのデータを表示させよう

サブフォームとは、フォームの中に配置した別のフォームのことです。ここでは、フォームの中にクエリを表示して、指定した条件に一致するレコードを抽出するフォームを作成しましょう。

1 サブフォームに表示するクエリを作成する

1 テーブル「顧客-T」から必要なフィールド(ここでは「顧客ID」「氏名」「郵便番号」「都道府県」「住所」)を抽出して、「都道府県抽出-Q」を作成します(Sec.25参照)。

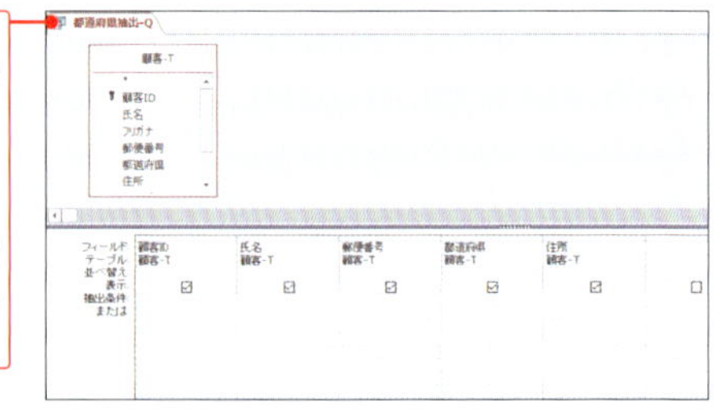

2 フォームを作成してテキストボックスを配置する

1 <作成>タブをクリックして、

2 <フォームデザイン>をクリックすると、

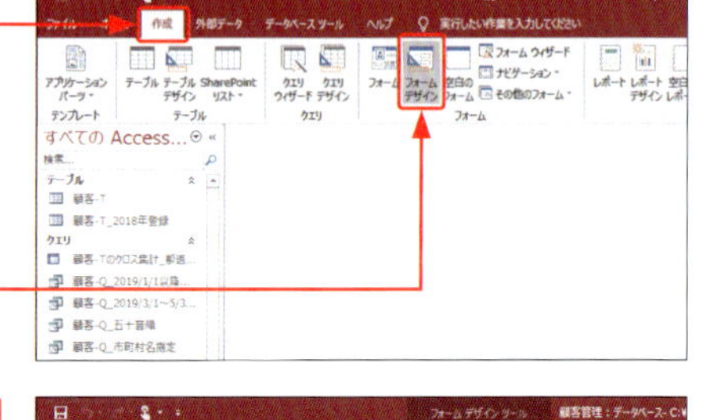

3 フォームが作成されて、デザインビューで表示されます。

4 <デザイン>タブの<コントロール>の<その他>をクリックして、

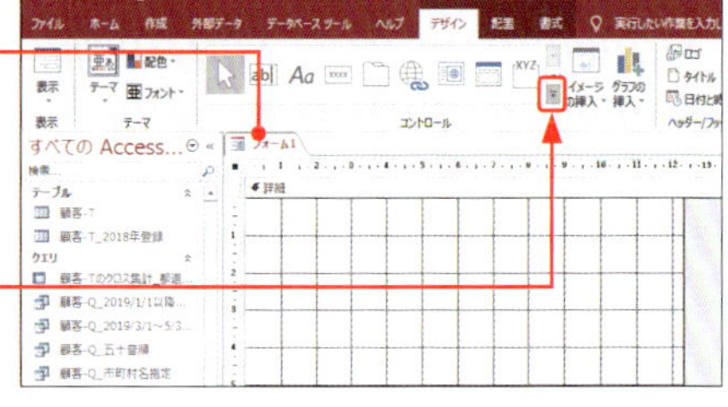

5 <コントロールウィザードの使用>をクリックしてオフにします。

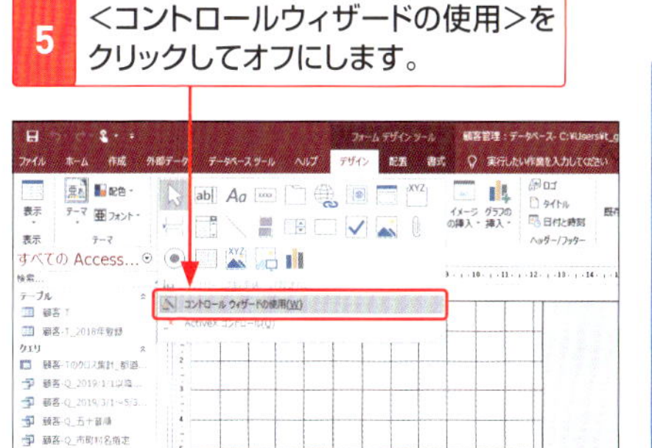

6 <テキストボックス>をクリックして、

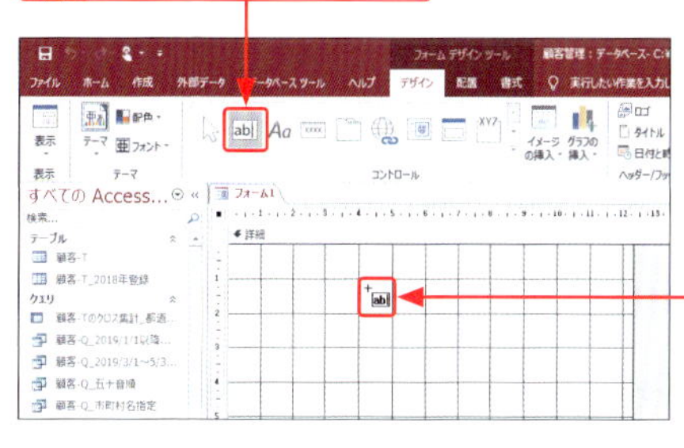

7 テキストボックスを表示する位置をクリックすると、

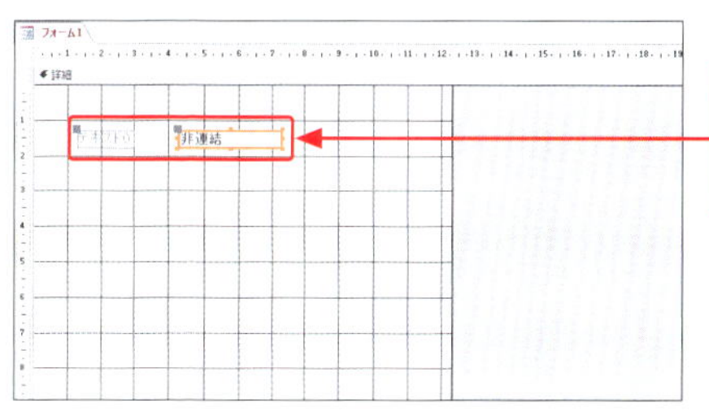

8 ラベルとテキストボックスが表示されます。

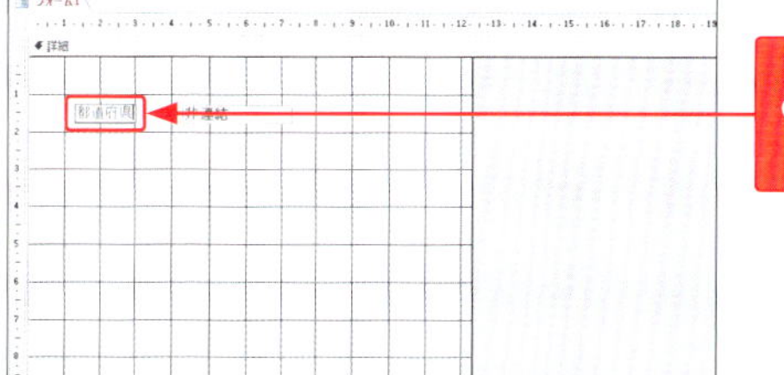

9 ラベルに文字（ここでは「都道府県」）を入力します。

Hint

コントロールウィザードの使用をオフにする

コントロールウィザードの使用がオンになっていると、<テキストボックスウィザード>が起動します。ここではこの機能を利用しないので、オフにします。

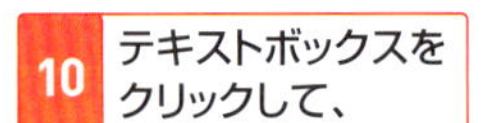

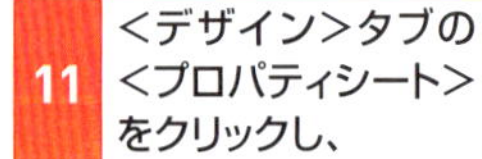

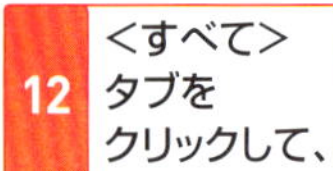

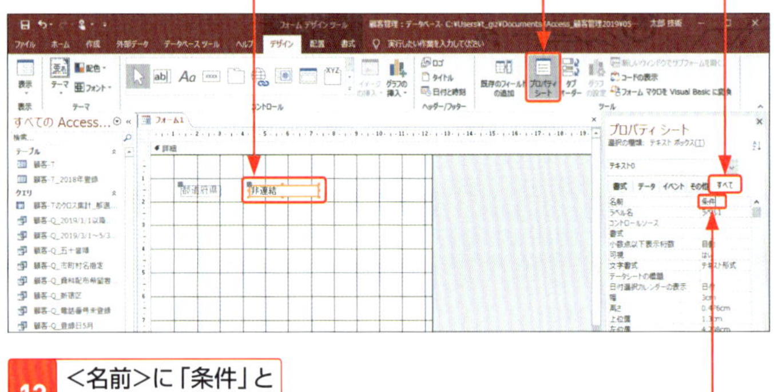

13 <名前>に「条件」と入力します。

3 サブフォームを作成してクエリを設定する

1 <デザイン>タブの<コントロール>の<その他> をクリックして、

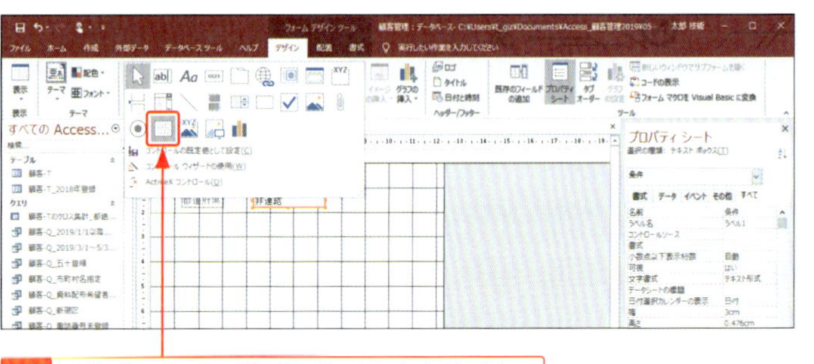

2 <サブフォーム/サブレポート>をクリックし、

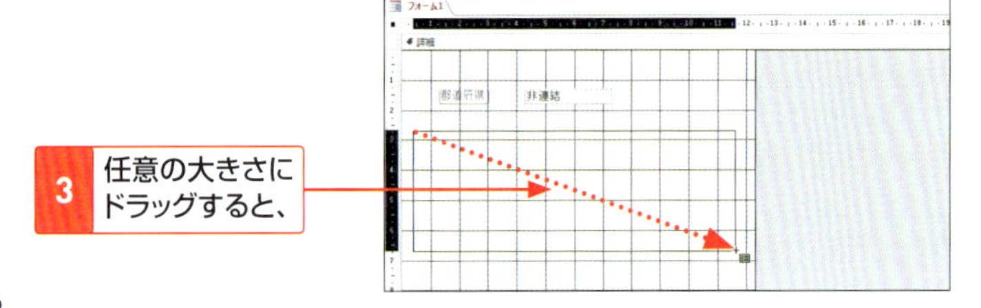

4 サブフォームが作成されます。

5 <プロパティシート>の<データ>タブをクリックして、

6 <ソースオブジェクト>のここをクリックし、

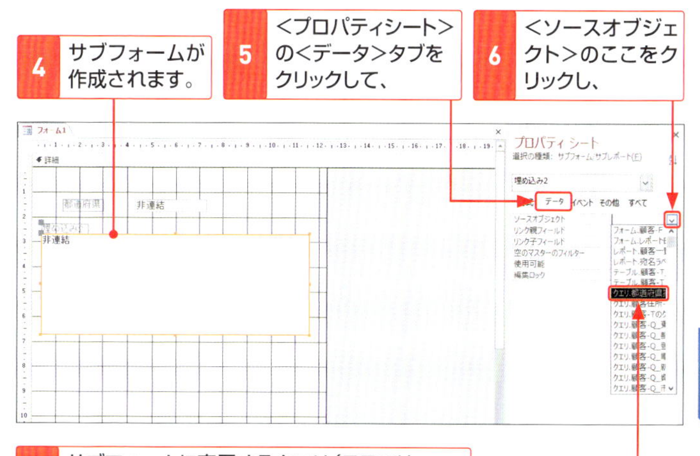

7 サブフォームに表示するクエリ(ここでは「クエリ.都道府県抽出-Q」)をクリックすると、

8 サブフォームに「クエリ.都道府県抽出-Q」と表示されます。

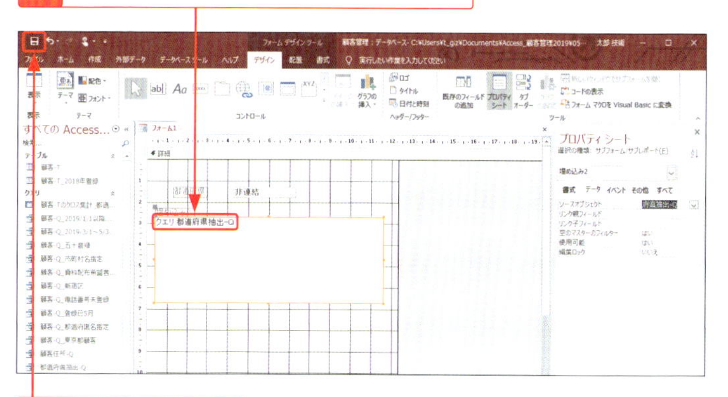

9 <上書き保存>をクリックして、

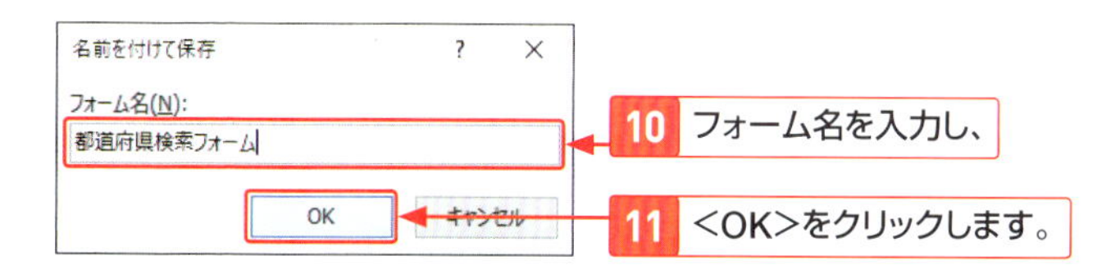

10 フォーム名を入力し、

11 <OK>をクリックします。

4 抽出条件にフォームの値を設定する

1 サブフォームに表示するクエリ「都道府県抽出-Q」をデザインビューで表示します。

2 「都道府県」の<抽出条件>欄をクリックして、

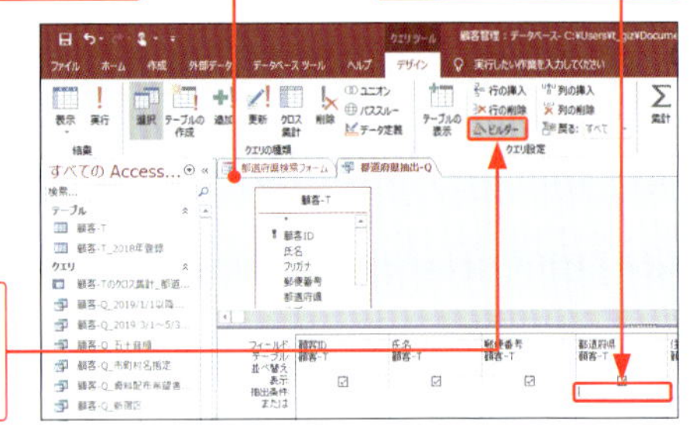

3 <デザイン>タブの<ビルダー>をクリックします。

4 <式ビルダー>ダイアログボックスが表示されるので、「顧客管理.accdb」をダブルクリックして、

5 <Forms>をダブルクリックします。

6 <すべてのフォーム>をダブルクリックして、

7 「都道府県検索フォーム」をクリックし、

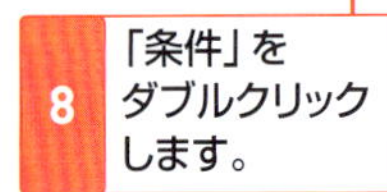

8 「条件」をダブルクリックします。

9 <OK>をクリックすると、

10 クエリの<抽出条件>欄に式が挿入されます。

11 クエリを上書き保存して閉じます。

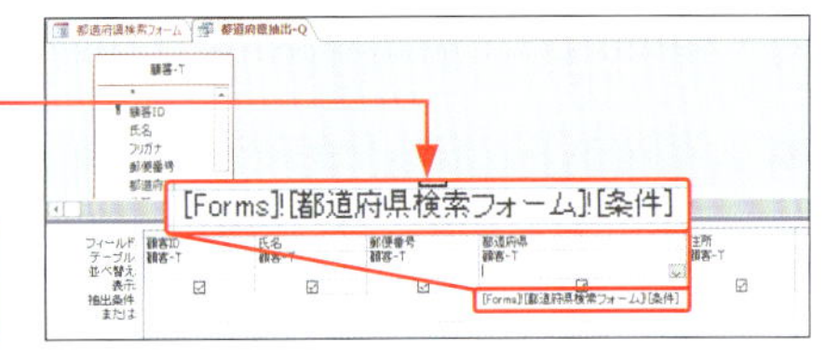

5 クエリを更新するボタンを配置する

1 「都道府県検索フォーム」をデザインビューで表示します。

2 <デザイン>タブの<ボタン>をクリックして、

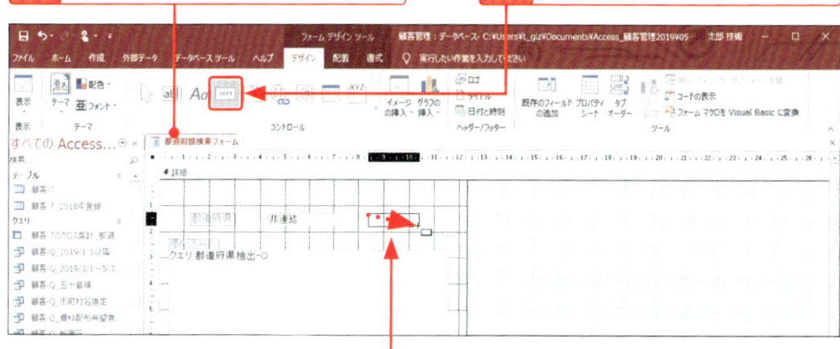

3 ボタンを表示する位置でドラッグします。

4 <デザイン>タブの<プロパティシート>をクリックして、

5 <すべて>タブをクリックし、

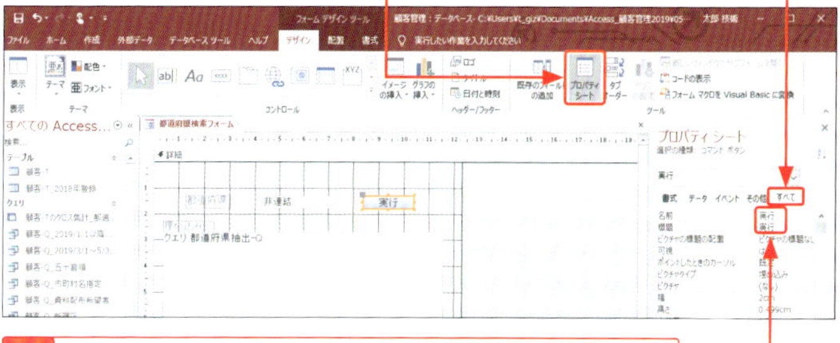

6 <名前>と<標題>にボタンに表示する名前（ここでは「実行」）を入力します。

7 ボタンを右クリックして、

8 <イベントのビルド>をクリックします。

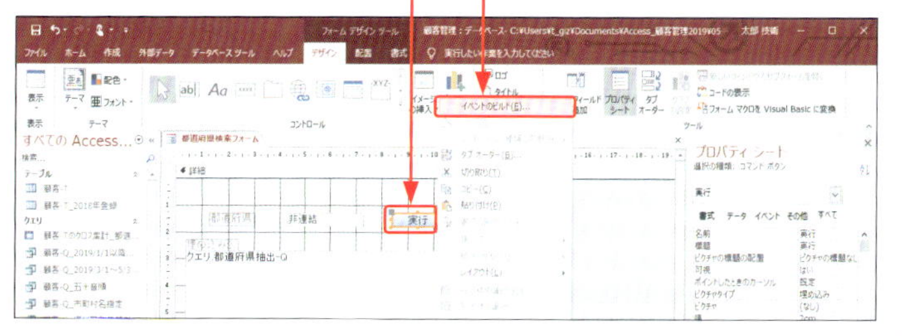

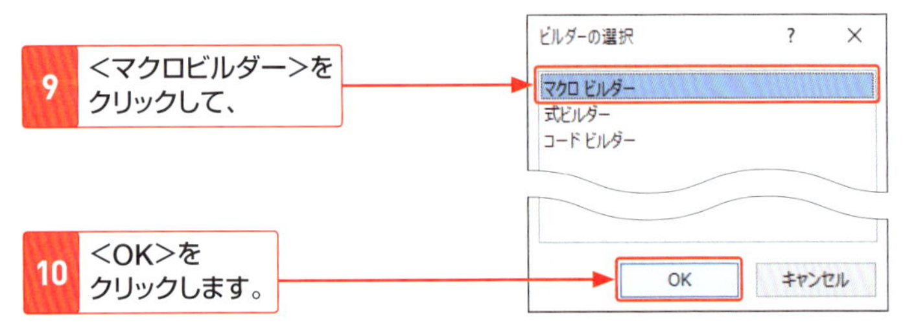

9 <マクロビルダー>をクリックして、

10 <OK>をクリックします。

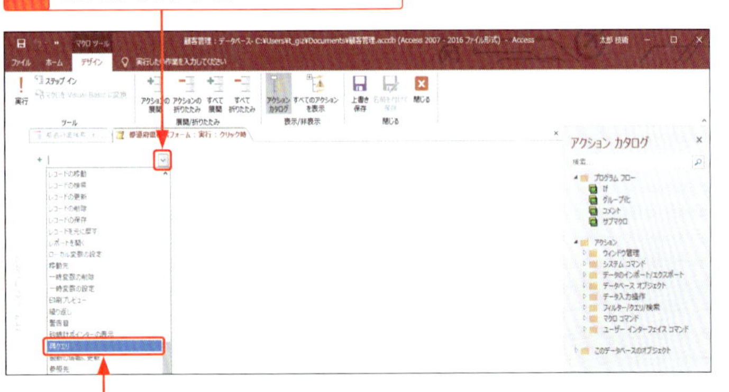

11 <マクロツール>が表示されるので、ここをクリックして、

12 <再クエリ>をクリックします。

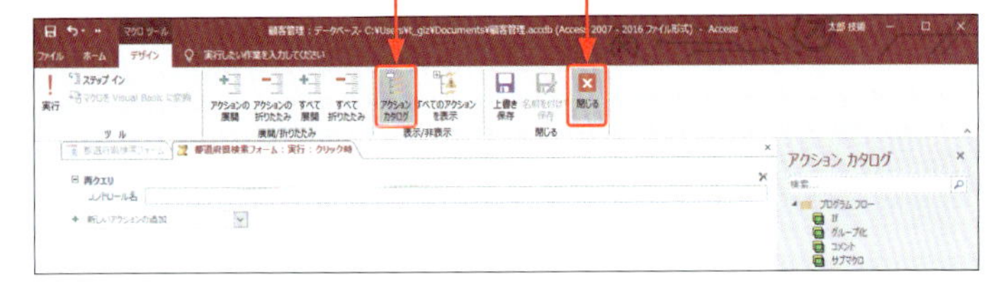

13 <上書き保存>をクリックして、

14 <閉じる>をクリックし、<マクロツール>を閉じます。

15 フォームを上書き保存して閉じます。

Hint

ボタンにマクロを設定する

手順7～手順15では、マクロビルダーを利用して、P.195で作成したボタンにクエリを更新するマクロを設定しています。

6 フォームの動作を確認する

1 「都道府県検索フォーム」をフォームビューで表示します。

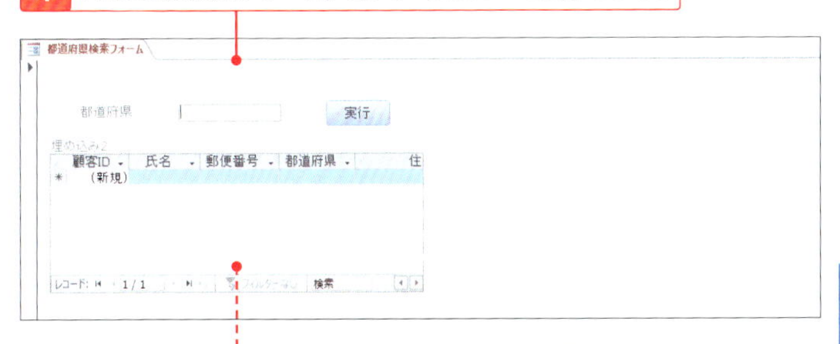

テキストボックスが未入力なので、サブフォームにはまだデータが表示されていません。

2 テキストボックスに抽出したい都道府県を入力して、

3 <実行>をクリックすると、

4 都道府県が「東京都」のレコードが抽出されます。

不要なラベルの削除、サブフォームのサイズ調整などの操作は、Sec.60で解説します。

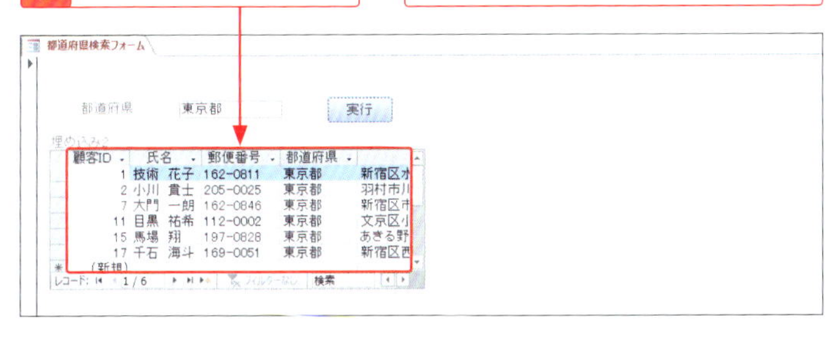

サブフォームのレイアウトを調整しよう

作成した直後のサブフォームは、一部のデータが正しく表示されなかったり、不要なコントロールがあったりします。ここでは、Sec.59で作成したサブフォームのレイアウトを調整しましょう。

1 サブフォームのレイアウトを調整する

1 P.197でレコードを抽出した状態で、<ホーム>タブの<表示>のここをクリックして、

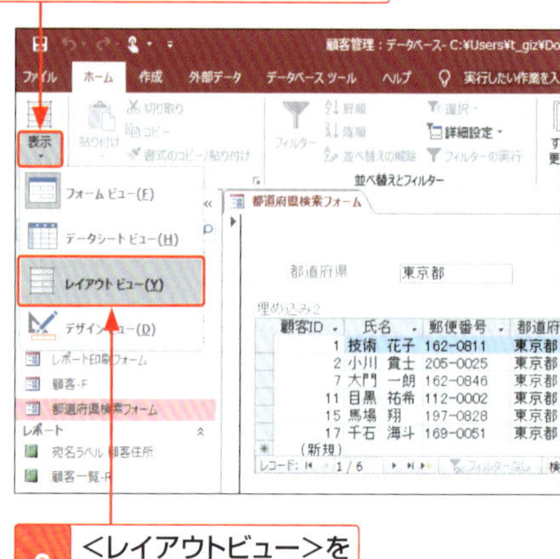

2 <レイアウトビュー>をクリックすると、

3 フォームがレイアウトビューで表示されます。

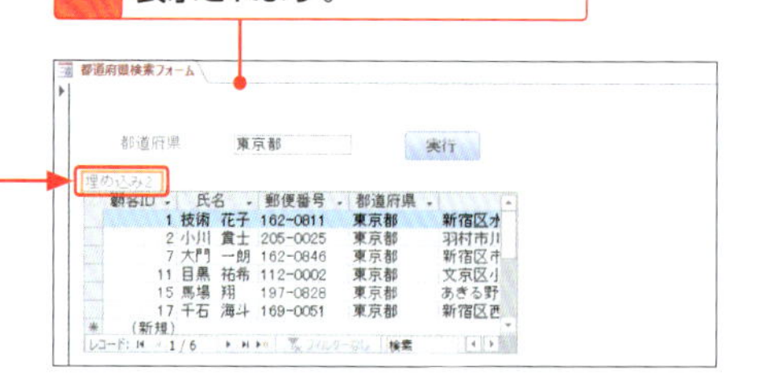

4 サブフォームのラベルをクリックして、

Memo フォームの編集

フォームの編集は、デザインビュー、レイアウトビューのどちらでもできます。レイアウトビューを利用すると、実際のデータを確認しながら調整できるので便利です。

5 Delete を押し、ラベルを削除します。

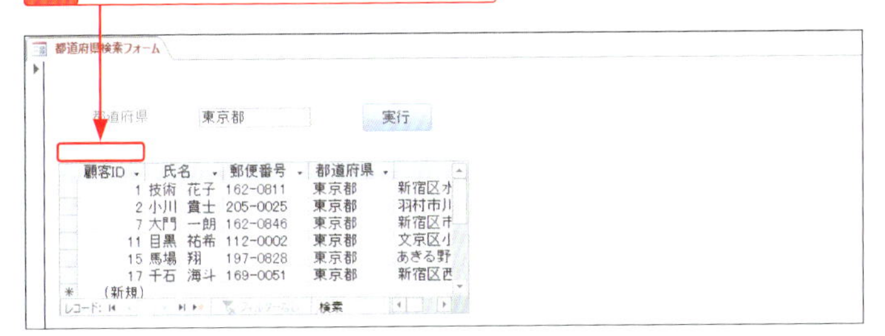

6 サブフォームをクリックして、

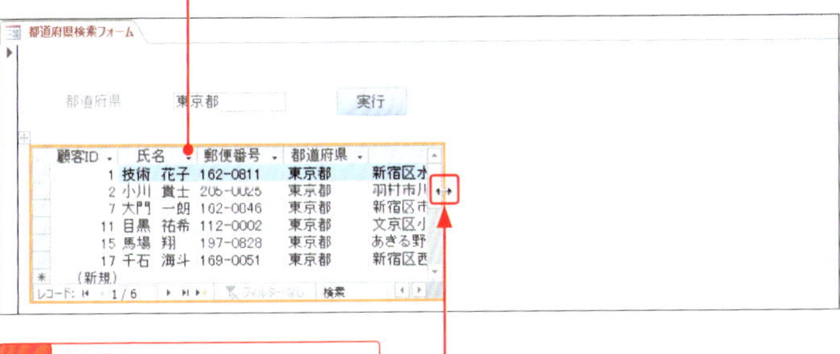

7 ここに
マウスポインターを合わせ、

8 ドラッグして、サブフォームの幅を調整します。

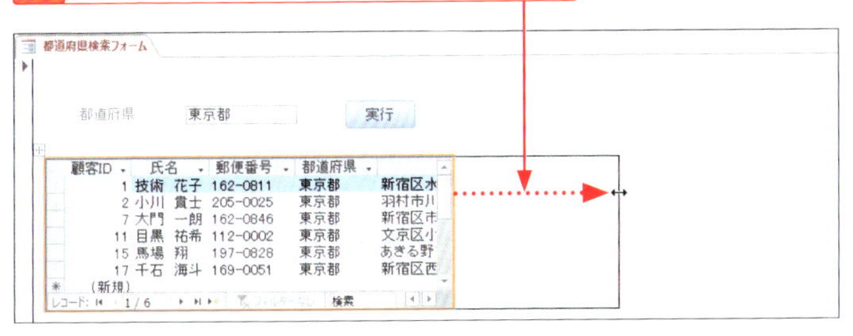

Memo

サブフォームのサイズの調整

サブフォームをクリックして、いずれかの四辺や四隅をドラッグすると、サイズを変更できます。

9 境界線にマウスポインターを合わせて、

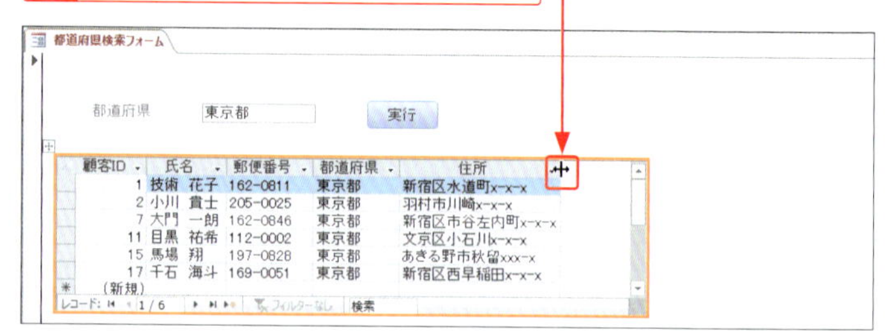

10 ドラッグし、列幅を調整します。

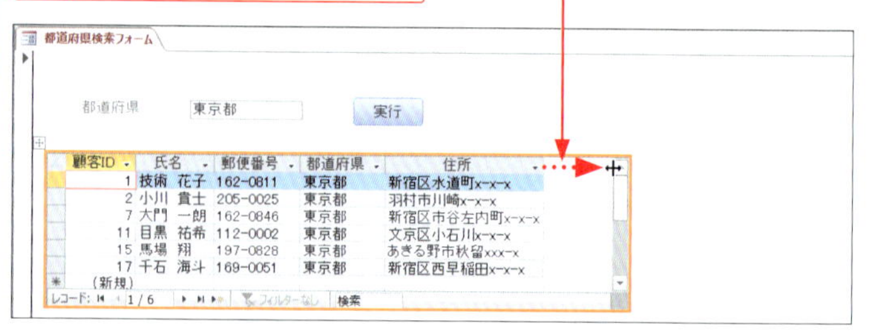

11 サブフォームの高さも同様にドラッグして調整します。

12 テキストボックスのレイアウトも適宜調整し、

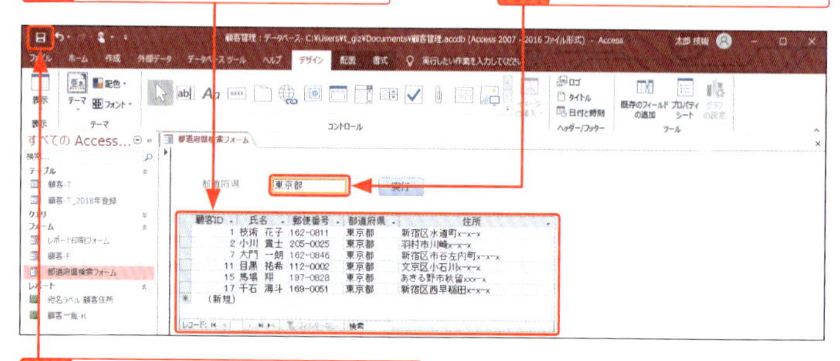

13 <上書き保存>をクリックして、レイアウトの変更を保存します。

Memo

列幅の調整

列の境界線をダブルクリックすると、文字列に合わせて列幅が自動調整されます。境界線をドラッグすると、列幅を任意に調整できます。

第6章

テーブルの関連付け
～リレーショナル
データベースを作成しよう

リレーショナルデータベースのしくみを知ろう

リレーショナルデータベースとは、複数のテーブルを組み合わせて利用できるようにしたデータベースのことです。Accessではリレーショナルデータベースを管理できます。

1 リレーショナルデータベースとは

リレーショナルデータベースとは、複数のテーブルどうしを関連付けることで、情報を管理できるようにしたデータベースです。必要に応じてテーブルを関連付けることで、1つのテーブルだけでは実現できない複雑なデータベースを作成できます。

顧客テーブル

顧客ID	顧客名	郵便番号	住所	電話番号
1	技術花子	162-0811	東京都新宿区水道町 x-x	090-1234-0000
2	小川貴士	205-0025	東京都羽村市川崎 x-x-x	090-2345-0000
3	上野さくら	252-0813	神奈川県藤沢市亀井野 xxx-x	090-3456-0000
4	森下正己	351-0012	埼玉県朝霞市栄町 x-x-x	090-4567-0000
5	神田美樹	273-0128	千葉県鎌ケ谷市くぬぎ山 xxx-x	090-5678-0000

複数テーブルの共通フィールドを関連付けることで、テーブル間のデータを参照できるようになります。

売上テーブル

売上ID	販売日	顧客ID
S-001	2019年8月20日	2
S-002	2019年8月21日	5
S-003	2019年8月23日	10
S-004	2019年8月25日	5
S-005	2019年8月27日	6

2 リレーショナルデータベースの利点

1つまたは複数の表に同じデータが存在していると、入力や編集に手間がかかるだけでなく、データ量も増えます。また、修正があった場合は、関連するデータをすべて修正する必要があります。リレーショナルデータベースを利用すると、このような問題が解決されます。

シンプルな管理が可能

情報の種類ごとにテーブルを分類すると、テーブルがシンプルになり、管理しやすくなります。

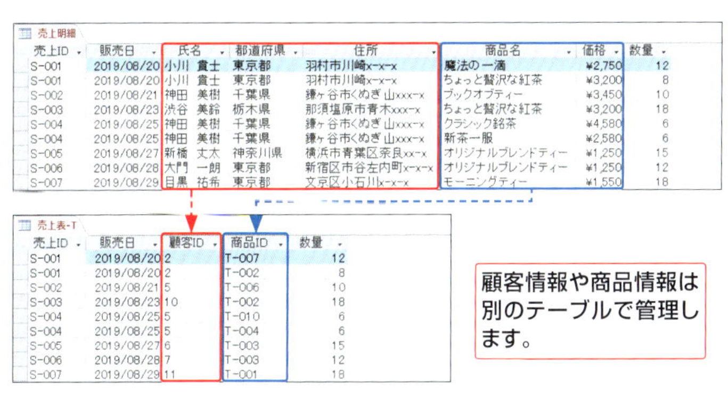

売上明細

売上ID	販売日	氏名	都道府県	住所	商品名	価格	数量
S-001	2019/08/20	小川 貴士	東京都	羽村市川崎x-x-x	魔法の一滴	¥2,750	12
S-001	2019/08/20	小川 貴士	東京都	羽村市川崎x-x-x	ちょっと贅沢な紅茶	¥3,200	8
S-002	2019/08/21	神田 美樹	千葉県	鎌ヶ谷市くぬぎ山xxx-x	ブックオブティー	¥3,450	10
S-003	2019/08/23	渋谷 美鈴	栃木県	那須塩原市青木xxx-x	ちょっと贅沢な紅茶	¥3,200	18
S-004	2019/08/25	神田 美樹	千葉県	鎌ヶ谷市くぬぎ山xxx-x	クラシック銘茶	¥4,580	6
S-004	2019/08/25	神田 美樹	千葉県	鎌ヶ谷市くぬぎ山xxx-x	新茶一服	¥2,580	6
S-005	2019/08/27	新橋 丈太	神奈川県	横浜市青葉区奈良xx-x	オリジナルブレンドティー	¥1,250	15
S-006	2019/08/28	大門 一朗	東京都	新宿区市谷左内町x-x-x	オリジナルブレンドティー	¥1,250	12
S-007	2019/08/29	目黒 祐希	東京都	文京区小石川x-x-x	モーニングティー	¥1,550	18

売上表-T

売上ID	販売日	顧客ID	商品ID	数量
S-001	2019/08/20	2	T-007	12
S-001	2019/08/20	2	T-002	8
S-002	2019/08/21	5	T-006	10
S-003	2019/08/23	10	T-002	18
S-004	2019/08/25	5	T-010	6
S-004	2019/08/25	5	T-004	6
S-005	2019/08/27	6	T-003	15
S-006	2019/08/28	7	T-003	12
S-007	2019/08/29	11	T-001	18

データの修正が容易

商品や顧客の情報に修正があった場合でも、関連するテーブルを修正するだけで済みます。

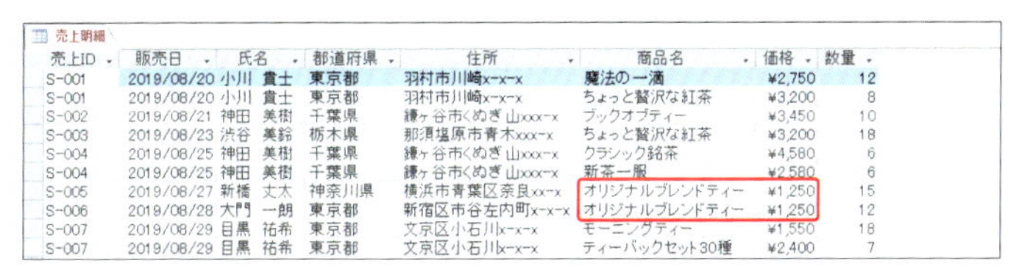

売上明細

売上ID	販売日	氏名	都道府県	住所	商品名	価格	数量
S-001	2019/08/20	小川 貴士	東京都	羽村市川崎x-x-x	魔法の一滴	¥2,750	12
S-001	2019/08/20	小川 貴士	東京都	羽村市川崎x-x-x	ちょっと贅沢な紅茶	¥3,200	8
S-002	2019/08/21	神田 美樹	千葉県	鎌ヶ谷市くぬぎ山xxx-x	ブックオブティー	¥3,450	10
S-003	2019/08/23	渋谷 美鈴	栃木県	那須塩原市青木xxx-x	ちょっと贅沢な紅茶	¥3,200	18
S-004	2019/08/25	神田 美樹	千葉県	鎌ヶ谷市くぬぎ山xxx-x	クラシック銘茶	¥4,580	6
S-004	2019/08/25	神田 美樹	千葉県	鎌ヶ谷市くぬぎ山xxx-x	新茶一服	¥2,580	6
S-005	2019/08/27	新橋 丈太	神奈川県	横浜市青葉区奈良xx-x	オリジナルブレンドティー	¥1,250	15
S-006	2019/08/28	大門 一朗	東京都	新宿区市谷左内町x-x-x	オリジナルブレンドティー	¥1,250	12
S-007	2019/08/29	目黒 祐希	東京都	文京区小石川x-x-x	モーニングティー	¥1,550	18
S-007	2019/08/29	目黒 祐希	東京都	文京区小石川x-x-x	ティーバックセット30種	¥2,400	7

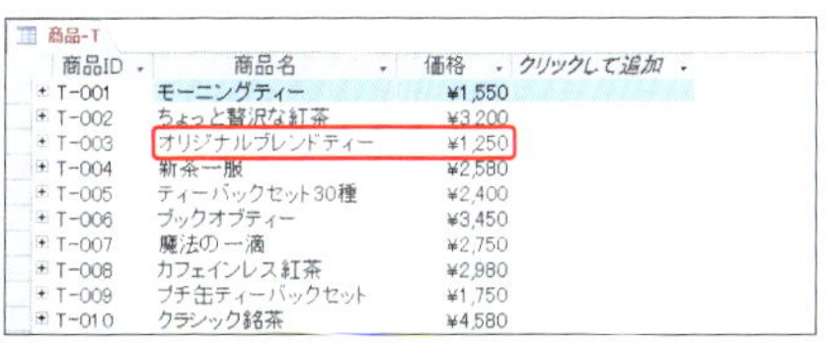

商品-T

商品ID	商品名	価格	クリックして追加
T-001	モーニングティー	¥1,550	
T-002	ちょっと贅沢な紅茶	¥3,200	
T-003	オリジナルブレンドティー	¥1,250	
T-004	新茶一服	¥2,580	
T-005	ティーバックセット30種	¥2,400	
T-006	ブックオブティー	¥3,450	
T-007	魔法の一滴	¥2,750	
T-008	カフェインレス紅茶	¥2,980	
T-009	プチ缶ティーバックセット	¥1,750	
T-010	クラシック銘茶	¥4,580	

重複するデータがあっても、1つのデータの修正で済みます。

リレーションシップについて知ろう

リレーションシップとは、テーブルどうしの関連付けのことです。リレーショナルデータベースでは、リレーションシップを使ってテーブルどうしを関連付けることができます。

1 リレーションシップを設定するには

リレーションシップは、複数のテーブルに共通するフィールドを用意し、それを結合することで設定されます。一般的には、テーブル内のデータを識別するためのフィールド（＝主キーフィールド）と、ほかのテーブルからデータを参照するためのフィールド（＝外部キーフィールド）とを結びつけます。

主キーフィールド

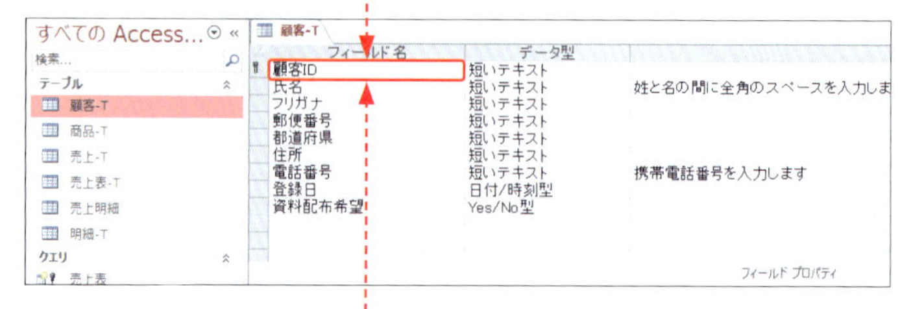

テーブル内のデータを識別するための主キーフィールドと、ほかのテーブルからデータを参照するための外部キーフィールドとを結びつけます。

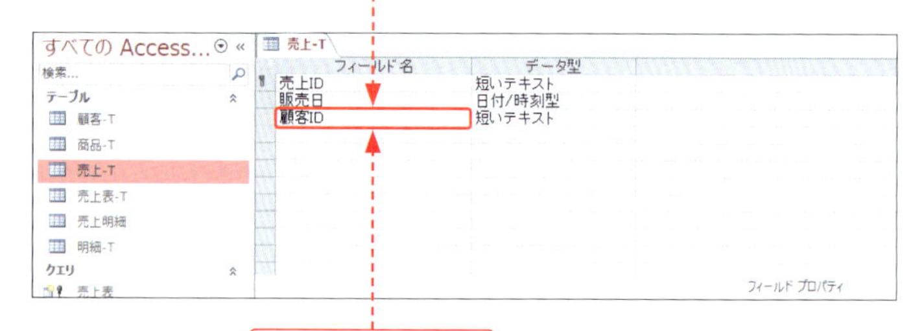

外部キーフィールド

2 リレーションシップの種類

テーブル間に設定するリレーションシップには、主に以下の 2 種類があります。一般的には、「一対多リレーションシップ」が利用されます。

一対多リレーションシップ

片方のテーブルの 1 レコードが、もう片方のテーブルの複数のレコードに対応しています。一対多リレーションシップが設定されているテーブル間では、「一」側のテーブルを「主テーブル」、「多」側のテーブルを「リレーションテーブル」といいます。

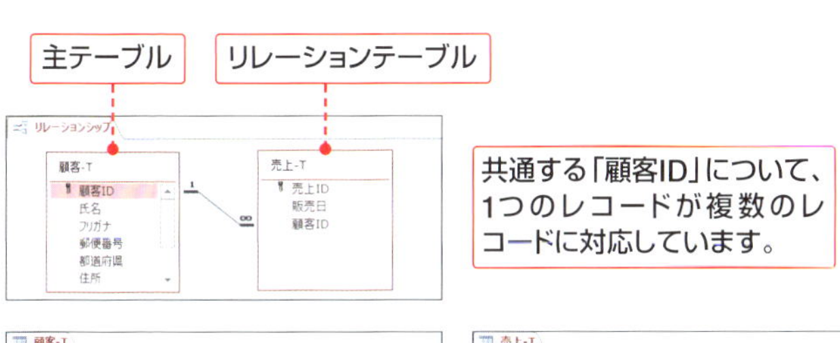

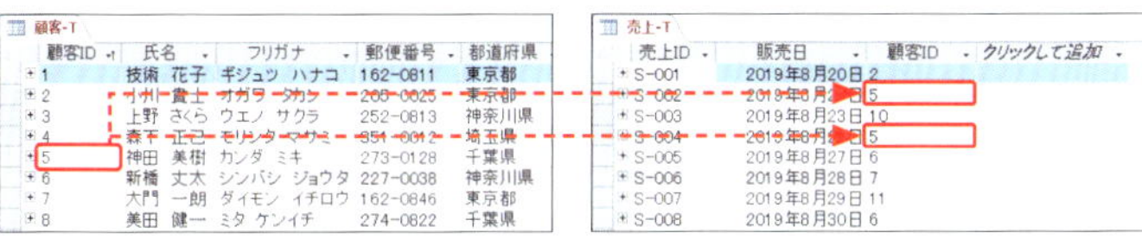

一対一リレーションシップ

片方のテーブルの 1 レコードが、もう片方のテーブルの 1 レコードだけに対応しています。主キーのフィールドどうしを結合すると、一対一リレーションシップとなります。

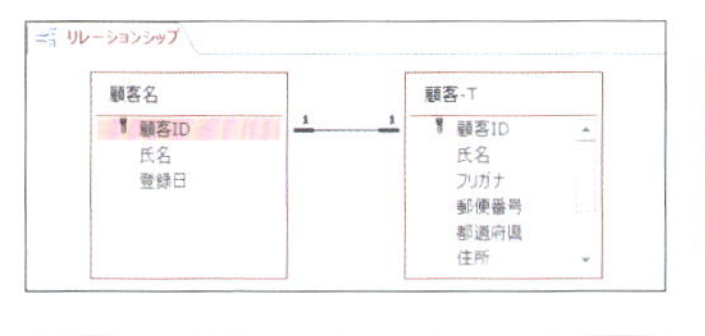

共通する「顧客ID」について、1つのレコードが1つのレコードだけに対応しています。

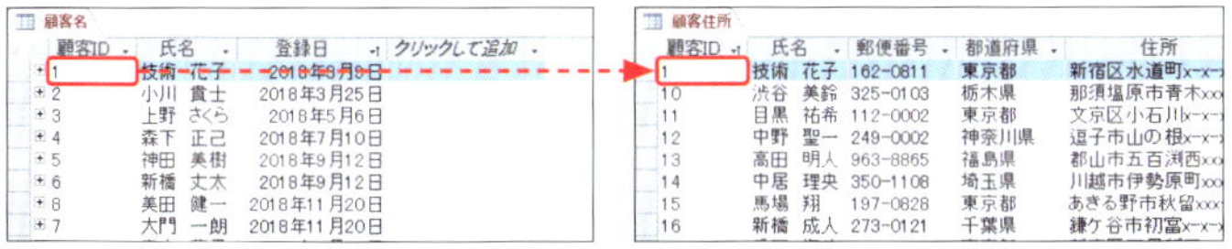

リレーショナルデータベースの構成を考えよう

リレーショナルデータベースを作成するには、まず、作成するデータベースの目的や使用方法を考えます。本章では、**複数のテーブルを組み合わせてデータを活用**するためのデータベースを作成しましょう。

1 本章で作成するデータベース

本章では、売上を管理するための「売上管理」データベースを作成します。「売上管理」データベースでは、いつ誰にどのような商品を販売したのかを管理できるように、複数の必要なテーブルを作成し、適宜組み合わせて活用します。

複数のテーブルの作成

1 「売上管理」データベースを作成して、

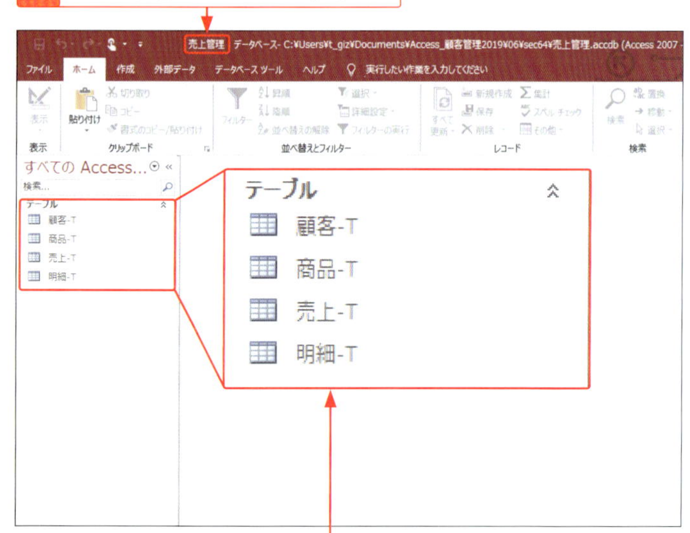

2 「顧客-T」「商品-T」「売上-T」「明細-T」の4つのテーブルを作成し、適宜組み合わせて活用します。

2 本章で作成するリレーションシップ

異なるテーブルどうしを組み合わせてデータを活用するには、テーブルどうしを関連付けるための共通のフィールドが必要です。共通フィールドのデータ型は一致している必要があります。

本章では、第2章で作成したテーブル「顧客-T」に加えて、「売上-T」「明細-T」「商品-T」の3つのテーブルを作成します。そして、それぞれのテーブル間にリレーションシップを設定します。

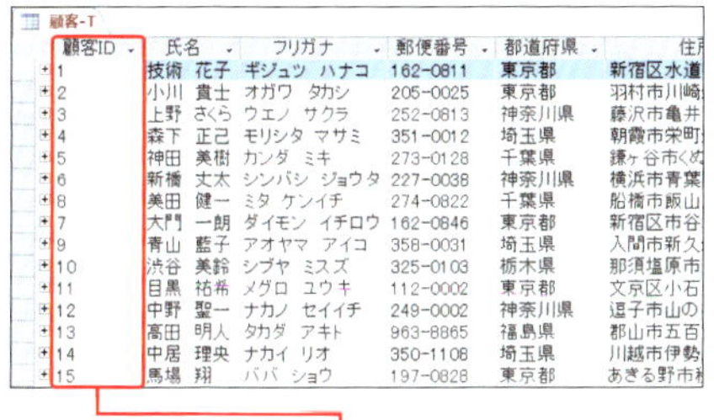

顧客-T

顧客ID	氏名	フリガナ	郵便番号	都道府県	住所
1	技術 花子	ギジュツ ハナコ	162-0811	東京都	新宿区水道
2	小川 貴士	オガワ タカシ	205-0025	東京都	羽村市川崎
3	上野 さくら	ウエノ サクラ	252-0813	神奈川県	藤沢市亀井
4	森下 正己	モリシタ マサミ	351-0012	埼玉県	朝霞市栄町
5	神田 美樹	カンダ ミキ	273-0128	千葉県	鎌ヶ谷市くぬ
6	新橋 丈太	シンバシ ジョウタ	227-0038	神奈川県	横浜市青葉
8	美田 健一	ミタ ケンイチ	274-0822	千葉県	船橋市飯山
7	大門 一朗	ダイモン イチロウ	162-0846	東京都	新宿区市谷
9	青山 藍子	アオヤマ アイコ	358-0031	埼玉県	入間市新久
10	渋谷 美鈴	シブヤ ミスズ	325-0103	栃木県	那須塩原市
11	目黒 祐希	メグロ ユウキ	112-0002	東京都	文京区小石
12	中野 聖一	ナカノ セイイチ	249-0002	神奈川県	逗子市山の
13	高田 明人	タカダ アキト	963-8865	福島県	郡山市五百
14	中居 理央	ナカイ リオ	350-1108	埼玉県	川越市伊勢
15	馬場 翔	ババ ショウ	197-0828	東京都	あきる野市

テーブル「顧客-T」

第2章で作成したテーブルをそのまま利用します。

売上-T

売上ID	販売日	顧客ID	クリックして追加
S-001	2019年8月20日	2	
S-002	2019年8月21日	5	
S-003	2019年8月23日	10	
S-004	2019年8月25日	5	
S-005	2019年8月27日	6	
S-006	2019年8月28日	7	
S-007	2019年8月29日	11	
S-008	2019年8月30日	6	
S-009	2019年8月31日	10	
S-010	2019年9月1日	3	
S-011	2019年9月2日	1	
S-012	2019年9月3日	13	
S-013	2019年9月3日	14	
S-014	2019年9月4日	15	
S-015	2019年9月5日	10	

テーブル「売上-T」

「顧客ID」フィールドを追加して、どの顧客に販売したのかを参照できるようにします。

明細-T

明細ID	売上ID	商品ID	数量	クリックして追加
M-001	S-001	T-007	12	
M-002	S-001	T-002	8	
M-003	S-002	T-006	10	
M-004	S-003	T-002	18	
M-005	S-004	T-010	6	
M-006	S-005	T-003	15	
M-007	S-006	T-003	12	
M-008	S-004	T-004	6	
M-009	S-007	T-001	18	
M-010	S-007	T-005	7	
M-011	S-008	T-002	24	
M-012	S-009	T-004	12	
M-013	S-010	T-003	10	
M-014	S-011	T-005	8	
M-015	S-012	T-007	6	

テーブル「明細-T」

「売上ID」と「商品ID」フィールドを追加して、どの売上の明細か、どの商品を販売したのかを参照できるようにします。

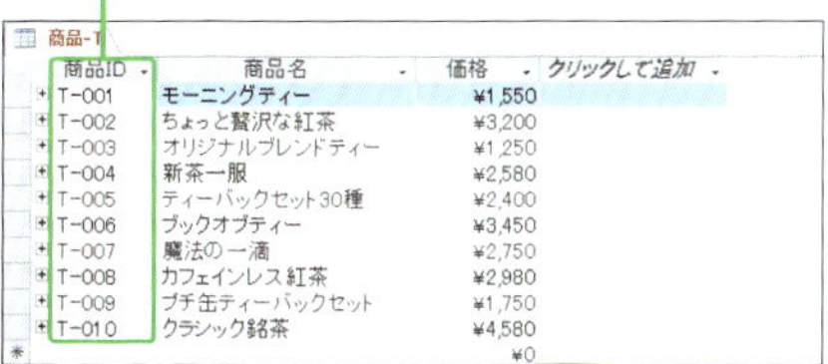

商品-T

商品ID	商品名	価格	クリックして追加
T-001	モーニングティー	¥1,550	
T-002	ちょっと贅沢な紅茶	¥3,200	
T-003	オリジナルブレンドティー	¥1,250	
T-004	新茶一服	¥2,580	
T-005	ティーバックセット30種	¥2,400	
T-006	ブックオブティー	¥3,450	
T-007	魔法の一滴	¥2,750	
T-008	カフェインレス紅茶	¥2,980	
T-009	プチ缶ティーバックセット	¥1,750	
T-010	クラシック銘茶	¥4,580	
		¥0	

テーブル「商品-T」

商品に関する詳しい情報が参照できます。

Section 64

複数のテーブルを作成しよう

はじめに、「売上管理」データベースを作成します。続いて、必要なテーブルを追加します。ここでは、第2章で作成したテーブル「顧客-T」をコピーしたあと、新たに３つのテーブルを追加します。

1 テーブルをコピーする

1 はじめに、「売上管理」データベースを作成します（Sec.05参照）。

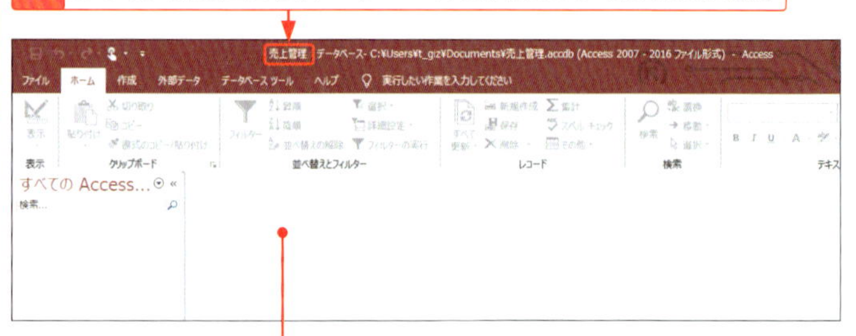

2 作成された「テーブル1」は閉じておきます。

3 別のAccess画面で、「顧客管理」データベースを開きます。

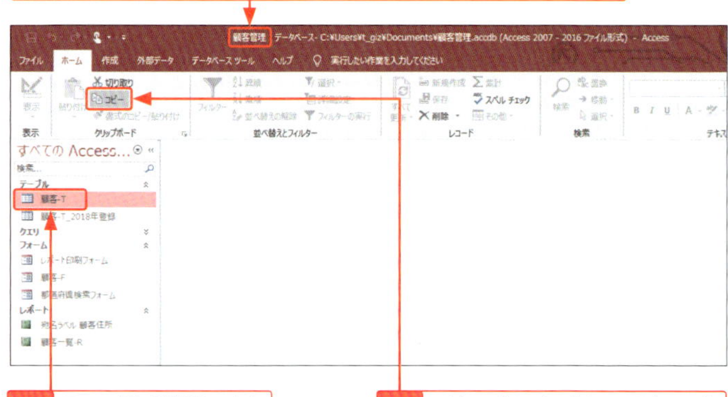

4 テーブル「顧客-T」をクリックして、

5 <ホーム>タブの<コピー>をクリックします。

6 「売上管理」データベースに切り替えて、

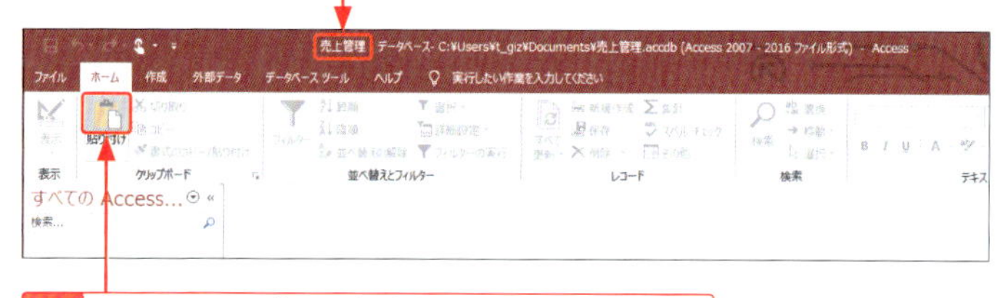

7 ＜ホーム＞タブの＜貼り付け＞をクリックします。

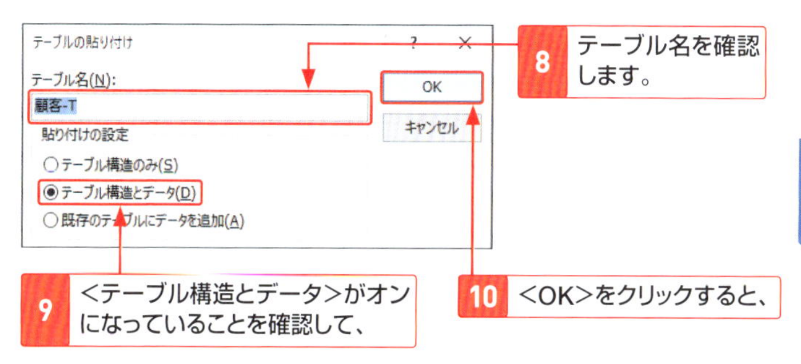

8 テーブル名を確認します。

9 ＜テーブル構造とデータ＞がオンになっていることを確認して、

10 ＜OK＞をクリックすると、

11 テーブル「顧客-T」がコピーされます。

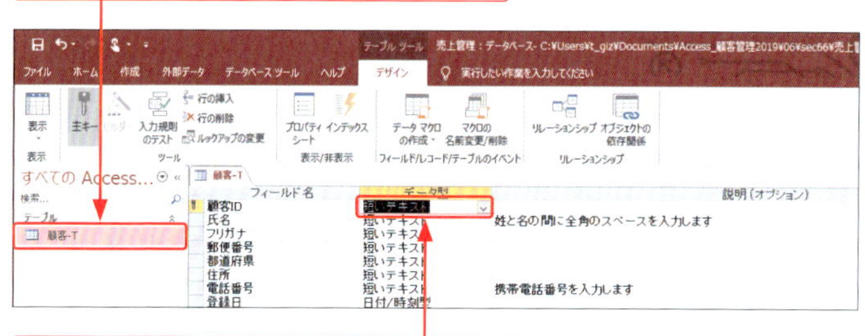

12 デザインビューに切り替えて、「顧客ID」フィールドのデータ型を「短いテキスト」に変更し、テーブルの変更を保存して閉じます。

Memo

データ型を変更する

リレーションシップを設定するには、共通フィールドのデータ型を同じにする必要があります。そのため、手順12でデータ型を変更しています。

2 テーブルを追加する

1 ＜作成＞タブをクリックして、

2 ＜テーブルデザイン＞をクリックすると、

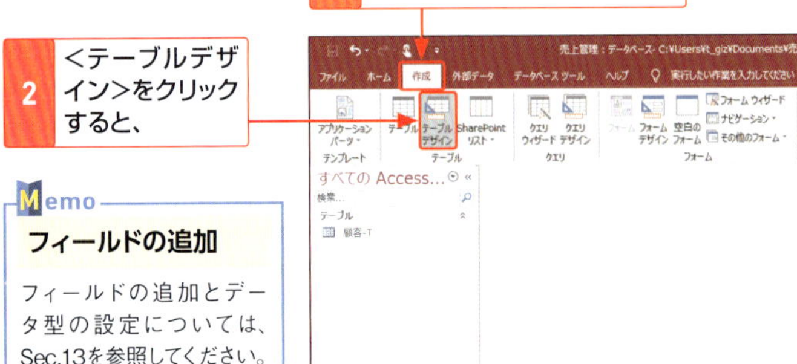

> **Memo**
>
> **フィールドの追加**
>
> フィールドの追加とデータ型の設定については、Sec.13を参照してください。

3 テーブルが作成され、デザインビューで表示されます。

4 必要なフィールド名を追加して、

5 データ型を設定します。

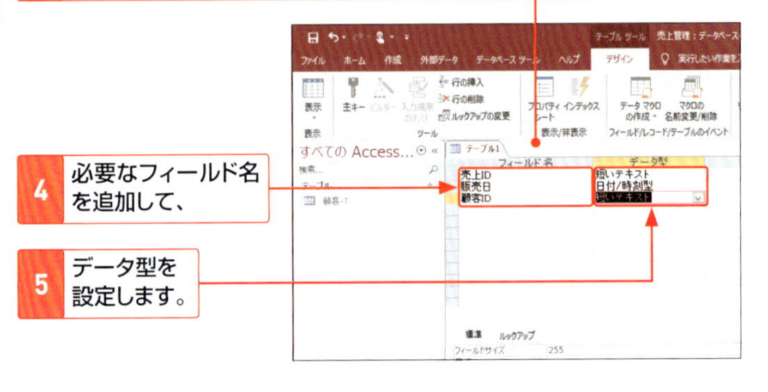

6 「売上ID」をクリックして、

7 ＜デザイン＞タブの＜主キー＞をクリックすると、

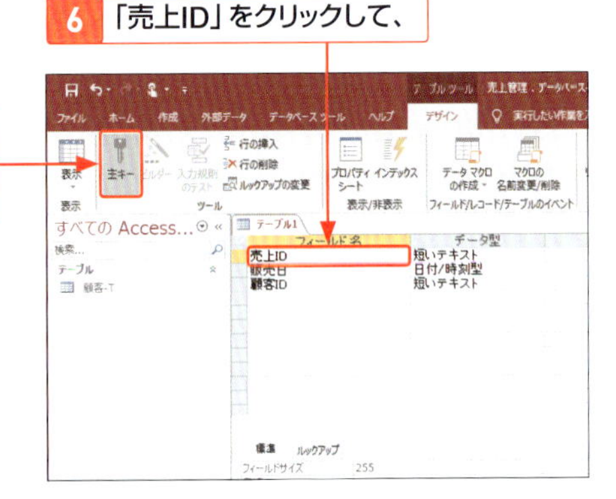

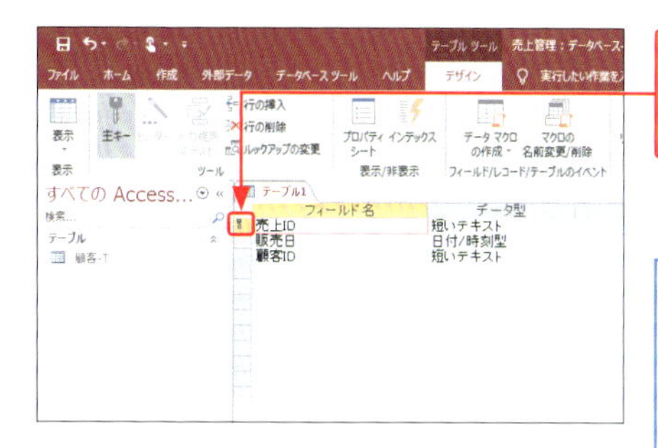

8 「売上ID」フィールドに主キーが設定されます。

9 テーブルに名前（売上-T）を付けて保存します。

Keyword

主キー

主キーとは、テーブルの各レコードを識別するための目印のことです。データが重複しないフィールドに対して設定します。

3 そのほかのテーブルを追加する

P.210～211の操作で、以下の２つのテーブル追加します。

テーブル「明細-T」

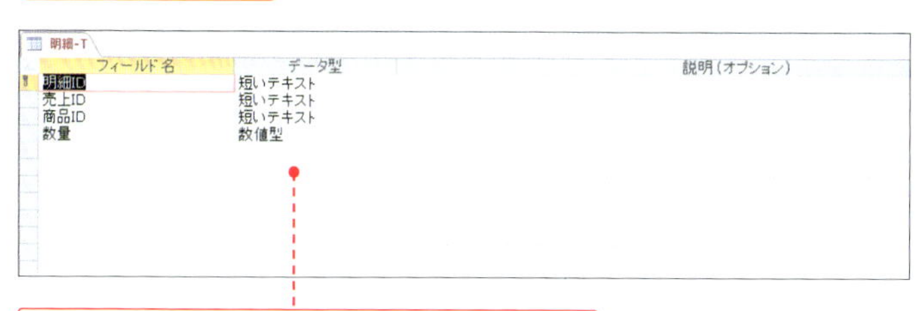

明細データを管理するテーブルです。「明細ID」フィールドに主キーを設定します。

テーブル「商品-T」

商品情報を管理するテーブルです。「商品ID」フィールドに主キーを設定します。

テーブル間にリレーションシップを設定しよう

テーブルどうしに関連付け（リレーションシップ）を設定するには、<リレーションシップ>ウィンドウを利用します。設定する前に、テーブルをすべて閉じておく必要があります。

1 <リレーションシップ>ウィンドウを表示する

1 「売上管理」データベースファイルを開きます。

2 <データベースツール>タブをクリックして、

3 <リレーションシップ>をクリックします。

Hint

リレーションシップの設定条件

リレーションシップを設定するには、関連付けるフィールドのデータ型が同じで、フィールドサイズ（データ型が数値型の場合）が一致している必要があります。

<テーブルの表示>ダイアログボックスが表示されない場合は、ここをクリックします。

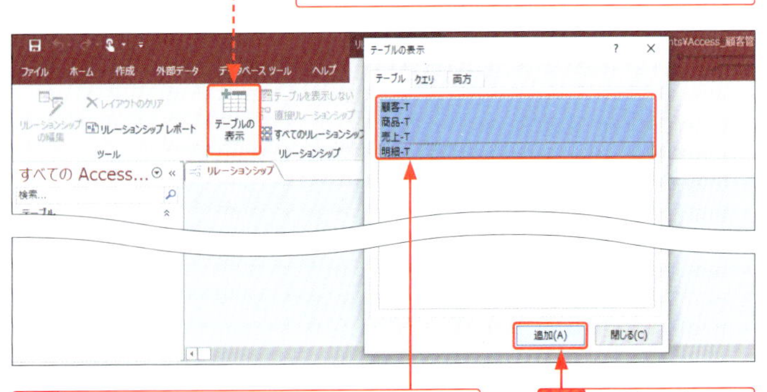

4 Ctrl を押しながらクリックし、リレーションシップを設定するテーブルを選択して、

5 <追加>をクリックします。

6 テーブルのフィールドリストが追加されたことを確認して、

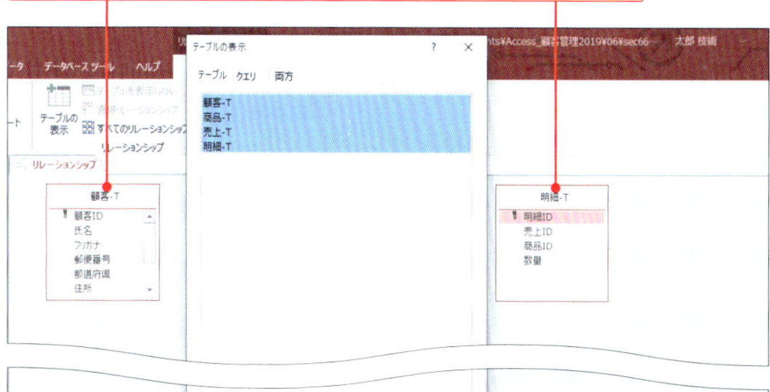

7 <閉じる>をクリックします。

8 「商品-T」フィールドリストの上部をドラッグし、フィールドリストの配置を変更します。

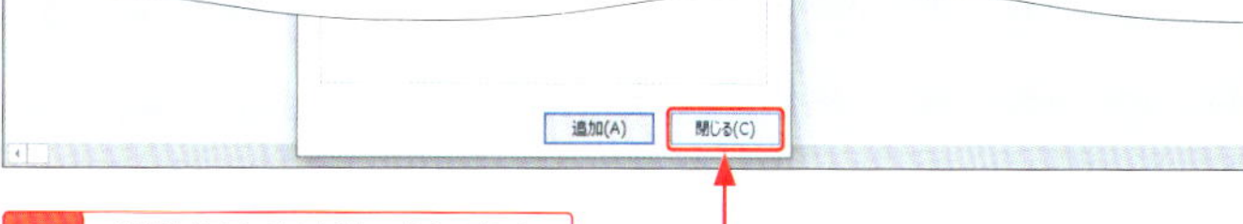

9 同様の方法で、以下のように配置を調整します。

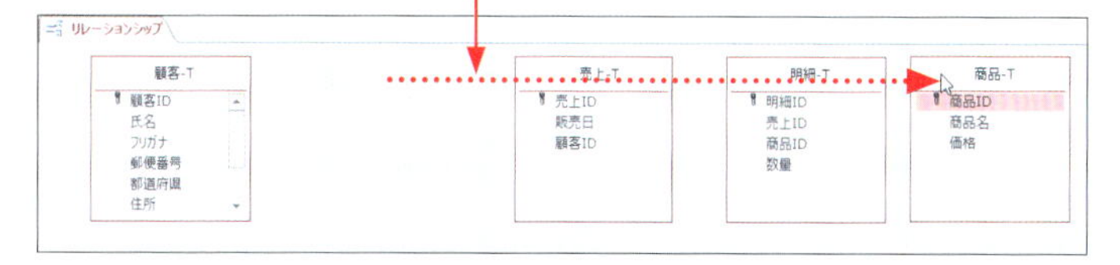

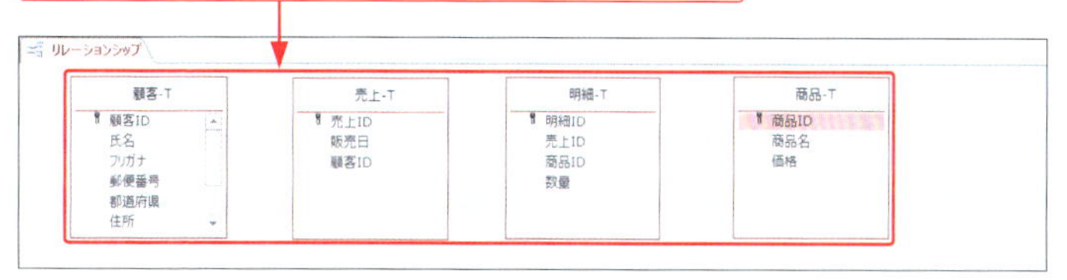

Memo

フィールドの配置

ここでは、操作がしやすいようにフィールドの並び順を変更しています。並び順を変更しなくても、リレーションシップは設定できます。

2 テーブルどうしを関連付ける

1 関連付けるフィールド（ここでは「顧客-T」の「顧客ID」）にマウスポインターを合わせて、

2 別のテーブルの同じフィールド（ここでは「売上-T」の「顧客ID」）にドラッグします。

3 ＜参照整合性＞をクリックしてオンにし、

4 ＜フィールドの連鎖更新＞と＜レコードの連鎖削除＞をクリックしてオンにします。

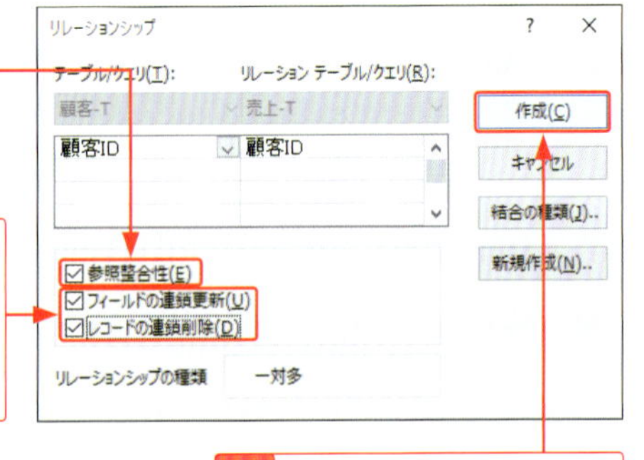

5 ＜作成＞をクリックすると、

Hint

参照整合性とは

手順**3**でオンにした参照整合性とは、関連するテーブル間のデータに矛盾が生じないようにするための機能です。＜参照整合性＞をオンにすると、テーブル間に次のような規則ができます。

①一側テーブルに存在しないレコードは、多側テーブルに入力することができない。

②一側テーブルの主キーフィールドの値を変更する場合、多側テーブルに同じ値を持つレコードが存在すると変更できない。

③一側テーブルのレコードを削除する場合、多側テーブルに一致したレコードが存在すると削除できない。

なお、手順**4**で＜フィールドの連鎖更新＞をオンにすると②が可能に、＜フィールドの連鎖削除＞をオンにすると③が可能になります。

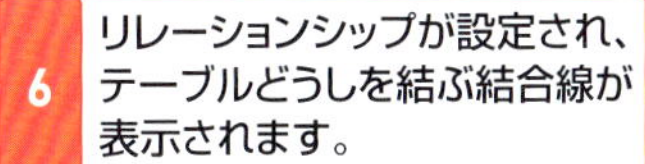

6 リレーションシップが設定され、テーブルどうしを結ぶ結合線が表示されます。

7 同様に操作して、ほかのテーブルにもリレーションシップを設定し、

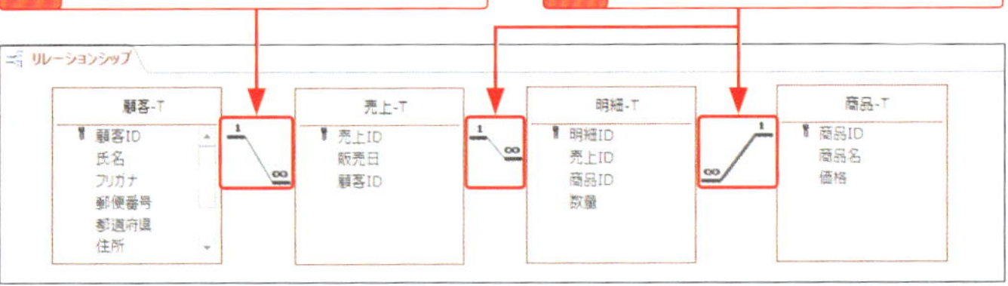

8 <デザイン>タブの<閉じる>をクリックします。

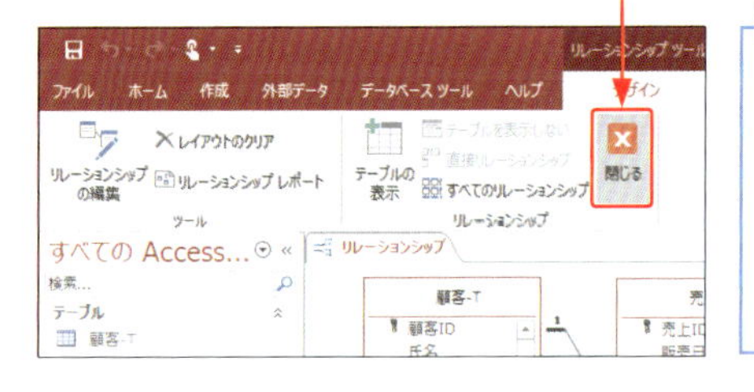

Hint

リレーションシップを削除するには

リレーションシップの設定を削除するには、結合線を右クリックして<削除>をクリックします。

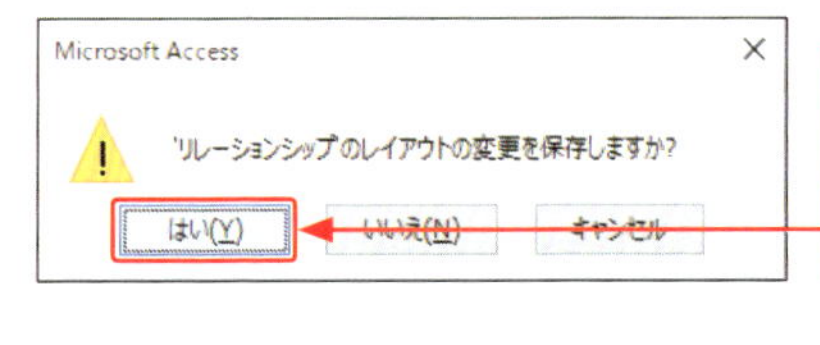

9 確認のメッセージが表示された場合は、<はい>をクリックします。

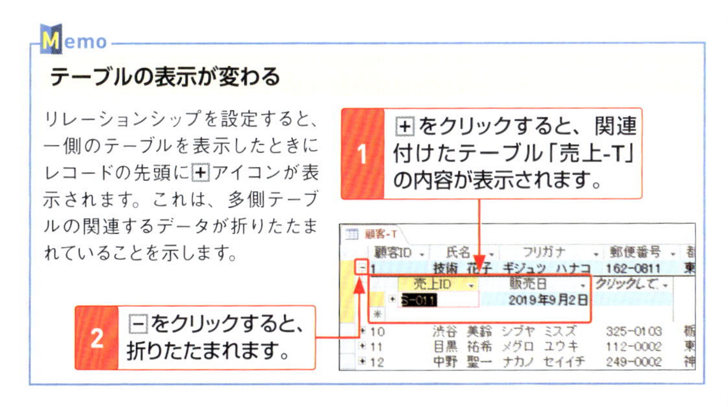

Memo

テーブルの表示が変わる

リレーションシップを設定すると、一側のテーブルを表示したときにレコードの先頭に⊞アイコンが表示されます。これは、多側テーブルの関連するデータが折りたたまれていることを示します。

1 ⊞をクリックすると、関連付けたテーブル「売上-T」の内容が表示されます。

2 ⊟をクリックすると、折りたたまれます。

複数のテーブルからクエリでデータを抽出しよう

リレーションシップを設定したら、複数のテーブルから必要なフィールドを選択して組み合わせたクエリを作成します。クエリを作成すると、**複数のテーブルのデータを１つのテーブルのように表示**できます。

■ここで作成するクエリ

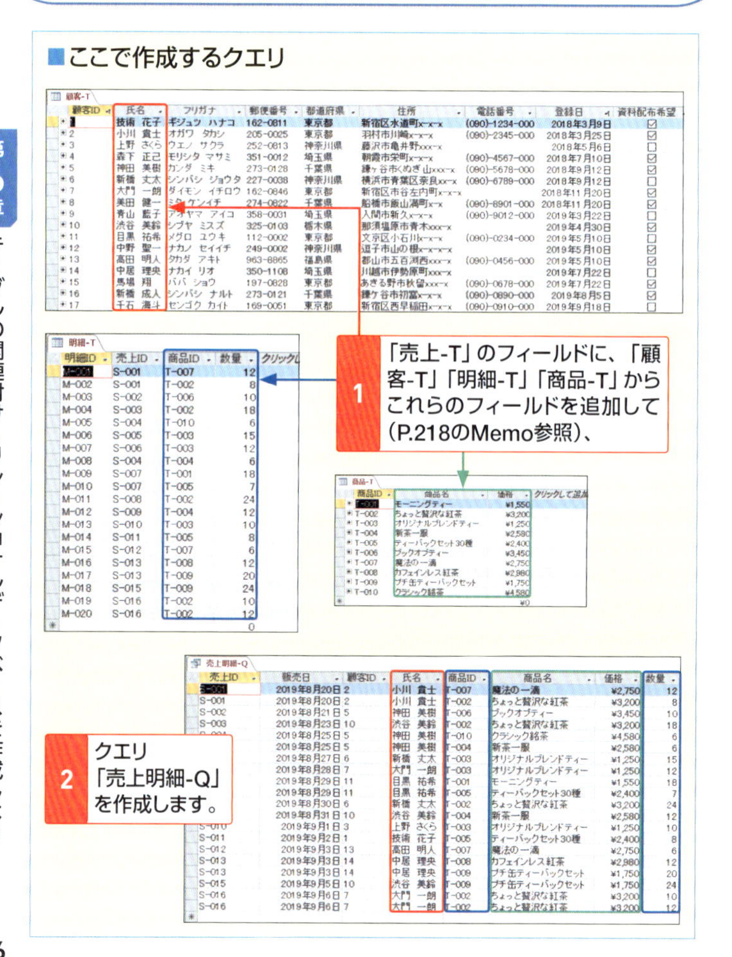

1 <選択クエリウィザード>を起動する

1 「売上管理」データベースファイルを開きます。

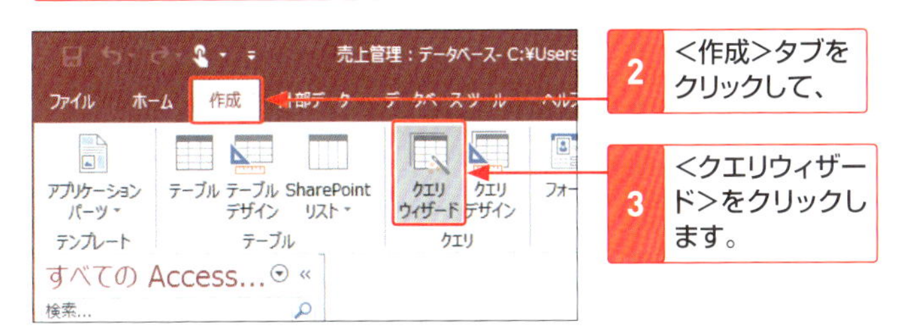

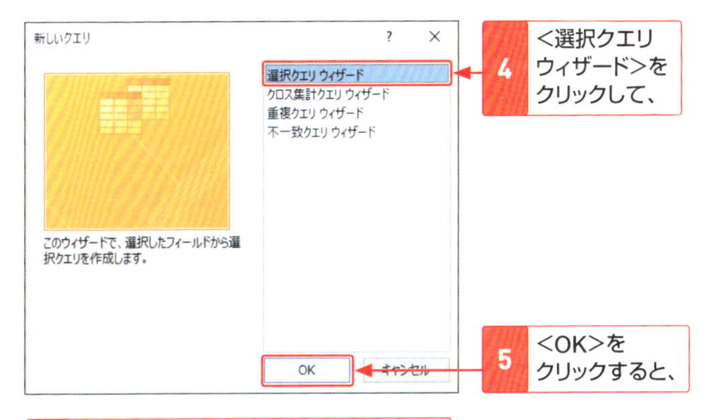

6 <選択クエリウィザード>が起動します。

2 クエリに含めるフィールドを選択する

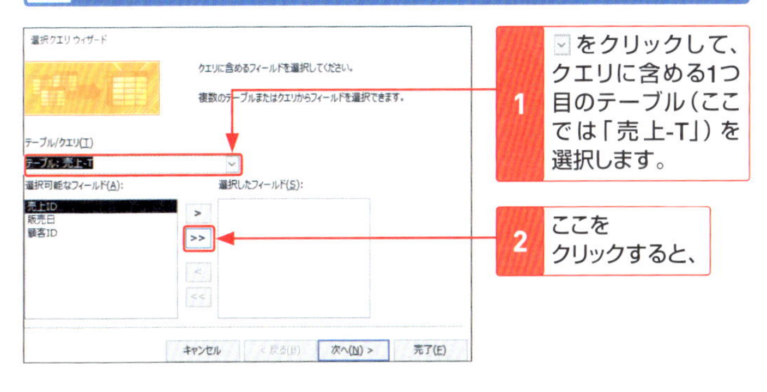

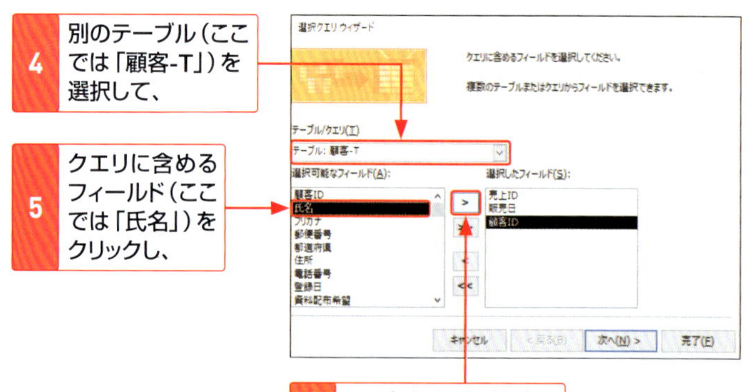

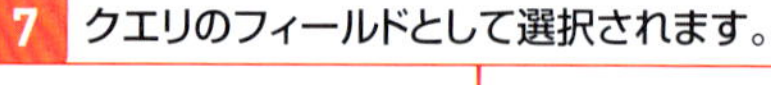

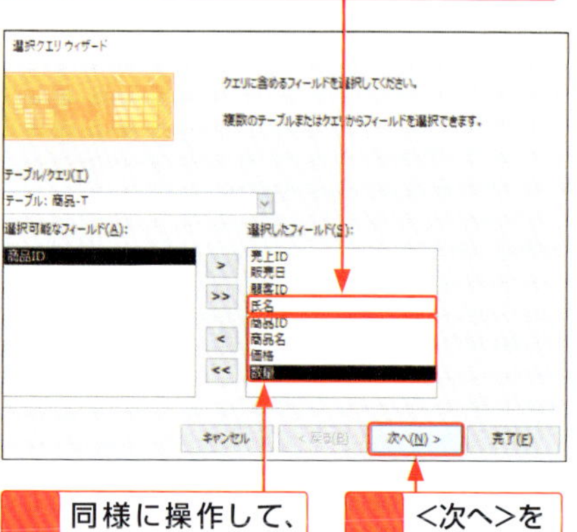

8 同様に操作して、必要なフィールドをすべて選択し（左のMemo参照）、

9 <次へ>をクリックします。

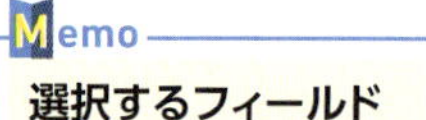

選択するフィールド

ここでは、以下のテーブルから各フィールドを表の順に追加しています。

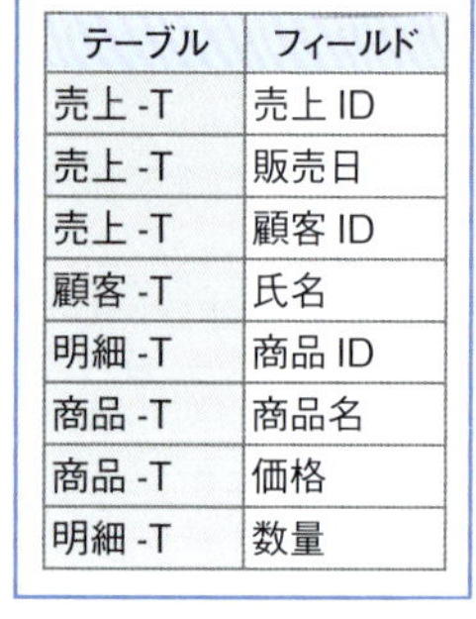

テーブル	フィールド
売上 -T	売上 ID
売上 -T	販売日
売上 -T	顧客 ID
顧客 -T	氏名
明細 -T	商品 ID
商品 -T	商品名
商品 -T	価格
明細 -T	数量

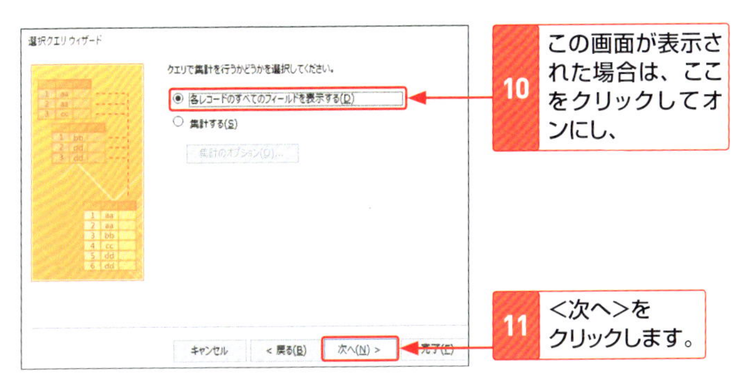

10 この画面が表示された場合は、ここをクリックしてオンにし、

11 <次へ>をクリックします。

12 クエリ名を入力して、

13 ここがオンになっていることを確認し、

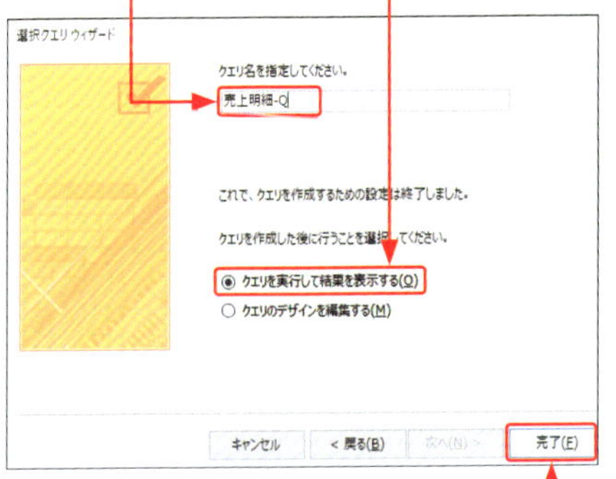

14 <完了>をクリックすると、

Memo クエリでの集計

選択したフィールドに集計可能なフィールドが含まれている場合は、手順**10**の画面が表示されます。集計を行う場合は、<集計する>をオンにします。

15 選択クエリが作成され、データシートビューで表示されます。

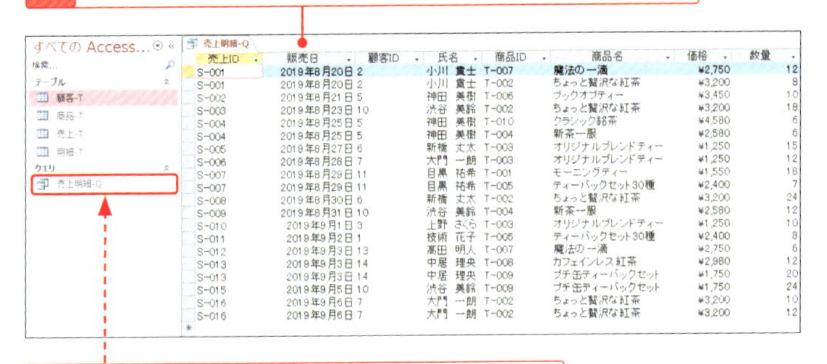

作成したクエリ「売上明細-Q」が保存されています。

クエリで抽出したデータを使って計算しよう

クエリでは、フィールドを使った計算ができます。デザイングリッドの<フィールド>欄に式を入力して、計算を実行します。計算式を入力したフィールドは演算フィールドになります。

演算フィールドの追加

演算フィールドは、テーブルやクエリの数値をもとにした式の計算結果を表示するフィールドです。演算フィールドを追加するには、新しいフィールドに計算式を入力します。クエリを実行すると、自動的に式の計算結果が表示されます。

1 クエリ「売上明細-Q」の「価格」と「数量」を乗算して、

売上明細-Q

売上ID	販売日	顧客ID	氏名	商品ID	商品名	価格	数量
S-001	2019年8月20日	2	小川　貴士	T-007	魔法の一滴	¥2,750	12
S-001	2019年8月20日	2	小川　貴士	T-002	ちょっと贅沢な紅茶	¥3,200	8
S-002	2019年8月21日	5	神田　美樹	T-006	ブックオブティー	¥3,450	10
S-003	2019年8月23日	10	渋谷　美鈴	T-002	ちょっと贅沢な紅茶	¥3,200	18
S-004	2019年8月25日	5	神田　美樹	T-010	クラシック銘茶	¥4,580	6
S-004	2019年8月25日	5	神田　美樹	T-004	新茶一服	¥2,580	6
S-005	2019年8月27日	6	新橋　丈太	T-003	オリジナルブレンドティー	¥1,250	15
S-006	2019年8月28日	7	大門　一朗	T-003	オリジナルブレンドティー	¥1,250	12
S-007	2019年8月29日	11	目黒　祐希	T-001	モーニングティー	¥1,550	18
S-007	2019年8月29日	11	目黒　祐希	T-005	ティーバックセット30種	¥2,400	7
S-008	2019年8月30日	6	新橋　丈太	T-002	ちょっと贅沢な紅茶	¥3,200	24
S-009	2019年8月31日	10	渋谷　美鈴	T-004	新茶一服	¥2,580	12
S-010	2019年9月1日	3	上野　さくら	T-003	オリジナルブレンドティー	¥1,250	10
S-011	2019年9月2日	1	技術　花子	T-005	ティーバックセット30種	¥2,400	8
S-012	2019年9月3日	13	高田　明人	T-007	魔法の一滴	¥2,750	6
S-013	2019年9月3日	14	中居　理央	T-008	カフェインレス紅茶	¥2,980	12
S-013	2019年9月3日	14	中居　理央	T-009	プチ缶ティーバックセット	¥1,750	20

2 「金額」を自動的に計算する演算フィールドを追加します。

売上明細-Q

売上ID	販売日	顧客ID	氏名	商品ID	商品名	価格	数量	金額
S-001	2019年8月20日	2	小川　貴士	T-007	魔法の一滴	¥2,750	12	¥33,000
S-001	2019年8月20日	2	小川　貴士	T-002	ちょっと贅沢な紅茶	¥3,200	8	¥25,600
S-002	2019年8月21日	5	神田　美樹	T-006	ブックオブティー	¥3,450	10	¥34,500
S-003	2019年8月23日	10	渋谷　美鈴	T-002	ちょっと贅沢な紅茶	¥3,200	18	¥57,600
S-004	2019年8月25日	5	神田　美樹	T-010	クラシック銘茶	¥4,580	6	¥27,480
S-004	2019年8月25日	5	神田　美樹	T-004	新茶一服	¥2,580	6	¥15,480
S-005	2019年8月27日	6	新橋　丈太	T-003	オリジナルブレンドティー	¥1,250	15	¥18,750
S-006	2019年8月28日	7	大門　一朗	T-003	オリジナルブレンドティー	¥1,250	12	¥15,000
S-007	2019年8月29日	11	目黒　祐希	T-001	モーニングティー	¥1,550	18	¥27,900
S-007	2019年8月29日	11	目黒　祐希	T-005	ティーバックセット30種	¥2,400	7	¥16,800
S-008	2019年8月30日	6	新橋　丈太	T-002	ちょっと贅沢な紅茶	¥3,200	24	¥76,800
S-009	2019年8月31日	10	渋谷　美鈴	T-004	新茶一服	¥2,580	12	¥30,960
S-010	2019年9月1日	3	上野　さくら	T-003	オリジナルブレンドティー	¥1,250	10	¥12,500
S-011	2019年9月2日	1	技術　花子	T-005	ティーバックセット30種	¥2,400	8	¥19,200
S-012	2019年9月3日	13	高田　明人	T-007	魔法の一滴	¥2,750	6	¥16,500
S-013	2019年9月3日	14	中居　理央	T-008	カフェインレス紅茶	¥2,980	12	¥35,760
S-013	2019年9月3日	14	中居　理央	T-009	プチ缶ティーバックセット	¥1,750	20	¥35,000

1 演算フィールドを作成する

1 クエリ「売上明細-Q」をデザインビューで表示して、

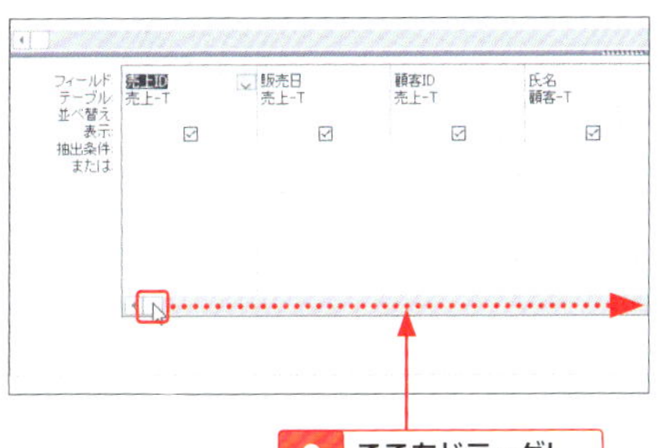

2 ここをドラッグし、

Memo

フィールドの幅

ここでは、式が入力しやすいようにフィールドの幅を広げていますが、フィールドの幅はそのままでもかまいません。

3 新しいフィールドを表示します。

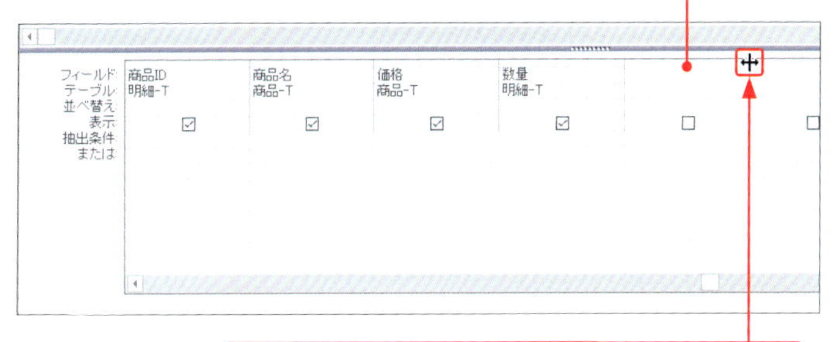

4 新しいフィールドの境界線にマウスポインターを合わせ、ポインターの形が✛に変わった状態で、

5 右方向にドラッグして、フィールドの幅を広げます。

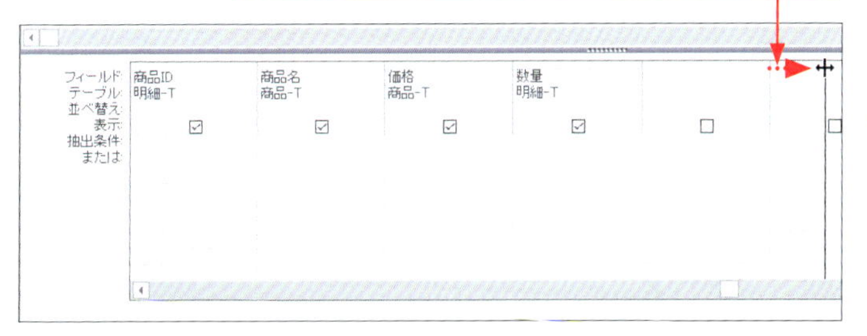

6 「価格*数量」と入力して、

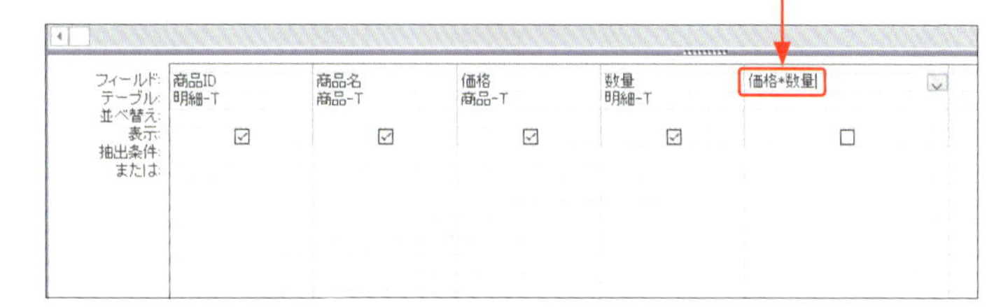

7 Enterを押すと、

8 「式1」という式の名前が付けられ、フィールド名が「[]」で囲まれます。

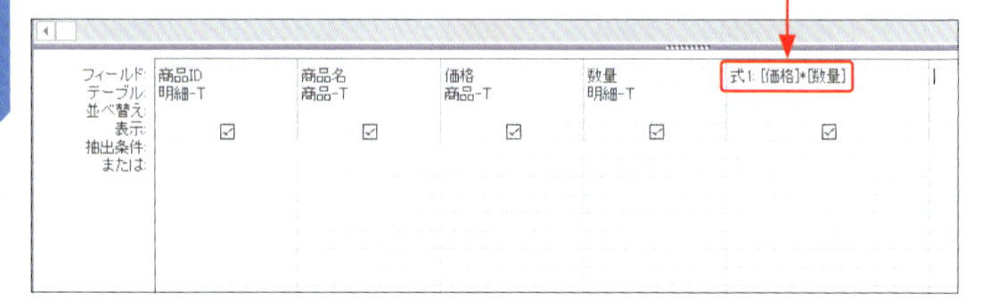

9 「式1」を「金額」に変更します。

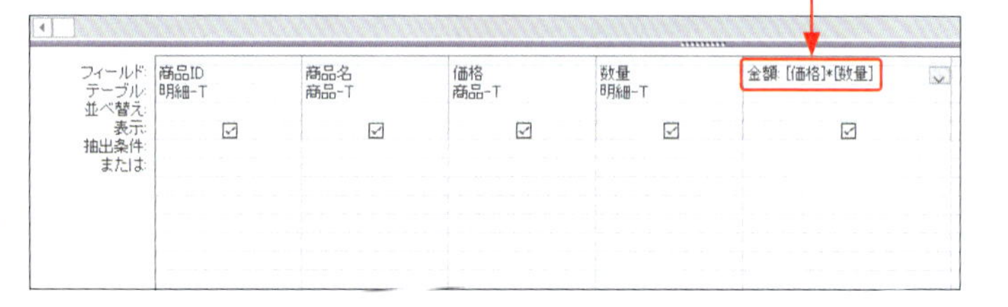

Memo

式の入力

演算フィールドには、計算に利用したいフィールド名と算術演算子を使って、計算式を入力します。算術演算子や角かっこ（[ ]）は、すべて半角文字で入力します。フィールド名は全角文字でも入力できます。

記号	機能
+	加算
-	減算
*	乗算
/	除算

10 <デザイン>タブの<実行>をクリックすると、

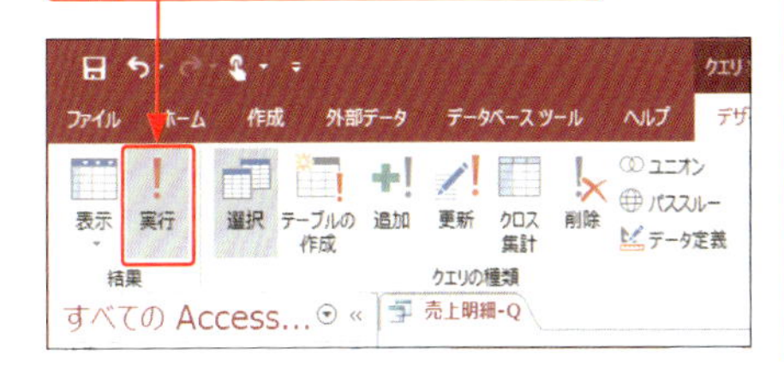

Memo

「¥」と「,」の表示

演算フィールドの数値には、「¥」と「,」が自動的に表示されます。これは、テーブル「商品-T」の「価格」フィールドに設定した書式が引き継がれるためです。

11 演算フィールドに計算結果が表示されます。

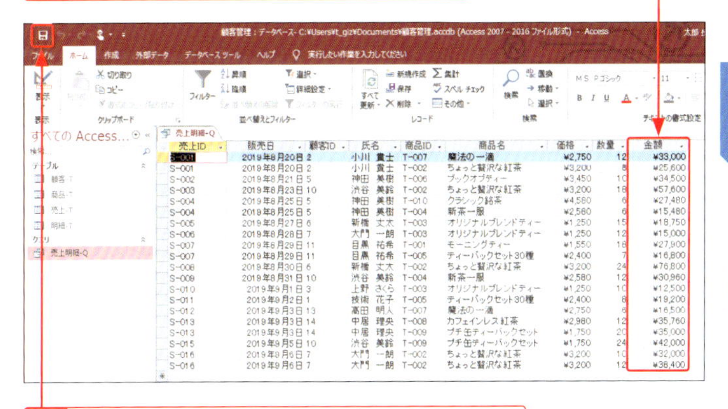

12 <上書き保存>をクリックして、変更を保存します。

Memo

式の書式

演算フィールドで入力する式の書式は、右図のようになっています。式の名前と式の間は、半角文字の「：」（コロン）で区切ります。なお、既存のフィールド名を使って式を作成するときは、フィールド名が含まれている式を入力して、ほかのフィールドにカーソルを移動するか Enter を押すと、「：」と角かっこ（[ ]）が自動的に表示されます。

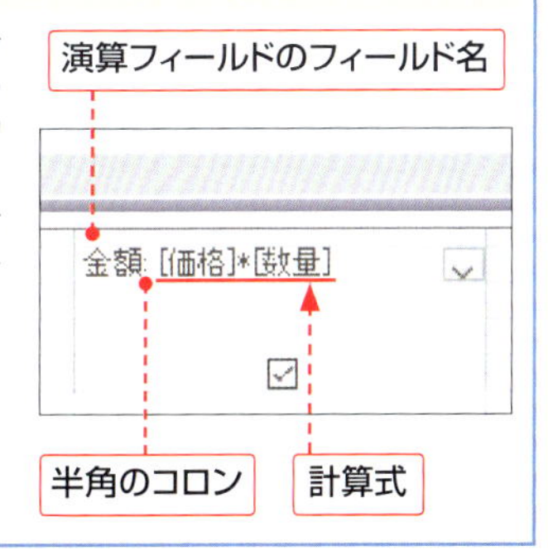

複数のテーブルからフォームを作成しよう

<フォームウィザード>を利用すると、**複数のテーブルから1つのフォーム**をかんたんに作成することができます。ここでは、メインフォームとサブフォームを同時に作成します。

1 メインフォームに表示するフィールドを選択する

1 「売上管理」データベースファイルを開きます。

2 <作成>タブをクリックして、

3 <フォームウィザード>をクリックします。

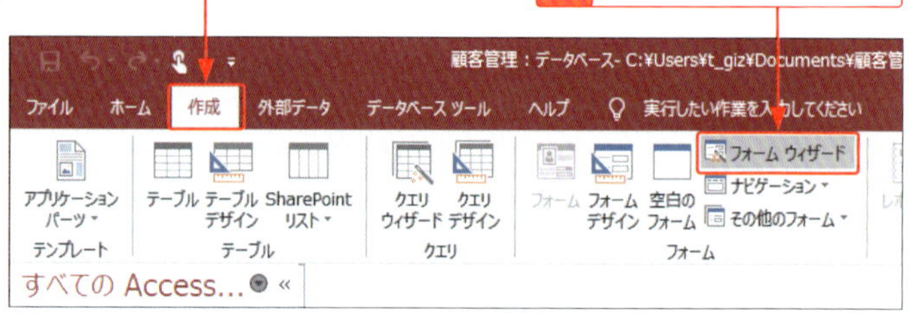

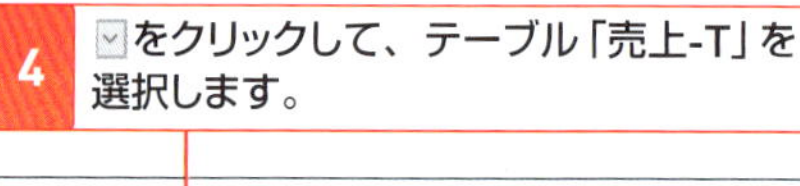

4 をクリックして、テーブル「売上-T」を選択します。

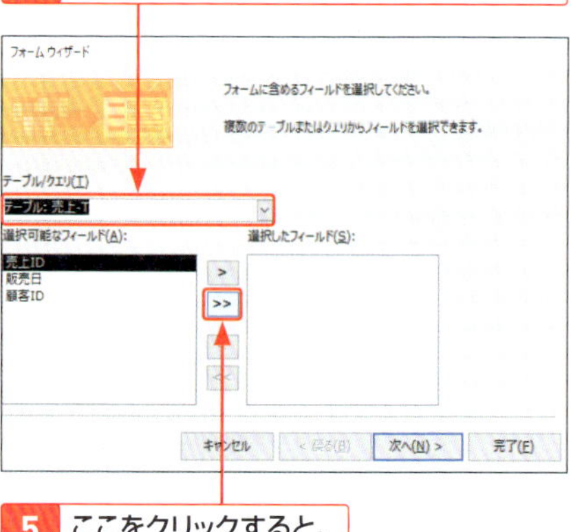

5 ここをクリックすると、

Memo メインフォームとサブフォーム

メインフォームには、一対多のリレーションシップの「一」側のデータを、サブフォームには「多」側のデータを表示します。ここでは、メインフォームに「売上-T」を、サブフォームに「明細-T」を表示します。

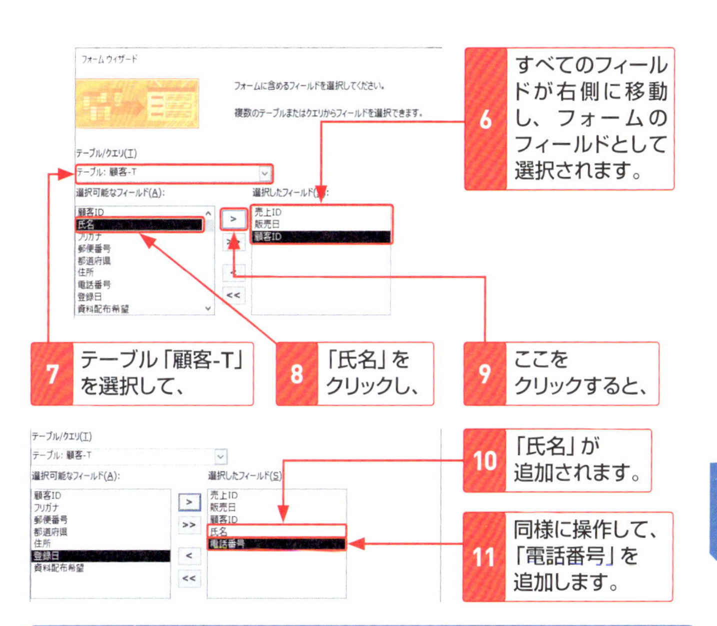

2 サブフォームに表示するフィールドを選択する

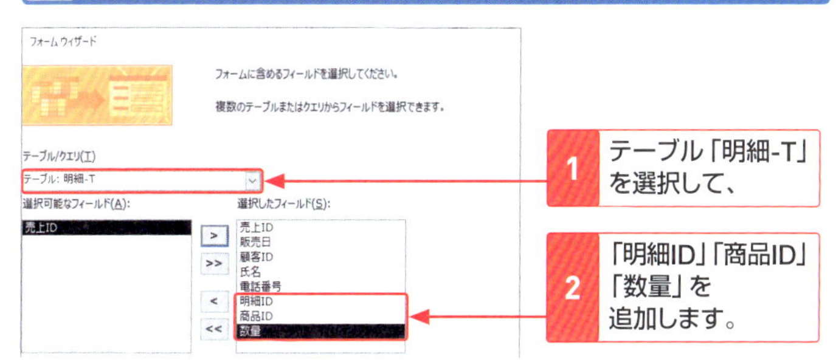

Memo

選択するフィールド

ここでは、各テーブルからフィールドを右表の順に追加します。

テーブル	フィールド
売上 -T	売上 ID
売上 -T	販売日
売上 -T	顧客 ID
顧客 -T	氏名
顧客 -T	電話番号

テーブル	フィールド
明細 -T	明細 ID
明細 -T	商品 ID
商品 -T	商品名
商品 -T	価格
明細 -T	数量

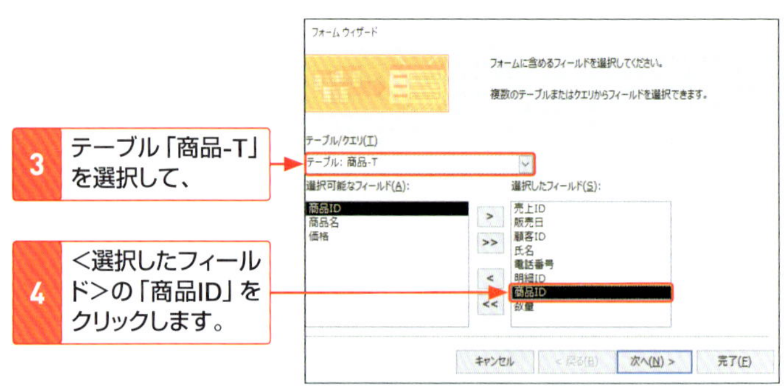

3 テーブル「商品-T」を選択して、

4 <選択したフィールド>の「商品ID」をクリックします。

5 「商品ID」をクリックした状態で、テーブル「商品-T」から「商品名」「価格」を追加し、

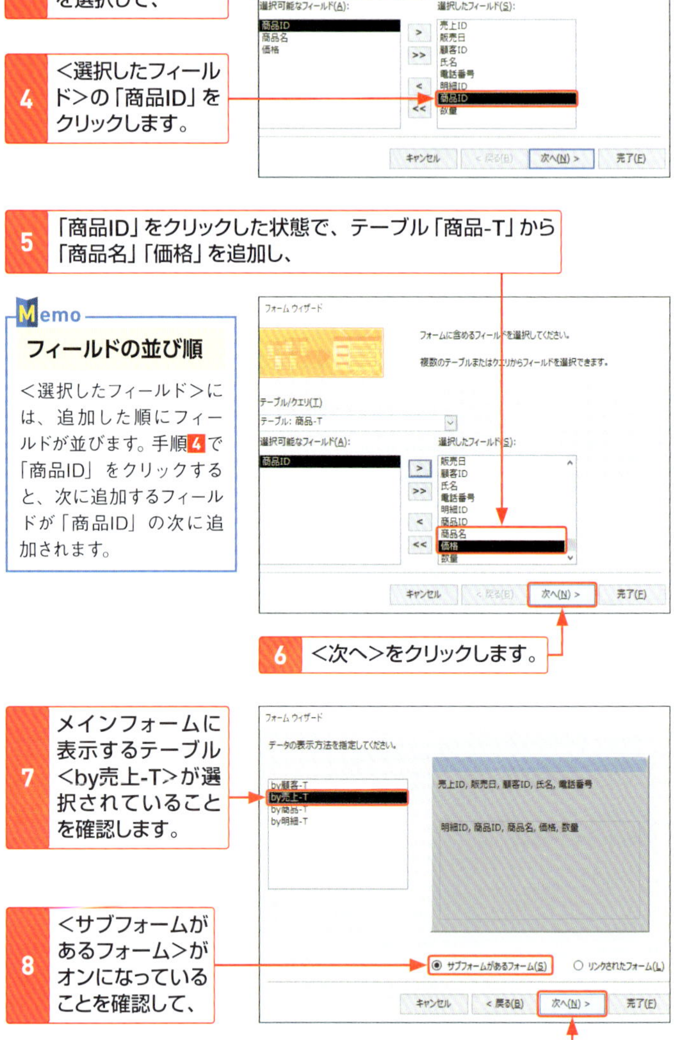

Memo

フィールドの並び順

<選択したフィールド>には、追加した順にフィールドが並びます。手順4で「商品ID」をクリックすると、次に追加するフィールドが「商品ID」の次に追加されます。

6 <次へ>をクリックします。

7 メインフォームに表示するテーブル<by売上-T>が選択されていることを確認します。

8 <サブフォームがあるフォーム>がオンになっていることを確認して、

9 <次へ>をクリックします。

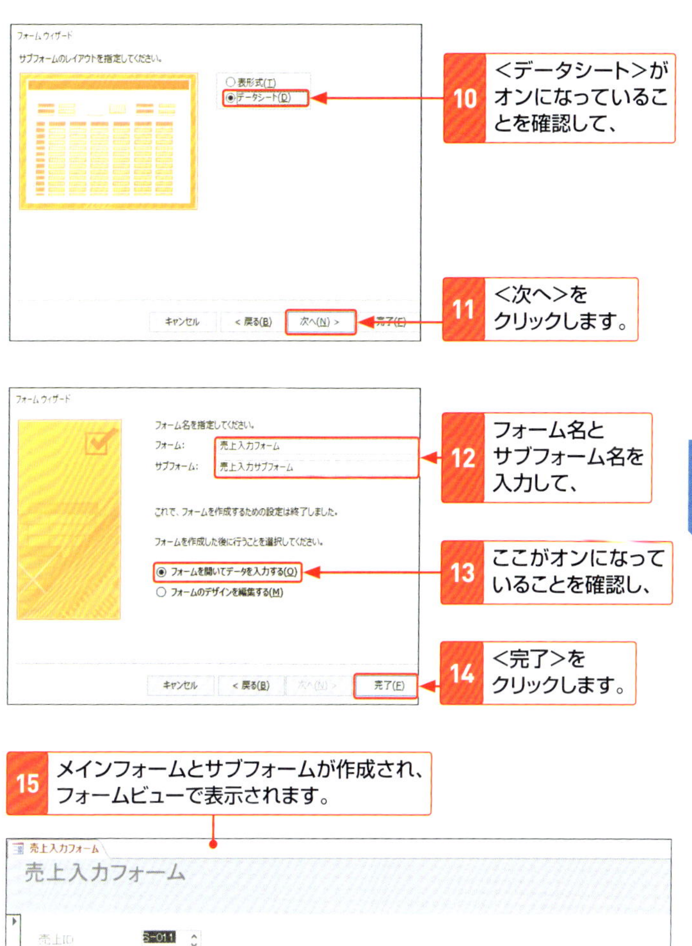

10 <データシート>がオンになっていることを確認して、

11 <次へ>をクリックします。

12 フォーム名とサブフォーム名を入力して、

13 ここがオンになっていることを確認し、

14 <完了>をクリックします。

15 メインフォームとサブフォームが作成され、フォームビューで表示されます。

16 必要に応じて、コントロールの幅や高さを調整します（Sec.60参照）。

リストから選んでデータを入力できるようにしよう

コントロールにデータを入力するとき、直接入力するのではなく、一覧から選択して入力できると便利です。**コンボボックス**を利用すると、**一覧の中からデータを入力**できるようになります。

コンボボックスとは

コンボボックスは、一覧の中からデータをクリックして入力できるようにするコントロールです。既存のテーブルやクエリのフィールドを利用してコンボボックスを設定するには、コンボボックスウィザードを利用すると便利です。ここでは、Sec.68で作成したサブフォームの「商品ID」をリスト化するコンボボックスコントロールを作成します。

商品-T

商品ID	商品名	価格	クリックして追加
T-001	モーニングティー	¥1,550	
T-002	ちょっと贅沢な紅茶	¥3,200	
T-003	オリジナルブレンドティー	¥1,250	
T-004	新茶一服	¥2,580	
T-005	ティーバックセット30種	¥2,400	
T-006	ブックオブティー	¥3,450	
T-007	魔法の一滴	¥2,750	
T-008	カフェインレス紅茶	¥2,980	
T-009	プチ缶ティーバックセット	¥1,750	
T-010	クラシック銘茶	¥4,580	
		¥0	

1 既存のテーブルのデータを、

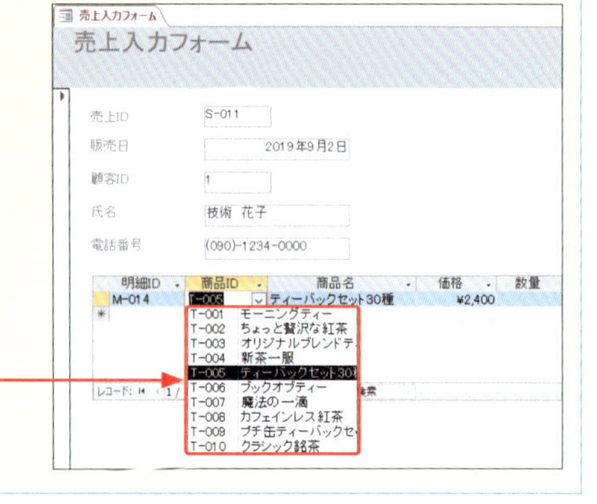

2 リストとして表示させます。

1 コンボボックスコントロールを追加する

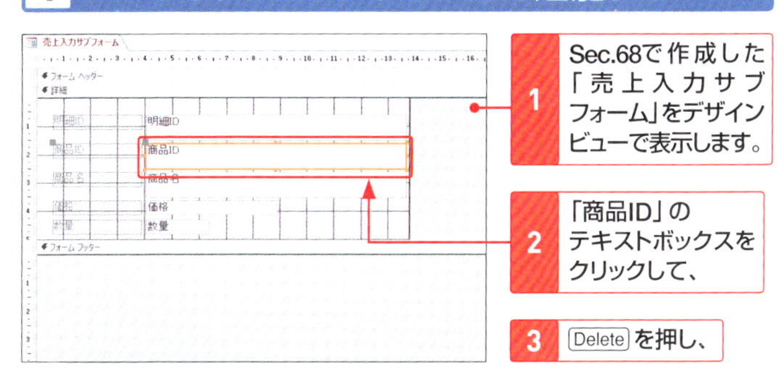

1 Sec.68で作成した「売上入力サブフォーム」をデザインビューで表示します。

2 「商品ID」のテキストボックスをクリックして、

3 Delete を押し、

4 「商品ID」のラベルとテキストボックスを削除します。

5 <デザイン>タブの<コントロール>グループの<その他>をクリックして、

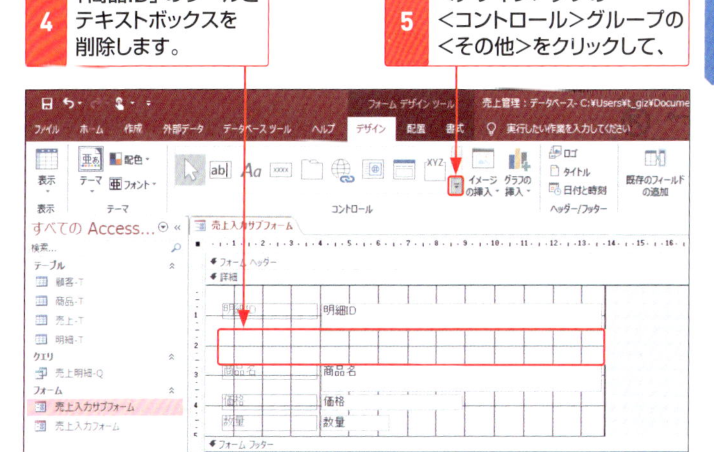

6 <コントロールウィザードの使用>が黒く表示され、オンになっていることを確認します。

7 <コンボボックス>をクリックして、

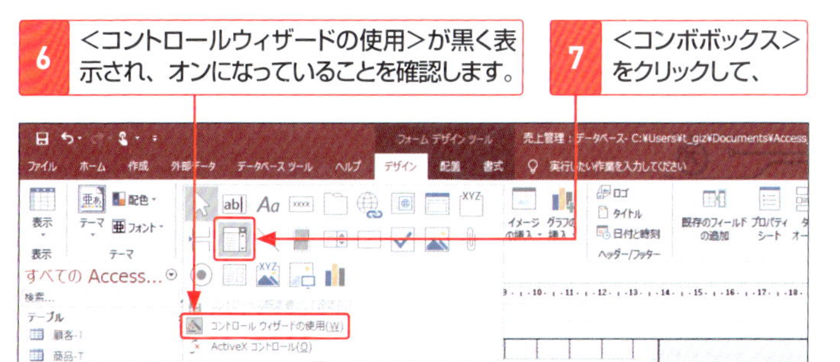

8 「商品ID」フィールドを配置する位置でクリックすると、

9 <コンボボックスウィザード>が起動します。

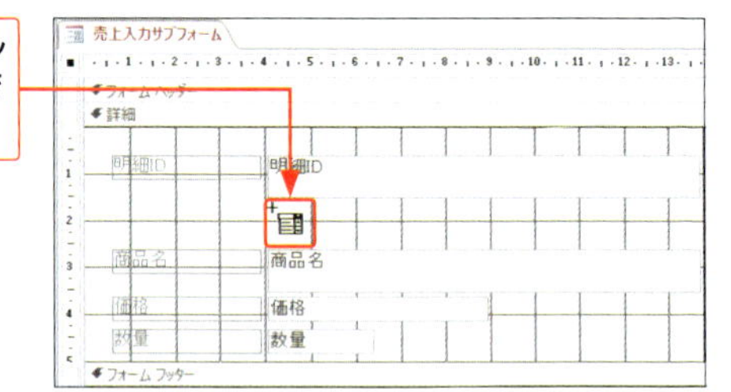

2 一覧に表示するデータを設定する

1 ここがオンになっていることを確認して、

2 <次へ>をクリックします。

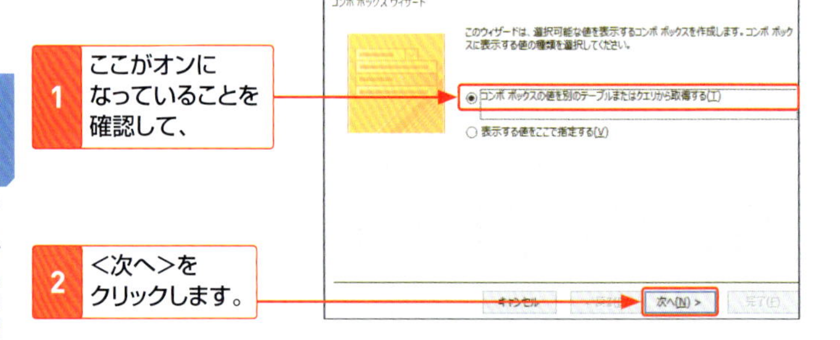

3 <テーブル>がオンになっていることを確認して、

4 コンボボックスの値の取得元となるテーブル「商品-T」をクリックし、

5 <次へ>をクリックします。

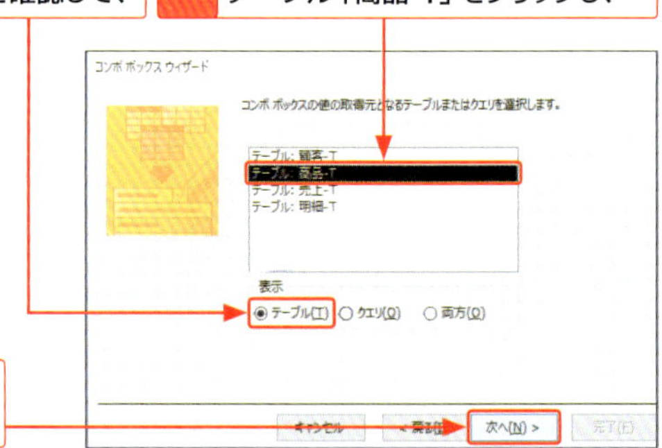

Memo

リストに表示する値を直接入力する

手順1で<表示する値をここで指定する>をオンにすると、コンボボックスに表示させるデータを直接入力できます。

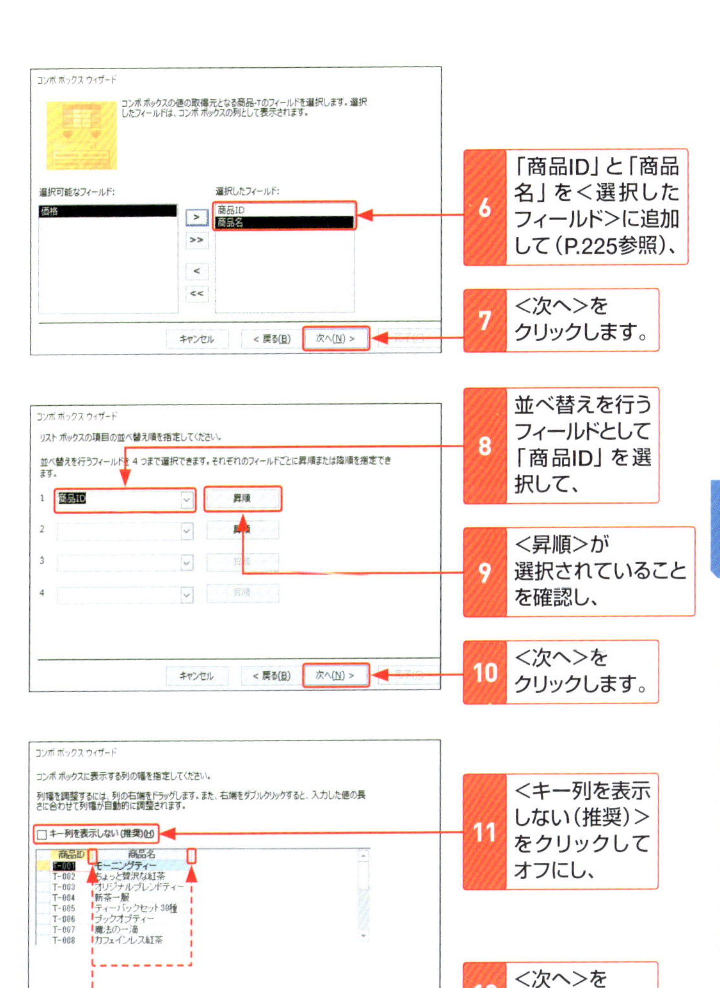

ここにマウスポインターを合わせてドラッグすると、一覧の表示幅を変更できます。

Hint

キー列を表示しない

手順11で<キー列を表示しない（推奨）>がオンになっていると、コンボボックスの一覧に「商品ID」が表示されません。

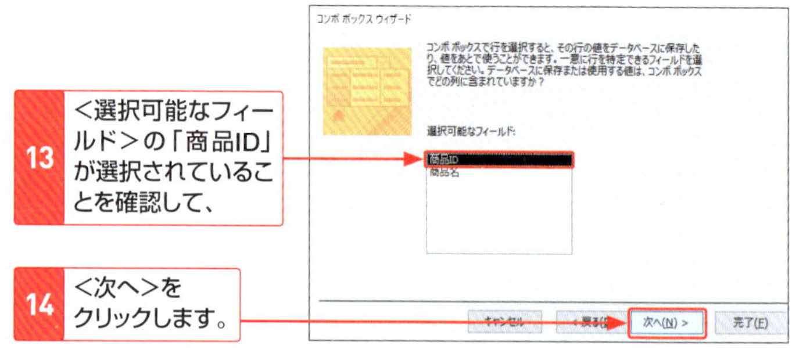

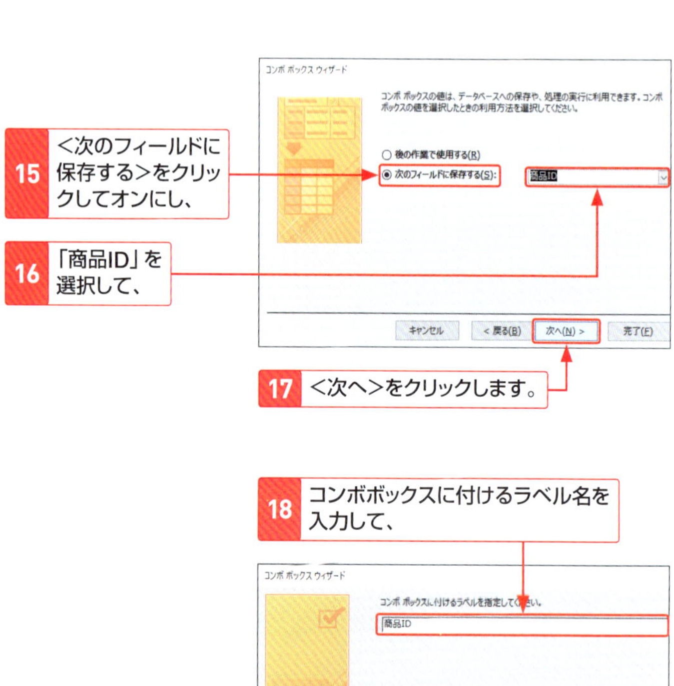

18 コンボボックスに付けるラベル名を入力して、

コンボ ボックス ウィザード

コンボ ボックスに付けるラベルを指定してください。

商品ID

これで、コンボ ボックスを作成するための設定は終了しました。

キャンセル　< 戻る(B)　次へ(N) >　完了(F)

19 ＜完了＞をクリックすると、

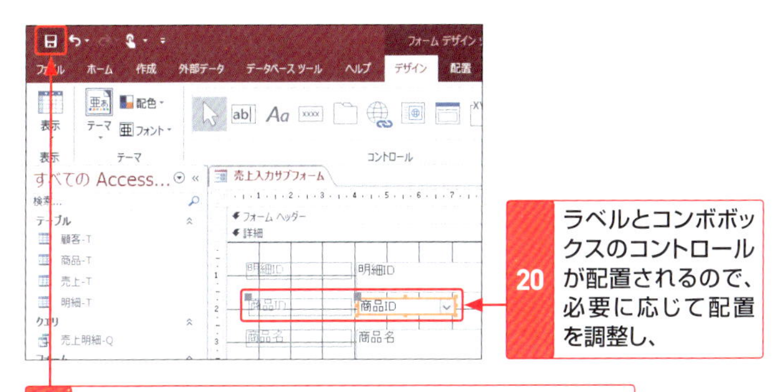

20 ラベルとコンボボックスのコントロールが配置されるので、必要に応じて配置を調整し、

21 <上書き保存>をクリックして、サブフォームを閉じます。

22 「売上入力フォーム」をレイアウトビューで表示します。

23 サブフォームの「商品ID」のタイトル部分をクリックして、左方向にドラッグし、

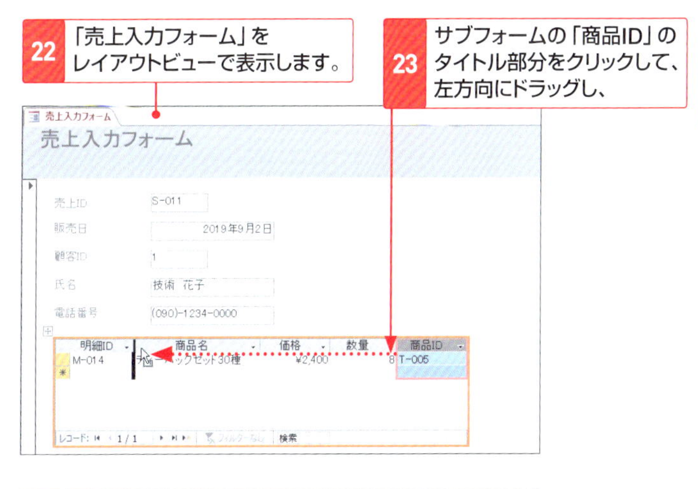

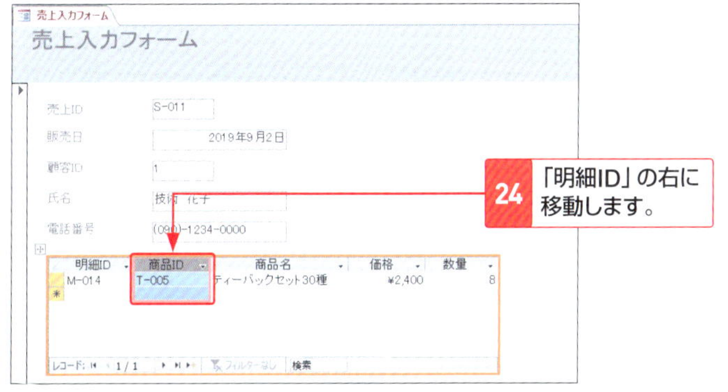

24 「明細ID」の右に移動します。

Appendix 01

AccessのデータをExcelで取り込もう

Accessのテーブルやクエリのデータを出力して、Excelで利用できます。また、データの一部だけをコピーして利用することもできます。ここでは、AccessのテーブルをExcelに取り込みましょう。

1 テーブルをExcel形式でエクスポートする

1 エクスポートするテーブル（ここでは「顧客-T」）をクリックして、

2 <外部データ>タブをクリックし、

3 <Excel>をクリックします。

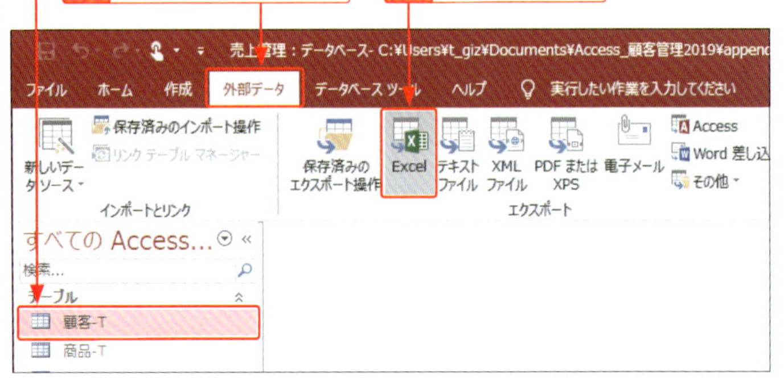

4 <エクスポート-Excelスプレッドシート>ダイアログボックスが表示されるので、

5 <参照>をクリックして、

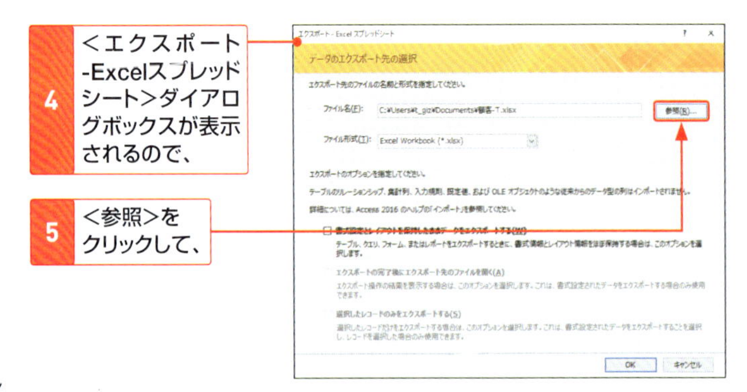

付録

6 エクスポートするファイルの保存先のフォルダーを指定し、

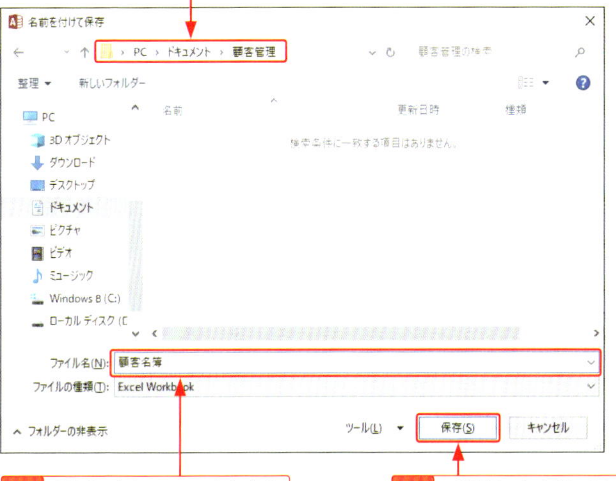

7 必要に応じてファイル名を変更します。

8 <保存>をクリックして、

9 必要に応じてファイル形式を選択し、

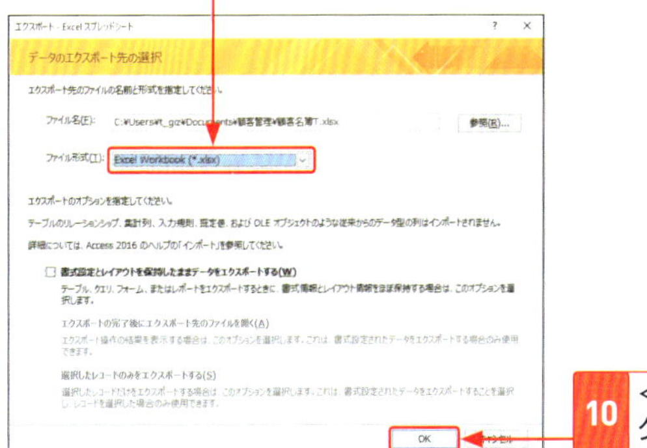

10 <OK>をクリックします。

付録

Keyword

エクスポート

エクスポートとは、Accessで作成したデータをほかのアプリケーションソフトで利用できるように、データ形式を変換して保存することです。

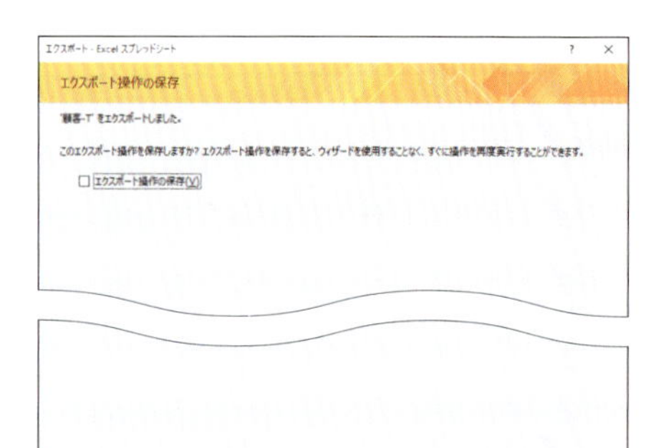

11 ＜閉じる＞をクリックすると、エクスポートが完了します。

2 エクスポートしたファイルを確認する

1 保存先のフォルダーを開いて、

2 エクスポートしたファイルをダブルクリックすると、

3 Excelが起動して、エクスポートしたデータを確認できます。

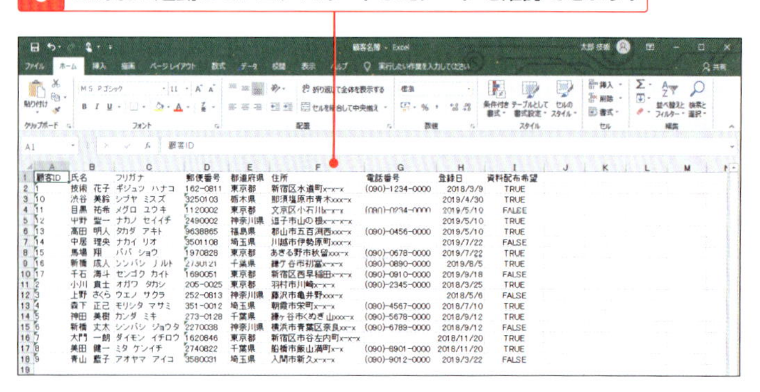

顧客ID	氏名	フリガナ	郵便番号	都道府県	住所	電話番号	登録日	資料配布希望
1	技術　花子	ギジュツ　ハナコ	162-0811	東京都	新宿区水道町x-x-x	(090)-1234-0000	2018/3/9	TRUE
10	渋谷　美鈴	シブヤ　ミスズ	3250103	栃木県	那須塩原市青木xxx-x		2019/4/30	TRUE
11	目黒　祐希	メグロ　ユウキ	1120002	東京都	文京区小石川x-x-x	(090)-0234-0000	2019/5/10	FALSE
12	中野　聖一	ナカノ　セイイチ	2490002	神奈川県	逗子市山の根x-x-x-x		2019/5/10	TRUE
13	高田　明人	タカダ　アキト	9638865	福島県	郡山市五百渕西xxx-x	(090)-0456-0000	2019/5/10	TRUE
14	中尾　理央	ナカオ　リオ	3501108	埼玉県	川越市伊勢原町xxx-x		2019/7/22	FALSE
15	馬場　翔	ババ　ショウ	1970828	東京都	あきる野市秋留xxx-x	(090)-0678-0000	2019/7/22	TRUE
16	新橋　成人	シンバシ　ナルト	2730121	千葉県	鎌ケ谷市初富x-x-x	(090)-0890-0000	2019/8/5	TRUE
17	千石　海斗	センゴク　カイト	1690051	東京都	新宿区西早稲田x-x-x	(090)-0910-0000	2019/9/18	FALSE
2	小川　貴士	オガワ　タカシ	205-0025	東京都	羽村市川崎x-x-x	(090)-2345-0000	2018/3/25	TRUE
3	上野　さくら	ウエノ　サクラ	252-0813	神奈川県	藤沢市亀井野xxx-x		2018/5/6	FALSE
4	森下　正己	モリシタ　マサミ	351-0012	埼玉県	朝霞市栄町x-x-x	(090)-4567-0000	2018/7/10	TRUE
5	神田　美樹	カンダ　ミキ	273-0128	千葉県	鎌ヶ谷市くぬぎ山xxx-x	(090)-5678-0000	2018/9/12	TRUE
6	新橋　丈太	シンバシ　ジョウタ	2270038	神奈川県	横浜市青葉区奈良xx-x	(090)-6789-0000	2018/9/12	FALSE
7	大門　一朗	ダイモン　イチロウ	1620846	東京都	新宿区市谷左内町x-x-x		2018/11/20	TRUE
8	美田　健一	ミタ　ケンイチ	2740822	千葉県	船橋市飯山満町x-x	(090)-8901-0000	2018/11/20	TRUE
9	青山　藍子	アオヤマ　アイコ	3580031	埼玉県	入間市新久x-x-x	(090)-9012-0000	2019/3/22	FALSE

Memo

Accessとの関連性はなくなる

エクスポートしたファイルには、郵便番号や登録日など、フィールドに設定されている書式は反映されません。また、エクスポートしたあとでAccessのデータを変更しても、エクスポートしたファイルには反映されません。

3 レコードの一部をワークシートにコピーする

1 コピーもとのテーブル(ここでは「顧客-T」)を表示します。

2 コピーする範囲をドラッグして選択し、

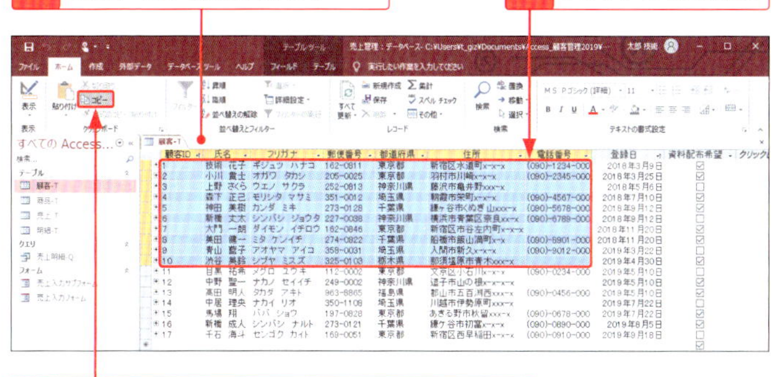

3 <ホーム>タブの<コピー>をクリックします。

4 Excelの貼り付け先のセルをクリックして、

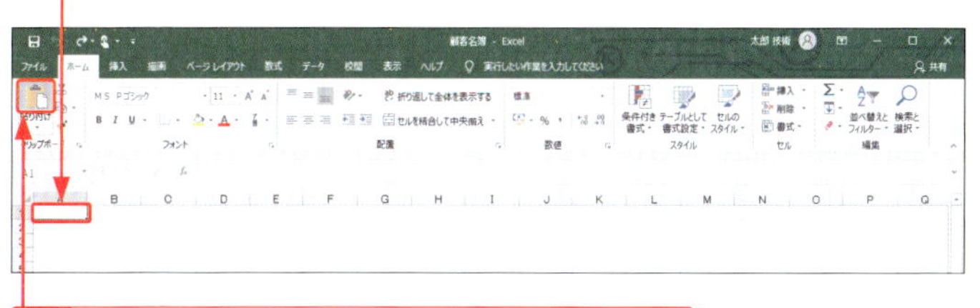

5 <ホーム>タブの<貼り付け>をクリックすると、

6 選択した範囲のデータがコピーされます。

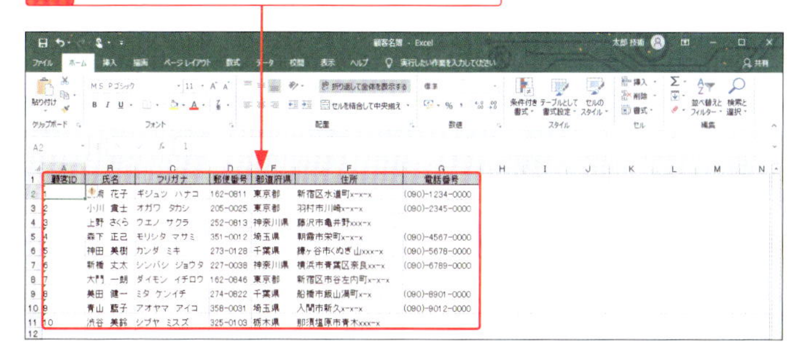

7 必要に応じて、列幅や行の高さを調整します。

INDEX 索引

記号

アルファベット

あ行

か行

さ行

た行

な行

は行

ま行

や・ら・わ行

■ お問い合わせの例

FAX

1 お名前
技評　太郎

2 返信先の住所またはFAX番号
03-××××-××××

3 書名
今すぐ使えるかんたんmini
Access 基本&便利技
[2019/2016/2013/Office365対応版]

4 本書の該当ページ
91ページ

5 ご使用のOSとソフトウェアのバージョン
Windows 10 Pro
Access 2019

6 ご質問内容
手順4の画面が表示されない

今すぐ使えるかんたんmini Access 基本&便利技 [2019/2016/2013/Office365対応版]

2019年10月2日　初版　第1刷発行

著者●技術評論社編集部+AYURA
発行者●片岡 巌
発行所●株式会社　技術評論社
東京都新宿区市谷左内町21-13
電話　03-3513-6150　販売促進部
03-3513-6160　書籍編集部
装丁●田邉 恵里香
本文デザイン●リンクアップ
編集／DTP●AYURA
担当●田村 佳則
製本／印刷●図書印刷株式会社

定価はカバーに表示してあります。

ISBN978-4-297-10776-5 C3055

Printed in Japan

お問い合わせについて

本書に関するご質問については、本書に記載されている内容に関するもののみとさせていただきます。本書の内容と関係のないご質問につきましては、一切お答えできませんので、あらかじめご了承ください。また、電話でのご質問は受け付けておりませんので、必ずFAXか書面にて下記までお送りください。
なお、ご質問の際には、必ず以下の項目を明記していただきますようお願いいたします。

1 お名前
2 返信先の住所またはFAX番号
3 書名
(今すぐ使えるかんたんmini
Access 基本&便利技
[2019/2016/2013/Office365対応版])
4 本書の該当ページ
5 ご使用のOSとソフトウェアのバージョン
6 ご質問内容

なお、お送りいただいたご質問には、できる限り迅速にお答えできるよう努力いたしておりますが、場合によってはお答えするまでに時間がかかることがあります。また、回答の期日をご指定なさっても、ご希望にお応えできるとは限りません。あらかじめご了承くださいますよう、お願いいたします。
ご質問の際に記載いただきました個人情報は、回答後速やかに破棄させていただきます。

問い合わせ先

〒162-0846
東京都新宿区市谷左内町21-13
株式会社技術評論社　書籍編集部
「今すぐ使えるかんたんmini
Access 基本&便利技
[2019/2016/2013/Office365対応版]」
質問係

FAX番号　03-3513-6167

URL：https://book.gihyo.jp/116